普通高等教育"十三五"规划教材

Principles of AVR Microcontroller and Sensors

AVR单片机与传感器基础

鲁长宏 冯 璐 ◎ 编著

北京理工大学出版社

BEIJING INSTITUTE OF TECHNOLOGY PRESS

内 容 简 介

本书内容主要以 AVR Mega8A 单片机为核心，结合一些常用的传感器，并融合电子线路和 C 语言编程，培养学生电子技术与软件编程的综合设计能力。在学习 Mega8A 单片机结构和原理的基础上，用 CodeVision AVR 软件编辑和编译单片机 C 程序，在 Proteus 软件中仿真硬件电路和单片机的工作，最后在实际电路板上察看项目的工作与运行效果。

本书可作为非电子类专业本科生的电子实践课程的教材，也可以作为对单片机和传感器感兴趣的初学者自学使用。

图书在版编目（CIP）数据

AVR 单片机与传感器基础 / 鲁长宏，冯璐编著. —北京：北京理工大学出版社，2019.8
（2024.7重印）ISBN 978-7-5682-7323-7

Ⅰ. ①A… Ⅱ. ①鲁… ②冯… Ⅲ. ①单片微型计算机–高等学校–教材②传感器–高等学校–教材 Ⅳ. ①TP368.1②TP212

中国版本图书馆 CIP 数据核字（2019）第 160362 号

出版发行 / 北京理工大学出版社有限责任公司
社　　址 / 北京市海淀区中关村南大街5号
邮　　编 / 100081
电　　话 / （010）68914775（总编室）
　　　　　（010）82562903（教材售后服务热线）
　　　　　（010）68948351（其他图书服务热线）
网　　址 / http://www.bitpress.com.cn
经　　销 / 全国各地新华书店
印　　刷 / 廊坊市印艺阁数字科技有限公司
开　　本 / 787 毫米×1092 毫米　1/16
印　　张 / 13.5　　　　　　　　　　　　　　　责任编辑 / 陈莉华
字　　数 / 317 千字　　　　　　　　　　　　　文案编辑 / 陈莉华
版　　次 / 2019 年 8 月第 1 版　2024 年 7 月第 2 次印刷　责任校对 / 刘亚男
定　　价 / 39.00 元　　　　　　　　　　　　　责任印制 / 李志强

本书是为物理学院本科生电子类实践性课程"单片机与传感器基础"而编写的教材，也可以作为对单片机和传感器感兴趣的初学者自学使用。对非电子类专业的学生来说，开设此课程的主要目的是让学生开阔视野，学习和了解一些现代电子技术，尤其是单片机和传感器技术的设计方法及应用。这对于学生将来的创新创业、实验设计、科研和就业等都可能有所帮助。

现代电子技术的发展和应用，在很多领域可以说是日新月异的，尤其是测量和控制这两个方面的体现尤为突出，而它们和单片机与传感器技术密切相关。在航空航天、工农业生产、军事国防、科学研究以及日常生活中的自动控制和电子设备中，单片机与传感器都是不可或缺的技术，并有大量的应用。单片机和传感器在应用过程中常常是密不可分的，它们可以是电子爱好者手中的工具，也可以由专业人员做出功能强大的系统应用。

本书适合于 AVR 单片机的初学者，但要求具有计算机 C 语言和电子线路课程的基础。内容主要以 AVR 单片机为核心，结合一些常用的传感器，并融合电子线路和 C 语言编程，以培养学生电子技术与软件编程的综合设计能力。期望学生能对单片机基本知识及 AVR 单片机有较全面的了解，对部分常用的传感器有初步的认识，能掌握单片机的 C 语言编程方法，熟悉单片机常用的外围电路，并灵活应用单片机与传感器技术的软硬件设计方法。

本书的学习需要用到 CodeVision AVR、Proteus、AVR Studio 三款软件和一块单片机学习电路板。单片机的 C 语言编程极大地推动了单片机的应用。目前，单片机的 C 语言编程和编译环境有很多种，也各具特色，这里采用的是 CodeVision AVR 软件。单片机的学习与应用离不开硬件，但同时接触全新而陌生的软硬件，会增加学习难度和成本，而 Proteus 电路仿真软件很好地解决了这个问题。它不仅可以仿真硬件电路的工作，还可以让仿真的单片机加载已编好的程序，即软硬件同时仿真，这极大地方便了单片机的软硬件学习。AVR Studio 是 Atmel 公司提供的一款 AVR 单片机程序调试软件，它对调试复杂程序能提供很大帮助。电路学习板是真正的单片机硬件电路，经过仿真的程序最终要在这块电路板上运行，以观察实际效果。

　　本书根据课堂讲义和一些器件技术资料编译而成，鉴于技术的快速发展及个人水平有限，书中难免存在疏漏之处，敬请读者批评指正。本书 C 语言参考部分主要来自 CodeVision AVR 的编译器参考手册，而 ATmega8A 单片机结构与原理部分主要来自 ATmega8A 的用户手册。

目 录
CONTENTS

第1章
Proteus 仿真电路软件介绍

1.1　Proteus 软件的安装与用户界面

单片机的学习和应用包括软件编程和硬件系统设计两个方面。单片机的软件编程与具体的单片机型号及外围电路密切相关，学习单片机应用程序设计和系统开发，通常都要用到单片机实验箱、仿真器和开发板等。这增加了初学者，尤其是业余爱好者对单片机技术的学习难度和成本。但是，Proteus 软件的出现，使学习者只使用一台计算机，在纯软件环境下，就可以完成硬件系统的设计与仿真，还可以让仿真的单片机加载已编好的程序，即软硬件同时仿真，这极大地方便了单片机的软硬件学习。Proteus 软件是英国 Lab Center Electronics 公司开发的电子设计自动化（EDA）工具软件，它可以从电路原理图、程序代码调试到单片机与外围电路仿真，最后直接转换为 PCB 设计，实现了电子产品从概念到实物的完整自动化设计。Proteus 提供了大量与实际相对应的元器件库，还提供了实验室在数量、质量上难以相比的虚拟仪器及仪表，大大增加了电路设计与学习的方便性与灵活性。特别是，在各种电路仿真软件中，它对单片机的仿真性能较为突出，其支持的处理器模型包括 8051、HC11、PIC10/12/16/18/24/30/DsPIC33、AVR、ARM、8086、MSP430 Cortex 和 DSP 系列处理器等。

Proteus 软件安装后会有两个模块：ARES 和 ISIS。ARES 是 PCB 布线编辑软件，用于制作电路板；而 ISIS 是电路仿真软件，它分门别类地提供了大量常见的模拟电子器件、数字电子器件以及微处理器芯片仿真模型，同时还提供了丰富的调试工具和手段，是一款简单易用而又功能强大的 EDA 工具软件。我们主要用它来搭建仿真的单片机硬件系统，并进行单片机系统的软硬件仿真调试。

软件安装完成后，运行"ISIS 7 Professional"，即可进入图 1.1 所示的 ISIS 编辑环境。整个用户界面分为如图所示的几个重要功能区。

电路图编辑窗口：用户在这里放置元器件、连接导线，并绘制自己的仿真电路。

预览窗口：电路图放大后，在电路图编辑窗口可能只能看见一部分仿真电路，而预览窗口则用于显示全局原理图。当鼠标左键单击预览窗口并移动鼠标，此时可改变仿真电路在电路图编辑窗口中的显示位置。另外，单击元器件选择窗口选中某一元器件时，预览窗口还用于显示被选中元器件的外形图。

元器件/库加载按钮："P"按钮用于从元器件库中调出电路要用到的元器件并放到下面的元器件选择窗口中备用，"L"按钮用于调出元器件库的管理界面。

元器件选择窗口：将从元器件库中调出的元器件放在这里，以便重复使用。

仿真调试按钮：电路仿真时用于"开始""单步""暂停""停止"等操作。

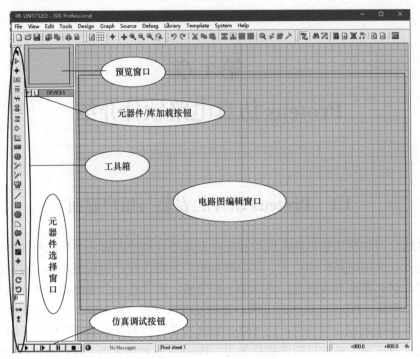

图 1.1　ISIS 软件的用户界面

工具箱：工具箱中各图标按钮对应的操作如下。

｜⬦ component 按钮：用于选择元器件，单击此按钮后，元器件预览窗口才显示元器件。

✚ Junction dot 按钮：用于在电路图中放置导线交叉连接点。

🔲 Wire Label 按钮：导线标签，用于为某条导线命名，同名导线视为物理上连接。

▤ Text Script 按钮：用于在电路图中输入文本信息。

╫ Bus 按钮：用于绘制总线。

▌ Subcircuit 按钮：用于绘制子电路模块。

▤ Terminals 按钮：用于添加各种终端（如输入、输出、电源、接地等）。

｜⬦ Device pins 按钮：用于添加各种器件引脚（普通引脚、时钟引脚、反压引脚等）。

▨ Graph 按钮：用于添加仿真分析所需要的各种图表。

▦ Tape Recorder 按钮：用于磁带记录。

Ⓢ Generator 按钮：用于添加各种信号源。

⚡ Voltage Probe 按钮：用于添加电压探针，以测量探针处的实时电压值。

⚡ Current Probe 按钮：用于添加电流探针，以测量探针处的实时电流值。

☞ Virtual Instruments 按钮：用于添加各种虚拟仪器（示波器、电压表、电流表等）。

🔄🔃 ⓪ ｜↔↕：元器件放置前可旋转或镜像，放置后的元器件需右键单击后操作。

在电路图编辑窗口进行电路设计与编辑的时候，经常要对电路图用到两种非常重要的操作，即**缩放**和**平移**。

通常可用如下几种方式缩放电路原理图：

（1）将鼠标移动到需要缩放的地方，滚动滚轮可将图纸放大或缩小。

（2）将鼠标移动到需要缩放的地方，按键盘"F6"键可放大，按"F7"键可缩小。

（3）按下"Shift"键，同时按下鼠标左键，可拖拽出需要放大的区域。

（4）使用工具条中的"Zoom In"（放大）、"Zoom Out"（缩小）、"Zoom All"（全图）、"Zoom Area"（放大区域）进行操作。

（5）按"F8"键可以在任何时候显示全部电路图。

可用如下几种方式在电路图编辑窗口对电路图进行平移：

（1）按下鼠标滚轮，出现光标，表示图纸已处于提起状态，此时移动鼠标可以进行平移。

（2）将鼠标置于要平移到的地方，按"F5"键进行平移。

（3）按下"Shift"键，在电路图编辑窗口移动鼠标，进行平移。

（4）如果想要平移至相距比较远的地方，最快捷的方式是在预览窗口单击显示该区域。

（5）使用工具栏的"Pan"按钮进行平移。

（6）在图纸提起状态下，也可使用鼠标滚轮进行缩放操作。

掌握这些操作可以大大提高电路图编辑和绘制的效率，特别是滚轮的使用，不但可以用于缩放，还可以用于平移。

1.2　两个简单的仿真电路实例

ISIS 可以仿真模拟电路、数字电路和多种型号单片机，并带有多种虚拟仪器，可帮助电路的仿真和调试。下面我们就搭建一个比较简单的模拟电路，并进行仿真调试，以此来开始学习 ISIS 软件的使用。

启动 ISIS 软件后，单击"File"→"New Design"命令，弹出一个界面，可选择不同模板来进行电路设计与仿真。不同模板只是设置和显示信息有所不同，对仿真没有本质影响，所以选第一个"DEFAULT"即可。进入主界面后，单击元器件选择窗口上面的"P"按钮，将会弹出如图 1.2 所示的元器件选择对话框，其结构和各部分名称如图所示。

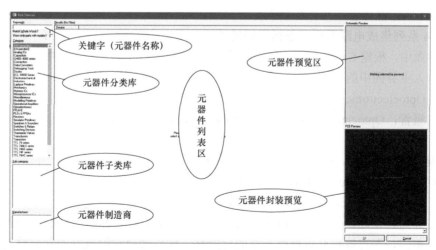

图 1.2　元器件选择对话框

选择元器件可以有两种途径。如果知道元器件在库中的名称，可以直接在"Keywords"栏中输入名称，ISIS 将把所有符合名称的元器件及其所属库都显示出来。如果不知道元器件在库中的准确名称，则只能根据分类来查找。ISIS 软件的元器件分类库中各项的名称和含义如下：

Analog ICs： 模拟集成电路芯片，它有 8 个子类；

Capacitors： 电容，共有 23 个子类，其中 Animated 子类为动态仿真电容；

CMOS 4000 series：CMOS 4000 系列电路芯片，共有 16 个子类；

Connectors： 连接器，共有 8 个子类；

Data Converters： 数据转换器，共有 4 个子类；

Debugging Tools： 调试工具，共有 3 个子类；

Diodes： 二极管，共有 8 个子类；

Inductors： 电感，共有 3 个子类；

Laplace Primitives： 拉普拉斯模型，共有 7 个子类；

Memory ICs： 存储器芯片，共有 7 个子类；

Microprocessor ICs： 微处理器芯片，共有 13 个子类，包括 8051 和 AVR 系列；

Miscellaneous： 杂项元器件；

Modeling Primitives： 建模源，共有 9 个子类；

Operational Amplifiers： 运算放大器，共有 7 个子类；

Optoelectronics： 光电元器件，共有 11 个子类；

Resistors： 电阻，共有 11 个子类，其中 Generic 为通用电阻；

Simulator Primitives： 仿真源，共有 3 个子类；

Switches and Relays： 开关和继电器，共有 4 个子类；

Switching Devices： 开关元器件，共有 4 个子类；

Thermionic Valves： 热离子真空管，共有 4 个子类；

Transducers： 传感器，共有 2 个子类；

Transistors： 晶体管，共有 8 个子类；

TTL 74 系列集成电路系列： 包括不同特性系列及多个子类。

在此界面中，根据 Category—Sub_category—Device—Library，双击选中的元器件，此器件就会被调入主界面中的元器件选择窗口。此例中我们需要的元器件如下：

灯泡：Optoelectronics—Lamps—**LAMP**—ACTIVE；

发光二极管：Optoelectronics—LEDs—**LED_GREEN**—ACTIVE；

电池：Miscellaneous—**BATTERY**；

电位器：Resistors—Variable—**POT_HG**—ACTIVE；

保险丝：Miscellaneous—**FUSE**—ACTIVE；

电阻：Resistors—Generic—**RES**—DEVICE。

返回主界面，在元器件选择窗口中单击选中的各个元器件，然后分别在电路图编辑窗口中适当位置单击，即可放置好仿真所需的元器件，软件会自动给放置的元器件起好名字。调整好元器件的位置，然后在各个元器件的接线端单击，可把各个元器件之间的导线连接好，如图 1.3 所示。**注意两个元器件的引脚不能直接连在一起，引脚之间必须用导线连接。**

此仿真电路的作用有两个，一是分析和观察灯泡及发光二极管的亮度随电压和电流的变化情况，二是观察干路电流超过保险丝的额定值时，保险丝熔断情况。线路连接好后即可单

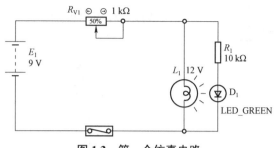

图 1.3 第一个仿真电路

击"运行"按钮,开始仿真。但由于初始元器件参数不合适及不能直观查看电流和电压,仿真效果不明显。但双击每个元器件,都可以查看和更改其参数。我们将各个元器件参数更改如下:电池组电压由 9 V 改为 15 V,电位器阻值不变,电阻 R_1 阻值由 10 kΩ改为 1.28 kΩ,灯泡内阻 24 Ω不变,发光二极管管压降 2.2 V 不变,保险丝额定电流 1 A 暂时不变。点选工具箱中电压和电流探针,在如图 1.4 中所示位置分别添加 2 个电压探针和 3 个电流探针。在电池组的负极添加一个接地符号,使电压探针测得的电压是相对于地的值。注意电流探针的尖头最好要顺着电路中电流方向。

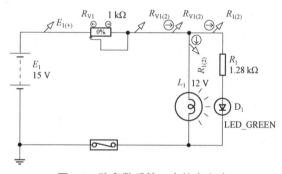

图 1.4 改参数后第一个仿真电路

此时,单击"运行"按钮。单击电位器,左右移动滑动端,通过改变电位器的电阻值,观察电流和电压的变化,以及灯泡和发光二极管的亮度随电压和电流的变化。当电位器滑动端在最左端(0%)时,D_1 支路电流理论值应为:$(15-2.2)$/1.28 kΩ=10 mA,而灯泡支路电流应为:15/24=0.625 A。此时,干路电流最大值约为 0.63 A,没超过保险丝的额定值,所以工作正常。停止仿真,双击保险丝,将其额定电流修改为 0.5 A。先将电位器滑动端移到中间,然后单击"运行"按钮。慢慢左移电位器滑动端,同时观察干路电流变化,当超过 0.5 A 时,保险丝熔断,灯泡和发光二极管熄灭。

ISIS 还可以直观显示电路中电流的实时流动方向和各部分电路电压的相对大小。停止运行,单击"System"→"Set Animation Options"菜单命令,在弹出窗口中将"Show Wire Voltage by Color?"和"Show Wire Current with Arrows?"后面的"√"点上,再运行,即可看到动态效果。另外,单击"Template"→"Set Design Defaults"菜单命令,将"Show hidden text?"后面的"√"去掉,从而将每个元器件的 text 属性隐藏,让电路更整洁。

下面再介绍一个稍微复杂一点的模拟仿真电路:非线性蔡氏混沌电路。典型的蔡氏电路如图 1.5 所示,它由 3 个部分构成:LC_2 振荡电路,RC_1 移相电路和 NR 非线性负阻电路。根

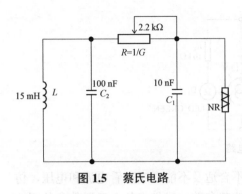

图 1.5　蔡氏电路

据欧姆定律，可以得到蔡氏电路工作时的状态方程为：

$$\begin{cases} C_1 \dfrac{\mathrm{d}U_{C_1}}{\mathrm{d}t} = G(U_{C_2} - U_{C_1}) - gU_{C_1} \\[2mm] C_2 \dfrac{\mathrm{d}U_{C_2}}{\mathrm{d}t} = G(U_{C_1} - U_{C_2}) + i_L \\[2mm] L \dfrac{\mathrm{d}i_L}{\mathrm{d}t} = -U_{C_2} \end{cases}$$

式中，U_{C_1} 为 C_1（或负阻 NR）两端的电压；U_{C_2} 为 C_2（或 L）两端的电压；i_L 为通过 L 的电流；G 为可调电阻 R 的电导；g 为非线性负阻 NR 的电导。

　　实验电路中 L、C_1、C_2、R 均为线性器件，只有 NR 为非线性负阻器件，NR 也是产生混沌现象的关键器件。阻值为负的电阻元件并不存在，所谓负阻，是指元件两端动态的电压和电流比值为负值。NR 的实现可以有多种途径，常用且比较简单的方法是：使用两个运算放大器和 6 个电阻来构成一个非线性负阻电路，其电路如图 1.6 所示。其中每个运算放大器和 3 个电阻各构成一个负阻电路，两个负阻电路并联构成了非线性负阻电路。根据运算放大器的线性工作原理，按图 1.6 中各电阻的取值，可以推出从运算放大器正输入端看进去对地的电阻值。再考虑到运算放大器输出的饱和情况，可以得到每个负阻电路和并联后非线性负阻电路的 U-I 特性曲线，如图 1.7 所示，图中横轴电压 U 和纵轴电流 I、I_1 和 I_2 如图 1.6 所示。从图 1.7 中可以看出，两个运算放大器构成的负阻电路的 U-I 特性曲

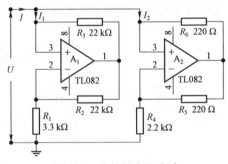

图 1.6　非线性负阻电路

线都分为三段，中间段为线性负阻特性，而左右两段为线性正常电阻特性。由于电阻阻值的选择，I_1 的负阻区域约为 ± 2 V，而 I_2 的负阻区域约为 ± 11 V。要注意的是 I_1 和 I_2 的负阻特性

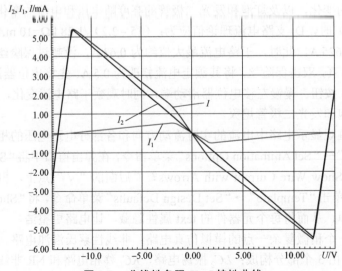

图 1.7　非线性负阻 U-I 特性曲线

都是线性的，但是二者并联之后负阻变成了分段线性，总体非线性。I 总体分为 5 段，两端由于运算放大器输出饱和形成了两段正常电阻特性区间，中间是分段线性、总体非线性的三段负阻区间，并且负阻区间的大小和 I_2 相同。这总体非线性的负阻正是产生混沌现象的重要因素。此外，我们知道，LC 并联电路可以和负阻构成负阻振荡器。一般来说，正常的电阻消耗能量，而负阻则可以看作是向外提供能量，用来维持 LC 振荡所消耗的能量。

本实验的完整仿真电路如图 1.8 所示。它所用到的元件清单如下：

电位器：Resistors—Variable—**POT_HG**–ACTIVE，总阻值按图中修改；

电阻：Resistors—Generic—**RES**—DEVICE，阻值按图中修改；

电容：Capacitors—Generic—**CAP**—DEVICE，电容值按图中修改；

电感：Inductors—Generic—**INDUCTOR**—DEVICE，电感值按图中修改；

运算放大器：Oprational Amplifiers—Dual—**TL082**—OPAMP。

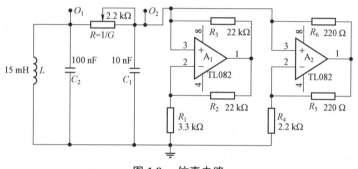

图 1.8　仿真电路

我们研究某一个物理量的时候，可以观察它随时间变化的关系（时域），也可以分析它的频率成分（频域），还可以分析它和另一个量之间相位的变化关系（相图）。将电路中 O_1 和 O_2 输出送给示波器，并使示波器工作于 X–Y 模式，观察这两路电压信号之间的相位关系。

仿真时，要将图中两个运算放大器电源引脚（8 和 4）加上 ± 15 V 电源。将电位器 R 的阻值调到最大值，慢慢连续减小 R 的阻值，示波器屏幕上将依次出现如图 1.9 所示的从左到右的相图，请自行分析这些相图所反映的物理规律。

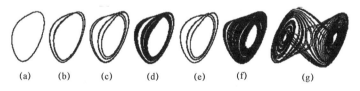

图 1.9　倍周期与混沌吸引子相图

（a）一倍周期；（b）两倍周期；（c）四倍周期；（d）阵发混沌；（e）三倍周期；（f）单吸引子；（g）双吸引子

另外，请自行完成下面两个内容：

用"Graph Mode"按钮中的"DC SWEEP"功能得到图 1.7 所示非线性负阻 U–I 特性曲线。

用示波器观察图 1.8 中 O_1 和 O_2 两路电压信号随 R 变化的时域图。

ISIS 的其他元器件及其功能，我们将在单片机的仿真电路中继续学习。

"DC SWEEP"提示：

ISIS 的"Graph Mode"按钮中提供了很多的图表曲线功能，可以帮助分析电路中某些物理量随参数变化的关系。其中的"DC SWEEP"就特别适合分析图 1.6 的负阻电路，要用其得到图 1.7 所示的输入电压 U 和电流 I、I_1、I_2 的关系曲线，需要如下操作：

（1）首先在"Graph Mode"按钮中选中"DC SWEEP"项，然后在编辑窗口中拖拽出适当大小的 DC SWEEP 图表。DC SWEEP 图表的作用是让电路中的某个自变量和 X 轴相关联，让一个或多个因变量和 Y 轴相关联，然后让 X 轴自变量在一定范围内单调变化，从而得到自变量和因变量之间的关系曲线。

（2）在"Generator Mode"按钮中选中"DC"项，在图 1.6 中电压 U 的上输入端点处添加一个直流电压激励源。双击添加的直流电压激励源，弹出属性窗口，选中下面的"Manual Edits"选项，然后右边会出现"Properties"输入框，在其中输入"VALUE=X"，这将使负阻电路的输入电压，也就是激励源电压和 DC SWEEP 图表的 X 轴数值关联在一起。

（3）在电路中 I、I_1、I_2 处添加 3 个电流探针并分别命名，注意探针箭头要和电流方向一致。分别选中 3 个电流探针，然后把它们逐个拖进 DC SWEEP 图表，图表纵轴将显示出 3 个电流探针的名字，这使得 3 个电流值和 Y 轴相关联。在添加完电流探针后，也可以在图表上右键单击，在弹出的菜单中选择"Add Traces…"来添加 Y 轴的各个被测量。

（4）左键双击图表弹出属性窗口，注意"Sweep variable"为 X，扫描变量 X 已经和直流激励源电压值相关联了。扫描变量 X 的"Start value"改为"-14"，"Stop value"改为"14"，"No steps"改为"1000"。然后单击"OK"按钮退出。

最后单击"Graph"菜单下的"Simulate Graph"命令，即可绘出负阻电路输入电压 U 和电流 I、I_1、I_2 之间的关系曲线。如果想改变曲线颜色和背景色，可以在"Template"菜单下选择"Set Graph Colors…"来进行设置。

第2章
CodeVision AVR 软件介绍

2.1 概　述

单片机编程可以使用汇编语言，也可以使用 C 语言。早期的单片机多用汇编语言编程，和 C 语言相比，汇编语言较大的优点就是它可以精确定时。单片机的 C 语言编程在开发周期、程序可读性、可移植性等方面，具有汇编语言无法比拟的优越性，因此，极大地推动了单片机的应用。针对 AVR 单片机编程的 C 语言编译器有很多种，CodeVision AVR（缩写为 CVAVR）是其中之一。它是一个交叉编译集成开发环境及 Atmel AVR 系列微控制器程序自动生成器。很多 AVR 的编译器都是在原有编译器基础上为 AVR 指令集修改而成，与此不同的是，CodeVision AVR 是专门为 AVR 单片机而设计的。它生成的代码非常严密，使用了 AVR 单片机的很多特性，编译效率较高，代码量小。这个完整的集成开发环境（IDE）可以允许在 PC 机的 Windows 应用程序中进行单片机 C 程序的编辑、编译和调试。此外，对初学者来说，它还有一个特别的优点，就是可以自动生成一些初始化程序，十分有用。

CodeVision AVR C 交叉编译器实现了 AVR 结构下所有的 ANSI C 语言要素，并加入了一些新特性以满足 AVR 结构及嵌入式系统的特殊需要。针对很多具体的芯片，还提供了很多应用函数，大大方便了应用开发。编译输出的 COFF 目标文件可以通过 Atmel 公司的 AVR Studio Debuggers 进行 C 源码调试及变量查看。此外，COFF 文件也可以被 ISIS 仿真电路中 AVR 单片机调用，进行代码调试及参量查看。

2.2 创建第一个项目

CodeVision AVR 中每编一个应用程序，都把它当作一个项目对待。一个项目可能包含多个文件及对编译器的设置。项目文件的扩展名是 ".prj"，通常还有 C 源文件、头文件以及生成的列表文件等。

在 Windows 中启动 CodeVision AVR 应用程序后，软件界面如图 2.1 所示。上面是主菜单和工具栏，左面是文件导航窗口，其中列出了属于当前项目的文件和不属于该项目但项目用到的其他文件。**请注意，只有在本项目名分支下列出的文件，才能作为项目的一部分被编译。**而在 "Other Files" 中列出的文件是不能作为项目的一部分被编译的。中间部分是源文件编辑窗口，可以同时打开多个源文件进行编辑，通过上面的文件名标签进行切换。屏幕的底部是信息窗口，在项目编译过程中产生的错误和警告都会列出在这里。在工具栏中有一个常用的 "生成按钮"，鼠标放上时的提示信息为 "Build the project"，其作用为编译源文件，生成目标文件。

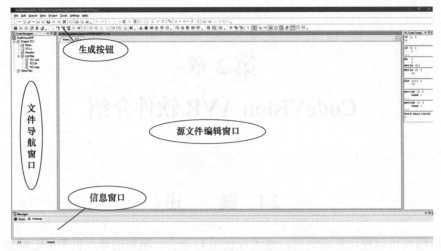

图 2.1 CVAVR 软件的用户界面

单击"File" → "New" → "Project"菜单命令，就会弹出一个窗口，如图 2.2 所示，询问是否使用代码生成向导来创建新项目。单击"Yes"按钮，然后又弹出图 2.3 所示的窗口，询问使用的单片机系列。选中上面的"AT90，ATtiny，ATmega"后，单击"OK"按钮，最后弹出一个所选单片机在编程过程中可能用到的参数与硬件资源选择窗口，如图 2.4 所示。

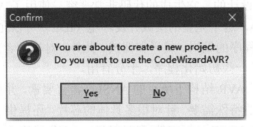

图 2.2 是否启用向导程序

图 2.3 选择单片机系列

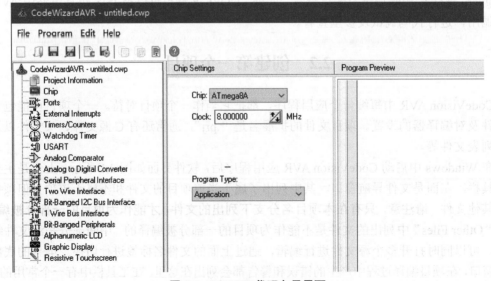

图 2.4 CVAVR 代码向导界面

在左面的信息与资源列表窗口，从上到下分别是：

Project Information：备注项目名称、版本、作者、时间等信息，将出现在程序注释中；

Chip：单片机型号选择，在右边选"Chip"为"ATmega8A"，时钟频率为 8 MHz，"Program Type"为"Application"；

Ports：对单片机端口设置，包括：PORT B、PORT C 和 PORT D，可设置为输入或输出；

External Interrupts：外部中断的相关设置，包括 INT0 和 INT1；

Timers/Counters：定时/计数器的相关设置，包括定时/计数器 0、1、2；

Watchdog Timer：看门狗定时器；

USART：异步串口的相关设置；

Analog to Digital Converter：模/数转换的相关设置；

Serial Peripheral Interface：高速同步串口的相关设置；

Two Wire Interface：TWI 总线的相关设置；

Bit－Banged I2C Bus Interface：位模拟 I²C 总线接口；

1 Wire Bus Interface：单线总线接口，用于类似 DS1820 芯片的通信；

Bit－Banged Peripherals：用于类似 1302 芯片的位模拟通信接口；

Alphanumeric LCD：用于 Alphanumeric LCD 液晶显示的软件支持；

Graphic Display：用于某些液晶图形显示的软件支持；

Risistive Touchscreen：用于某些电阻式触摸屏的软件支持。

以上列出的是 ATmega8A 单片机内部所有的硬件资源，以及部分常用的外部设备与接口的软件支持资源。单击左面的每一项资源，可以在右面进行相应的设置。其中那些在编程中将要用到的硬件资源，可以根据需要对相关的参数进行设置，而在编程中用不到的硬件资源，可不必管它，用其默认值即可。设置完成后，可单击主菜单"Program"→"Generate"命令，在右面窗口中将生成预览代码，可进行查看。也可以单击主菜单"Program"→"Generate，Save and Exit"命令，之后将生成代码、保存文件并退出代码生成向导。此时，需要输入将要保存的相应的 C 源文件名、项目文件名及向导程序配置 CWP 文件名。输入完文件名后，即完成了新项目的自动生成。

注意：保存文件时，最好新建一个与当前工程对应名字的文件夹，并将这些新建的文件都保存在这同一个文件夹中，上述三个文件名也最好相同（扩展名不同）。

CVAVR 的源文件（程序代码）编辑窗口还是比较友好的。同一层次的前后两个大括号以及之间的代码用一灰色的轮廓线给标识出来，在编辑窗口左边框上还有一个减号"－"。单击减号就可以将两个大括号之间的所有代码隐藏起来，同时减号变成加号。若再单击加号"+"，则又恢复原状。这在代码比较多的时候，十分方便程序调试。另外，在上面工具栏的中间有 4 个比较常用的按钮： ，从左到右，其作用分别是增加缩进、减小缩进、注释和解除注释。

当选择了一块（连续多行）代码后，单击这 4 个按钮，可调整这块代码的缩进，或者将这块代码同时变成注释及解除注释。编程时应尽量让代码分布得错落有致，同一层次的代码缩进相同，低一层次的代码要更多缩进，这样会方便自己，也方便别人阅读程序。调试程序时，可通过将整块代码注释掉或解除注释来查看程序执行的效果。

如果想改变源文件编辑窗口中代码的字体、字号以及颜色等属性，可单击主菜单

"Settings"→"Editor"命令进行设置。

如果程序代码没有错误，编译通过后会弹出一个窗口，显示当前程序及编译结果的一些信息，如堆栈大小、位变量和全局变量所占内存、EEPROM 的使用量以及 Flash 程序存储器的使用多少等。在左边的文件导航窗口，会列出当前工程项目中所有用到的文件和编译后产生的文件，从上到下分别有备注文件、C 源文件、用到的头文件、编译产生的汇编文件和 map文件等，这些文件都可以分别单击进行查看。

第3章
单片机 C 语言与 CVAVR 编译器 C 语言参考

3.1 单片机 C 程序基本知识

本章主要学习和了解 AVR 单片机 C 语言编程的一些语法问题。单片机硬件能执行的是二进制的机器代码,这些机器代码都是由人们用汇编语言或 C 语言等高级语言编制的代码转换得到的。早期的单片机编程都是用汇编语言进行的,汇编语言最突出的优点是它编译成机器语言的效率高,实时性好。但它的缺点也很突出,如开发周期长、可读性差、可移植性差等。而单片机的 C 语言编程则很好地解决了这些问题,并推动了单片机的广泛应用和长足的发展。单片机的 C 语言和计算机的 C 语言类似,基本遵循标准的 C 语言语法,但一些函数的实现只是标准 C 语言函数的简化版本。由于单片机编程与硬件联系紧密,所以每一种单片机以及同种单片机不同的 C 语言编译器的语法可能稍有不同。针对 AVR 单片机编程的 C 语言编译器也有很多种,如 GCC、IAR、CVAVR 等,本书选用的是编译效率较高,功能比较完善的 CVAVR 编译器。它是 HP Info Tech 专门为 AVR 系列单片机设计的 C 语言编译器。这个完整的集成开发环境(IDE)允许在 PC 机的 Windows 应用程序中进行单片机 C 程序的编辑、编译和调试,支持位变量,对许多常用的单片机外围扩展器件提供了大量的支持和函数。此外,它还有个特别好的优点是可以自动生成一些初始化程序,对初学者来说,十分有用。

下面是一个最简单的单片机 C 语言程序,通过这个例子,可以学习和了解单片机编程的特点及与 PC 机 C 语言编程的区别。

```
#include <stdio.h>
void main()
 {
 printf("Hello,world!");
   while(1)
    {
    };
 }
```

C 语言程序是由函数构成的,每个程序至少包含一个函数,即 main()函数,它是程序代码执行的起点。上面这段程序与在 PC 机学习 C 语言的入门程序类似,主要是向标准输出设备输出一个字符串。不同点是 PC 机上运行此程序时,字符串是输出到显示器上,而单片机 C 编译器的库函数通常把它输出到单片机的串行口。另外一个不同点是这段程序一般不能在 PC 机上运行,原因是程序结尾有一个无限循环结构。不管是计算机还是单片机,程序代码都是由 CPU 来执行的。计算机上有操作系统，某一程序运行时只是暂时取得了 CPU 的控制权，程序结束后要把控制权返还给操作系统。而单片机一般没有操作系统，不能任意结束程序。所以，所有的单片机应用程序通常都有一个无限循环，程序最终都要进入到这个死循环中，如上面的 While（1），这样可以防止程序（CPU）无事可做或做不可预测的事情。当然，程序在这个无限循环中也不是无事可做，具体应用后面将会介绍。

与计算机 C 语言编程类似的一些基本语法规则，这里不再重述。下面针对 CVAVR 编译器，介绍相关的单片机 C 语言编程的语法参考。

3.2 注释与保留字

注释（Comments）是编程人员对程序代码所加的解释和说明，它对于程序的可读性非常重要。注释是编程的最基本要求，不管程序是给别人阅读还是将来自己阅读。在 CVAVR 中，注释有两种方式，分别是单行注释与多行注释。注释不允许嵌套使用。

```
单行注释：    // 单行
    例如：    // Declare your global variables here
多行注释：    /*    多行    */
    例如：    /*  while (1)
            {  // Place your code here
                a=0b110;
            }    */
```

保留字（Reserved Keywords），是指对编译器具有特殊含义的一些特定单词。CVAVR 中的保留字如下，通常以小写形式给出，它们不能再作为用户的变量、常量及函数的名称使用。

__eeprom	double	return
__flash	eeprom	short
__interrupt	else	signed
__task	enum	sizeof
_Bool	extern	sfrb
break	flash	sfrw
bit	float	static
bool	for	struct
case	goto	switch
char	if	typedef
const	inline	union
continue	int	unsigned
default	interrupt	void
defined	long	volatile
do	register	while

其中与单片机 CVAVR 的 C 语言密切相关的是：

bit：用于定义位变量；

bool：用于定义布尔型变量；

eeprom：用于定义存储于 EEPROM 中的变量；

extern：用于定义函数外部已定义过的变量；

flash：用于定义存储于 Flash 程序存储器中的常量；

inline：内联函数，与宏定义类似；

register：强制变量定义在 32 个工作寄存器中；

volatile：与 register 相反；

sfrb：定义字节型 I/O 寄存器；

sfrw：定义字型 I/O 寄存器；

interrupt：中断服务程序定义关键字。

3.3　标识符与数据类型

标识符（Identifiers）是在程序中给常量、变量、函数、标号和其他对象起的名字，可以包含字母 A～Z、a～z、数字 0～9 和下划线 "_"，只能以字母或下划线开头，区分大小写，最多 32 个字符。

CVAVR 中所用数据类型（Data Types）如表 3.1 所示。

表 3.1　CVAVR 中所用数据类型

类型	大小（位）	范围
bit，_Bit	1	0，1
bool，_Bool	8	0，1
char	8	$-128\sim127$
unsigned char	8	$0\sim255$
signed char	8	$-128\sim127$
int	16	$-32\,768\sim32\,767$
short int	16	$-32\,768\sim32\,767$
unsigned int	16	$0\sim65\,535$
signed int	16	$-32\,768\sim32\,767$
long int	32	$-2\,147\,483\,648\sim2\,147\,483\,647$
unsigned long int	32	$0\sim4\,294\,967\,295$
signed long int	32	$-2\,147\,483\,648\sim2\,147\,483\,647$
float	32	$\pm1.175e-38\sim\pm3.402e38$
double	32	$\pm1.175e-38\sim\pm3.402e38$

两个不同类型的数据进行运算时，最好先进行数据类型转换。

数据类型转换的优先级：float > long int > int > char，向优先级高的类型转换。

任意两个数运算，例如：

```
unsigned char a = 30;
unsigned char b = 128;
unsigned int c;
c = a*b;                        // 将溢出，结果错误
c = (unsigned int) a*b;        // 结果正确
```

3.4 常量与变量

在程序运行过程中，常量（Constants）的值保持不变，而变量（Variables）的值可以发生变化。常量和变量有多种形式和大小，也有多种不同的存储形式。立即数是一种特殊的常量，整形立即数可以用不同进制形式来表示，以不同的前缀加以区分。如数字 12，在 CVAVR 编译器中，用十进制表示时不用前缀；用二进制表示时要以 0b 或 0B 开头，如 0b1100；用十六进制表示时要以 0x 或 0X 开头，如 0x0C；还有不常用的以 0 开头的八进制，如 014。

常量定义有两个关键字：**const** 或 **flash**，区别在于存放的空间位置不同。const 默认常量在内存中，而 flash 强制常量存储在程序存储器 Flash 中。如要定义一个比较大的固定数组或表，由于内存空间有限，通常要用到 flash 关键字。常量表达式在编译时自动求解，其语法与举例如下：

```
const <type definition> <identifier> = constant expression;
例如：const int    b = 4 231+5;
      const float  pi = 3.1415;
      const char   c = 'd';                              // 字符
      const char   str [] = "This is a string constant"; //字符数组/字符串
flash <type definition><identifier>=constant expression; //强制常量存在 Flash 中
例如：flash int    integer_array0[]={0, 1, 2, 3};
```

变量定义的语法如下：

```
<type definition> <identifier> [= constant expression];
例如：char  i;
      int   j;
      long  a=123111;
      int   multidim_array[2][3]={ {1, 2, 3}, {4, 5, 6} };
```

变量常常有如下的不同用途和类型：

全局变量：程序中所有函数都可以使用的变量，在 main（）函数之前定义；

局部变量：在某函数内定义，只能在函数内使用的变量，出函数后变量所占内存释放；

静态变量：用 static 定义的局部变量，出函数时变量内存保留，再入函数时，变量值不变；

外部变量：用 extern 关键字声明，表示在函数外部已定义过的变量；

寄存器变量：用 register 关键字定义，强制变量在 AVR 单片机的 32 个工作寄存器中；

```
register char x;         // 字符型变量x分配在某一个寄存器中
register int  y @10;     // 整型变量 y 强制分配在工作寄存器 R10,R11 中
```

寄存器变量是 AVR 单片机特有的，变量存储在寄存器中要比在内存中处理速度更快，但工作寄存器数量很少，所以寄存器变量还是要尽量节省使用。另外，由于汇编语言可以直接操作寄存器，所以，也可以用寄存器变量在汇编语言和 C 语言程序间传递数据。

非寄存器变量：用 volatile 关键字定义，强制变量不存储在 32 个工作寄存器中；

EEPROM 变量：用 eeprom 关键字定义，强制变量存储在 EEPROM 中。

位变量：用 bit 声明，只占一个二进制位，存储在 R2～R14 寄存器中的特殊全局变量。

```
bit  <identifier>;
bit  alfa=1;              // 存储在 R2 中 bit0
bit  beta;               // 存储在 R2 中 bit1
```

编译器在编译过程中会产生全局变量存储器分配映像文件，其中包含了程序中详细的 SRAM 地址分配、工作寄存器分配、EEPROM 分配和函数地址等信息。文件使用".map"后缀，这个文件在用 AVR Studio Debugger 进行程序调试时非常有用。

3.5　运　算　符

CVAVR 编译器支持 5 种运算符（Operators）：算术、关系、逻辑、位及赋值运算，如表 3.2 所示。

表 3.2　CVAVR 编译器支持的 5 种运算符

算术运算符：			
加	+	取余	%
减	−	自加	++
乘	*	自减	− −
除	/		
关系运算符：			
小于	<	大于或等于	>=
大于	>	等于	==
小于或等于	<=	不等于	! =
逻辑运算符：			
与	&&	或	||
非	!		
位运算符：			
按位与	&	按位取反	~
按位或	|	按位异或	^
左移	<<	右移	>>

续表

赋值运算符:			
a=b	a=b	a=a & b	a &=b
a=a+b	a+=b	a=a ^ b	a ^=b
a=a − b	a −=b	a=a | b	a |=b
a=a * b	a *=b	a=a >> b	a >>=b
a=a/ b	a/=b	a=a << b	a <<=b
a=a%b	a%=b		

另外还有些不太常用的，如条件运算符"？："，求字符串长度运算符"sizeof"等。

3.6 指　针

C 语言指针（Pointers）的作用如同钟表的指针一样，都是为了指向我们所需要的数据。计算机内部存储器就是数据的容器，如果有大量的容器，怎样找到存储我们想要数据的那个容器呢？只能通过地址！所有存储器，都要从 0 到最大值，连续地给每个存储器单元（每个容器）分配一个地址。当要访问某个数据时，只要知道存储这个数据所用容器的地址，就能访问。通常在编程时，每定义一个变量，编译器就要分配一个内存单元，程序就要记住存储这个变量的内存单元地址，定义十个变量，就要记住十个地址。有时，为了编程方便，可以把一些相关数据存储在一段连续存储空间中，然后只记住这段存储空间的起始地址，就知道这些数据在那里了。访问这些数据时，用起始地址加上相对偏移量即可。通常，这个起始地址也用一个变量保存，也对应一个存储单元。但它存储的数据就像一个指针一样指向了真正要访问的数据的起始地址。这个存储起始地址的变量，就是指针形变量。

AVR 单片机是 Harvard 结构，其数据存储器 SRAM、程序存储器 Flash 和 EEPROM 的地址是分开的。编译器有对应的 3 种类型的指针：

变量若存放在 SRAM 中，使用通常的指针定义；

常量若存放在 Flash 中，要使用 flash 关键字定义；

常量/变量若存放在 EEPROM 中，要使用 eeprom 关键字定义；

虽然指针可以指向不同的存储区域，但指针本身都存储在 SRAM 中。

例如：

```
char *ptr_to_ram="This string is placed in SRAM";
char flash *ptr_to_flash="This string is placed in Flash";
char eeprom*ptr_to_eeprom="This string is placed in EEPROM";
char *strings[3]={"One", "Two", "Three"};        // 指针数组
```

注意，引用指针变量名，只是得到了一段存储器的起始地址，如 ptr_to_ram、ptr_to_flash、ptr_to_eeprom 等。只有指针变量名前面加上"*"号，才表明引用了存在指针变量里的数据。

3.7　I/O 寄存器及其位访问

单片机内部有大量的 I/O 寄存器（I/O Registers），即输入/输出寄存器，每个寄存器都分配有一个地址。单片机编程对寄存器的访问是非常频繁和重要的。单片机 C 语言编程时，通常不是直接引用寄存器的地址，而是用宏定义给这些寄存器地址起一个有意义的名字，然后通过这个有意义的名字来引用对应的寄存器。这对提高编程效率和程序的可移植性及可读性，都是非常有益的。CVAVR 编译器使用 sfrb 和 sfrw 关键字来完成对 I/O 寄存器的宏定义，以访问 AVR 单片机位于 00H～3FH 的 I/O 寄存器。sfr 是 special function register 的缩写。

例如：

```
sfrb   PINB = 0x16;              // 定义了端口 B 的引脚寄存器，SFR 的 8 位访问
sfrw   TCNT1 = 0x2c;             // 定义了 TC1 的数据寄存器，SFR 的 16 位访问
```

针对 AVR 单片机的不同型号，CVAVR 编译器已经规范地定义好了这些寄存器名字，并存储在对应的头文件中。如 ATmega8A 单片机，只要在程序开始处加上预编译语句"#include <mega8.h>"，即可在程序中直接使用这些定义好的寄存器名字。本书中后面用到的各个 I/O 寄存器的名字，都是在这个头文件中定义好的，可以在编程时直接使用。

有时，访问 I/O 寄存器的某一位对单片机编程来说，也是很频繁和重要的。CVAVR 对地址范围在 0x00 到 0x1F 之间的寄存器是可以位访问的。

访问方式是：**I/O 寄存器名称.位**

```
Sfrb PORTB=0x16;                 // 定义端口 B 缓冲寄存器
Sfrb DDRB=0x17;                  // 定义端口 B 输入输出方向寄存器
sfrb PINB=0x18;                  // 定义端口 B 实时电平寄存器
DDRB.0=1;                        // 让 DDRB 寄存器的第 0 位等于"1"
PORTB.7=0;                       // 让 PORTB 寄存器的第 7 位等于"0"
```

3.8　使用中断

在使用单片机中断（Interrupts）时，一定要配以相应的中断服务程序。要想进入中断服务程序，必须通过中断向量。每一个中断，都分配有一个固定的中断向量。CVAVR 访问 AVR 的中断系统只需使用"**interrupt** 关键字+中断向量"即可。如下面是外部中断 0 服务程序的定义：

```
interrupt[2] void external_int0 (void)          // 1是复位中断
{  /*  代码  */
}
```

编译器在编译这个函数时，首先分配一段程序存储单元存储这段程序，然后在中断向量 1 处放置一条跳转指令，跳转到的地址就是这段程序的首地址。所有的中断服务程序都是这样编程和编译的。

3.9 嵌入汇编语言与调用汇编子程序

在涉及精确计算指令消耗时间等特殊情况时，最好用汇编语言（Assembly Language）来编写代码。单片机 C 语言编程中也可以嵌入汇编语言，CVAVR 嵌入 C 语言的方式如下：

```
嵌入多行： #asm
             nop
             nop
          #endasm
嵌入单行： #asm（"sei"）
          #asm（"nop\nop\nop"）
```

在一行中使用多条汇编指令可以用"\"分开。

上面程序中"nop"指令是 AVR 单片机汇编语言的空执行指令，即什么都不做，只是消耗了一个时钟周期的时间。"sei"是 AVR 单片机汇编语言的打开全局中断开关的指令，即便在 C 语言编程时，也是用这条指令打开全局中断的。

C 语言程序中也可以调用汇编语言编制的函数，下面这段 C 语言调用汇编语言的代码，对我们理解单片机的工作过程和原理是非常有益的：

```
#pragma warn-      // 禁止 warning
int sum_abc(int a, int b, unsigned char c)      // 函数的主体结构还是 C 语言
 {
   #asm                                // 函数的主要内容是汇编语言
   ldd r30,y+3 ; R30=LSB a            // 汇编语言中，分号是注释符号，y 是堆栈指针
   ldd r31,y+4 ; R31=MSB a
   ldd r26,y+1 ; R26=LSB b
   ldd r27,y+2 ; R27=MSB b
   add r30,r26 ; (R31, R30)=a+b
   adc r31,r27
   ld r26,y     ; R26=c
   clr r27       ; 转换无符号字符型变量 c 为整型
   add r30,r26  ; (R31,R30) = (R31,R30) + c
   adc r31,r27
   #endasm
 }
#pragma warn+                    // 允许 warning
void main (void)
 {
   int  r;
    r = sum_abc(2,4,6) ;        // 调用函数 sum_abc 并把结果存在 r 中
 }
```

　　这个汇编函数的主要任务是完成两个整型变量及一个无符号字符型变量的求和。在 C 语言中调用函数时，将函数中要用到的 3 个参数压入堆栈。在堆栈中，整型变量占用两个字节，字符型变量占用 1 个字节内存。变量 a 先压入堆栈，其次压入变量 b，最后变量 c 被压入堆栈。进入汇编函数后，堆栈指针 y 指向最后压入堆栈的字节，即变量 c，y+1 指向变量 b 的低字节，y+2 指向 b 的高字节，y+3 指向变量 a 的低字节，y+4 指向 a 的高字节。汇编程序先把变量 a 的高字节和低字节分别送给寄存器 R31 和 R30，然后将 b 的高字节和低字节分别送给寄存器 R27 和 R26。接着将两个整型变量的高低字节分别相加，结果存在寄存器 R31 和 R30中。最后把字符型变量 c 扩展为整型，并把高低字节分别送给寄存器 R27 和 R26。同样将上次求和结果与 c 的高低字节分别相加，最终结果仍然存在寄存器 R31 和 R30 中。

　　CVAVR 中规定，汇编函数使用寄存器返回计算结果（从 LSB 到 MSB）如下：

　　R30 用于返回字符型和无符号字符型数据；

　　R30、R31 用于返回整型和无符号整型数据；

　　R30、R31、R22、R23 用于返回长整型和无符号长整型数据。

　　所以这个汇编函数将整型计算结果作为函数返回值，存储在寄存器 R30、R31 中，而在 C 语言程序中，直接将寄存器 R30、R31 中的返回值送给了整型变量 r。

3.10　使用 AVR Studio Debugger 调试程序

　　为了能在 AVR Studio 中使用 C 源代码级调试，应在 CVAVR 的菜单"Project"→"Configure"→"C Compiler"→"Compilation"中选择输出文件格式为"COFF"。可以使用"Tools"→"Debugger"菜单命令调用 AVR Studio Debugger 或使用 Debugger 工具条上的按钮。AVR Studio 调出后，需要使用"File"→"Open"命令打开调试用的 COFF 文件。

　　程序加载后就可以用"Debug"→"Go"菜单命令运行，也可以按"F5"键或工具条上的"Run"按钮。程序运行过程中可以用"Debug"→"Break"菜单命令停止，也可以按"Ctrl+F5"键或工具条上的"Break"按钮。单步运行可以用"Debug"→"TraceInto"命令（"F11"键）、"Debug"→"Step"命令（"F10"键）、"Debug"→"Step Out"菜单命令或工具条上对应的按钮。用"Breakpoints"→"Toggle Program Breakpoint"菜单命令、"F9"键或工具条上的"Toggle Breakpoint"按钮可以设置断点使程序停在指定的地方。

　　为了观察程序的变量，可以用"Watch"→"Add Watch"菜单命令，或工具条上的"Add Watch"按钮，并在"Watch"区内指定变量的名称。可以用"View"→"Registers"菜单命令或按"Alt"+"0"键观察 AVR 的寄存器。可以用"View"→"Processor"菜单命令或按"Alt"+"3"键观察 AVR 的 PC、SP、X、Y、Z 寄存器和系统标志位。可以用"View"→"New Memory View"菜单命令或按"Alt"+"4"键观察 Flash、SRAM 和 EEPROM 的内容。可以用"View"→"New I/O View"菜单命令或按"Alt"+"5"键观察 AVR 的 I/O 寄存器。可以使用"View"→"Terminal I/O"菜单命令调用终端通信功能，它可以与 AVR 的模拟串行口通信，但需要在执行"Project"→"Configure"→"C Compiler"命令后选择文件输出格式为"COFF"时，选中"Use the Terminal I/O in AVR Studio"选项。

　　要获得更多关于 AVR Studio 使用方面的信息，可以参考其帮助文件。

3.11　C 预处理器

编译器在编译之前，通常要对代码做一些预处理工作，主要包括以下几个方面：

（1）导入其他文件中的代码，如包含库和函数原型的头文件。

（2）定义宏（Macro），以提高编程效率及程序可读性。

（3）设置条件编译，用于调试或提高程序可移植性。

（4）对设置编译器工作参数的一些特殊指令的处理。

例如：

```
#include  <mega8A.h>              // 包含 mega8A.h 头文件
#define  ALFA  0xff               // 宏定义：ALFA = 0xff
#define  SUM（a, b）a+b            // 带参数的宏定义
int i=SUM（2, 3）;                 // 预处理后变成：int i=2+3;
```

下面是 CVAVR 系统已经预定义的部分宏：

```
__LINE__：提示当前编译文件的行数；
__FILE__：提示当前编译的文件；
__TIME__：提示当前时间，其格式为 hh: mm: ss；
__DATE__：提示当前日期，其格式为 mmm dd yyyy；
_MODEL_TINY_：提示是否在编译时使用了 TINY 模式；
_MODEL_SMALL_：提示是否在编译时使用了 SMALL 模式；
_OPTIMIZE_SIZE_：提示是否在编译时对程序空间大小进行优化；
_OPTIMIZE_SPEED_：提示是否在编译时对程序运行速度进行优化；
_UNSIGNED_CHAR_：提示是否在编译时将 char 当作无符号字符型编译。
```

条件编译指令：#ifdef，#ifndef，#else，#endif

```
#ifdef macro_name
   [set of statements 1]
#else
   [set of statements 2]
#endif
```

条件编译指令：#if，#elif，#else，#endif

```
#if expression 1
   [set of statements 1]
#elif expression 2
   [set of statements 2]
#else
   [set of statements 3]
#endif
```

交互编译语句：

```
#line 语句：更改预定义宏的值，如_LINE_ ,  _FILE_
```

```
#line 50 "file4.c"              // 当前编译的文件名和行数
```

#error 语句：停止编译并显示一个错误信息

```
#error This is an error!
```

#warning 语句：显示一个警告信息

```
#warning This is a warning!
```

#message 语句：显示一个信息

```
#message Hello world
```

3.12　其　他

1. 提示（Hints）

CVAVR 中，为了减小代码体积和加快程序运行速度，最好遵循下述原则：

（1）尽可能使用无符号变量；

（2）使用最小的数据类型，例如位型和无符号字符型；

（3）通过 "Project" → "Configure" → "C Compiler" → "Compilation" → "Bit Variables Size" 命令分配的位变量空间要尽可能的小，以便空出寄存器用以分配给其他全局变量；

（4）尽可能使用 TINY 模式；

（5）使用 flash 关键字把常量放在 Flash 中；

（6）程序调试结束后要关闭 "Stack End Markers" 选项，把程序再编译一次；

（7）与时间有关的部分用汇编语言来写。

2. 限制（Limitations）

3.12 版本的 CodeVision AVR C 编译器有如下限制：

（1）不能用指向指针的指针；

（2）结构体或联合只能是一维的；

（3）结构体或联合不能作为函数的参数，只能使用指针来完成这个功能；

（4）结构体中的成员不能使用位型。位的存储要使用位变量。

除了标准 C 语言库，CVAVR 还提供了精心设计的库，用于如下操作：

（1）Alphanumeric and Graphic LCD modules；

（2）Philips I2C bus；

（3）DS1302 and DS1307 Real Time Clocks；

（4）SPI；

（5）USB；

（6）Power management；

（7）Delays；

（8）Gray code conversion；

（9）Maxim/Dallas Semiconductor 1 Wire protocol；

（10）National Semiconductor LM75 Temperature Sensor；

（11）Maxim/Dallas Semiconductor DS1820，DS18S20 and DS18B20 Temperature Sensors；

（12）Maxim/Dallas Semiconductor DS1621 Thermometer/Thermostat；

（13）Maxim/Dallas Semiconductor DS2430 and DS2433 EEPROMs。

程序自动生成器可以自动生成实现下述功能的代码：

（1）External memory access setup；

（2）Chip reset source identification；

（3）Input/Output Port initialization；

（4）External Interrupts initialization；

（5）Timers/Counters initialization；

（6）Watchdog Timer initialization；

（7）UART（USART）initialization and interrupt driven buffered serial communication；

（8）Analog Comparator initialization；

（9）ADC and DAC initialization；

（10）SPI Interface initialization；

（11）Two Wire Interface initialization；

（12）USB initialization；

（13）CAN Interface initialization；

（14）I2C Bus，LM75 Temperature Sensor，DS1621 Thermometer/Thermostat and PCF8563，PCF8583，DS1302，DS1307 Real Time Clocks initialization；

（15）1 Wire Bus and DS1820/DS18S20 Temperature Sensors initialization；

（16）Alphanumeric and graphic display module initialization。

第4章
软硬件仿真实例

4.1　I/O 口仿真练习

4.1.1　I/O 口仿真练习1

单片机的 I/O 口操作是学习单片机最简单、最基础并且非常有意义的内容。ATmega8A 单片机有三组 I/O 端口：分别是 B、C、D 口，其中 B、D 口有 8 个引脚，C 口只有 7 个引脚。ATmega16A 有 A、B、C、D 四组 I/O 端口，ATmega64A 有 A、B、C、D、E、F 六组端口。对 AVR 的 mega 系列单片机来说，通常其型号 ATmegaxxA 后面的数字 xx 越大，其 I/O 口及其他资源越多。但对 I/O 口操作及编程来说，其原理基本都是一样的。只要掌握了 ATmega8A，其他单片机只是资源多少的问题。

I/O 口可以用作输入，也可以用作输出，这是 I/O 口最基本的功能，要根据具体应用进行设置。AVR 单片机编程时对 I/O 口的使用，主要是通过对 3 个寄存器的编程操作来完成的，应记住并熟练掌握这 3 个寄存器：

数据寄存器——PORTx；
方向寄存器——DDRx；
引脚寄存器——PINx。
其中的 "x" 代表 B、C、D 之一。

这里以及后面使用的寄存器名字，都是按照 CVAVR 头文件<mega8.h>中的定义来引用的，因此，可以直接在 CVAVR 编译器中编程使用。与 I/O 端口相关的这 3 个寄存器都是可以位访问的，也就是每个端口的每个引脚都可以单独访问。在 CVAVR 编译器中，位访问的时候，可以用 PORTC.2、DDRB.0 及 PIND.7 这样的形式来完成。

下面通过端口驱动发光二极管的亮灭，来学习第一个 ATmega8A 单片机软硬件仿真。这个电路要完成的功能是通过 ATmega8A 的端口 C 驱动两个发光二极管的亮和灭，亮灭的时间间隔 0.5 s。

首先要在 ISIS 中搭建仿真电路，用到的元器件清单如下：

ATMEGA8：Microprocessor ICs—AVR Family—ATMEGA8；

RES：Resistors—Generic—RES—DEVICE；

LED_GREEN：Optoelectronics—LEDs—LED_GREEN—ACTIVE；

LED_BLUE：Optoelectronics—LEDs—LED_BLUE—ACTIVE。

这些元器件可以通过在 Pick Devices 窗口的 "Keywords" 中输入元器件名字，或通过元器件的"Category"→"Sub−category"→"Device"→"Library"命令来选中并导入主界面的元器件选择窗口。然后在主界面的电路图编辑窗口中放入如图 4.1 所示的元器件,并连接导线。**注意两个元器件的引脚不能直接连在一起,引脚之间必须用导线连接。**

I/O 口仿真电路如图 4.1 所示,U1 为 ATmega8A 单片机,D_1、D_2 为蓝色和绿色发光二极管,R_1、R_2 为两个电阻。V_{CC} 为电源端子,可通过单击"Terminals mode"按钮,然后在元器件选择窗口中选"POWER",即可放置。双击任一元件,都可以弹出其属性窗口以更改其属性。R_1、R_2 的阻值改为 200 Ω,V_{CC} 的"string"属性选"VCC"。单片机的电源电压不必自己连接,系统默认内部已经连好,其他属性稍后再做修改。电路中最好让发光二极管的负极和单片机的引脚相连,这样单片机引脚输出为低电平时,二极管亮,此时二极管的驱动电流由电源提供。对单片机 I/O 口来说,为灌电流。如果反过来,则为拉电流。通常,I/O 口使用灌电流的方式时,带负载能力更强。

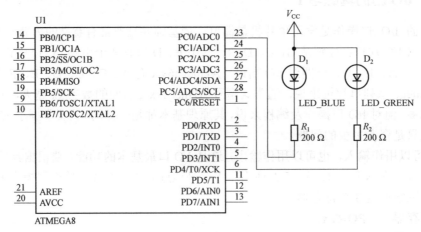

图 4.1　I/O 口仿真电路 1

下面在 CVAVR 中完成 C 程序。运行 CVAVR,单击"File"→"New"→"Project"命令,打开程序向导窗口,然后做如下设置和选择:

"Chip"选项:"Chip"设置为"ATmega8A";"Clock"设置为"8.000 000 MHz";

"Ports"选项:PortC 的"Bit0"设置为"Out";"Bit1"设置为"Out"。

其他未用到的资源不做修改和设置。在向导窗口中单击"Program"→"Generate, Save and Exit"菜单命令,即生成代码、保存文件并退出代码生成向导。此时需要输入相应的 C 源文件名、项目文件名及 CWP 向导程序配置文件名,即完成了新项目的自动生成。注意,最好新建一个文件夹,并将这些新建的文件都保存在这同一个文件夹中,上述 3 个文件名也最好相同(扩展名不同)。此时,代码自动生成完毕,回到 CVAVR 主界面。源文件编辑窗口中已经生成了下面的基本程序,其说明见下面程序的中文注释,其中英文注释是自动生成的。

DDRB、DDRC、DDRD、PORTB、PORTC、PORTD,这些都是在 mega8.h 中定义好的寄存器名;DDB7、DDB6、…、DDB0,这些是在 mega8.h 中的宏定义,分别代表数值 7、6、…、0。PORTB7、DDC7、PORTC7、DDD7、PORTD7 等同样道理,都代表 0~7 之间对应的数字。

```
#include <mega8.h>                          // 包含寄存器宏定义的头文件,必须有
// Declare your global variables here       // 此注释提示全局变量在此处声明


void main(void)                             // main 函数,单片机程序的入口
{   // Declare your local variables here
                                            // 此注释提示:main 函数中的局部变量在此处声明


// Input/Output Ports initialization        // 此注释提示下面为输入/输出口初始化
// Port B initialization                    // 首先是端口 B 初始化
// Function:Bit7=In Bit6=In ⋯ Bit1=In Bit0=In
                                            // 端口 B 各个位的设置状态:均为输入
DDRB=(0<<DDB7)|(0<<DDB6)|(0<<DDB5)|(0<<DDB4)|(0<<DDB3)|(0<<DDB2)|(0<<DDB1)|
     (0<<DDB0);                             // 见后面解释
// State:Bit7=T Bit6=T Bit5=T Bit4=T Bit3=T Bit2=T Bit1=T Bit0=T
                                            // T 代表三态(高阻态)
PORTB=(0<<PORTB7)|(0<<PORTB6)|(0<<PORTB5)|(0<<PORTB4)|(0<<PORTB3)|(0<<POR
     TB2)|(0<<PORTB1)| (0<<PORTB0);


// Port C initialization                    // 端口 C 初始化
// Function:Bit6=In Bit5=In Bit4=In Bit3=In Bit2=In Bit1=Out Bit0=Out
                                            // bit1,0 为输出,其余位为输入
DDRC=(0<<DDC6)|(0<<DDC5)|(0<<DDC4)|(0<<DDC3)|(0<<DDC2)|(1<<DDC1)|(1<<DDC0);
// State:Bit6=T Bit5=T Bit4=T Bit3=T Bit2=T Bit1=0 Bit0=0
PORTC=(0<<PORTC6)|(0<<PORTC5)|(0<<PORTC4)|(0<<PORTC3)|(0<<PORTC2)|(0<<POR
     TC1)|(0<<PORTC0);


// Port D initialization                    // 端口 D 初始化
// Function:Bit7=In Bit6=In Bit5=In Bit4=In Bit3=In Bit2=In Bit1=In Bit0=In
DDRD=(0<<DDD7)|(0<<DDD6)|(0<<DDD5)|(0<<DDD4)|(0<<DDD3)|(0<<DDD2)|(0<<DDD1)|
     (0<<DDD0);
// State:Bit7=T Bit6=T Bit5=T Bit4=T Bit3=T Bit2=T Bit1=T Bit0=T
PORTD=(0<<PORTD7)|(0<<PORTD6)|(0<<PORTD5)|(0<<PORTD4)|(0<<PORTD3)|(0<<
     POR TD2)|(0<<PORTD1)|(0<<PORTD0);
                                            // 初始化工作到此结束
while (1)                                   // 条件永远成立的 while 无限循环,所有单片机程序都应有
    {   // Place your code here             // 此注释提示将自己的代码放在此处
    }
}
```

通常,单片机编程中默认一个二进制数字是 8 位,所以"0<<DDB7",表示将二进制数

字"0"左移 7 位，得到一个 8 位二进制数字，此 8 位二进制数字的最高位被设置为"0"（其余位也为"0"）。而如果是"1<<DDB7"，则表示将二进制数字"1"左移 7 位，即 8 位二进制数字的最高位设置为"1"（其余位为"0"）。同理，"1<<DDB5"，则表示将二进制数字"1"左移 5 位，即 8 位二进制数字的右数第 6 位设置为"1"（其余位为"0"）。如下所示：

```
1<<DDB7   0B0000 0001   0B1000 0000   左移后，右面移进来的数字为0

 1<<7     左移7位←1      ↑第8位=1      得到一个第8位为"1"其余位是"0"的二进制数

1<<DDB5   0B0000 0001   0B0010 0000

 1<<5     左移5位←1      ↑第6位=1      得到一个第6位为"1"其余位是"0"的二进制数

0<<DDB5   0B0000 0000   0B0000 0000

 0<<5     左移5位←0      ↑第6位=0      得到一个第6位为"0"其余位也是"0"的二进制数

DDRB=(0<<DDB7)|(0<<DDB6)|(0<<DDB5)|(0<<DDB4)|(0<<DDB3)|(0<<DDB2)|(0<<DDB1)|
     (0<<DDB0);
```

上面这行语句的作用是对寄存器 DDRB 赋值，等号右边是 8 个已设置好各位数值的二进制数字按位"或"的结果。因为是"或"运算，所以结果的最低位由右数第 1 个二进制数决定，第 2 位由第 2 个数决定，以此类推，最高位由第 8 个数决定。它可以简单写成"DDRB=0x00"这样的形式，而之所以写成程序中的形式，是为了让程序看起来更清晰、更明了地显示 DDRB 寄存器的哪一位是"0"，哪一位是"1"。

程序的最后是一个无限循环结构，所有单片机程序都应有这样一个死循环，以防止单片机 CPU 无事可做或做不可预知的事情。通常，正常工作的代码都放在这个循环里。但也要注意，放在这里的语句是要被无数次执行的。如果语句不需要被无数次执行，就应该设置执行条件，满足条件则执行，不满足则不执行。

加入下面 while 循环中的一段程序，即完成了第一个 C 程序的设计。

```
While(1)
{
    PORTC.0 = 0;
    PORTC.1 = 1;
    delay_ms(500);
    PORTC.0 = 1;
    PORTC.1 = 0;
    delay_ms(500);
}
```

这段程序的作用是：让端口 C 的第 1 位（bit0）输出低电平，第 2 位（bit1）输出高电平，然后延时 500 ms；接着让端口 C 的第 1 位（bit0）输出高电平，第 2 位（bit1）输出低电平，然后再延时 500 ms。由于 while 后面的条件永远为真，所以这个过程无限循环。按照 ISIS 中的电路连接，端口输出低电平时，发光二极管亮，端口输出高电平时，发光二极管灭。这段程序无数次地执行，效果就是两个发光二极管间隔 0.5 s 的亮灭。delay_ms（）是一个以毫秒为单位的延时函数，它是 CVAVR 中已经编好的库函数，使用时需在程序最开始处加上头文件，即语句"#include <delay.h>"。

单击编译按钮，编译整个程序。如果信息窗口没有错误，则编译通过。在程序所在的文件夹可看到编译生成的与 C 文件同名的 ".cof" 文件，这就是在 ISIS 中仿真所需要的单片机仿真程序文件。

在 ISIS 中双击 ATMEGA8 单片机，弹出属性窗口，可做如下改动：

Program file：查找并选中上面生成的 ".cof" 仿真文件；

CKSEL Fuses：选择时钟为 "（0100）Int RC 8 MHz"；（单片机内部的 8 MHz RC 振荡器）

单击 "OK" 按钮，返回。此时，单击 "运行" 按钮，即可看到电路仿真效果。

上面这段程序可以简化，只用原语句行数一半即可完成同样功能。请想想如何化简？

4.1.2　I/O 口仿真练习 2

如果要求有 8 个发光二极管循环点亮，每次只能点亮一个并延时 1 s，应该如何实现？

硬件电路上，由于 ATmega8A 的 C 口只有 7 个引脚，所以最好用 B 口或 D 口来驱动这 8 个发光二极管。软件的设计可以通过多种方法来实现，但最好是定义一个变量，在 while 中每循环一次，此变量加一，根据变量的值来决定哪一个发光二极管被点亮。

方法一：

在 main 函数开始处定义变量：

```
unsigned char i=0;
```

在 while 循环中输入下面语句：

```
While(1)
  {
    PORTD=0XFF;                    // 首先熄灭所有发光二极管
    if(i==0) PORTD.0=0;           // 如果变量 i=0，则点亮 bit0
    if(i==1) PORTD.1=0;           // 如果变量 i=1，则点亮 bit1
    if(i==2) PORTD.2=0;           // 如果变量 i=2，则点亮 bit2
    if(i==3) PORTD.3=0;
    if(i==4) PORTD.4=0;
    if(i==5) PORTD.5=0;
    if(i==6) PORTD.6=0;
    if(i==7) PORTD.7=0;           // 如果变量 i=7，则点亮 bit7
    delay_ms(1000);              // 延时 1 s
    i++;                          // 循环一次，i 加 1
    if(i>7)  i=0;                 // 如果 i 大于 7，让 i 从 0 开始；
  }
```

编译之后，即可查看运行效果。此方法看起来非常直观，思路也比较自然。但语句过多，程序显得冗长。其实可以做如下化简来实现上述功能。

方法二：

在 main 函数开始处定义变量：

```
unsigned char i=0;
```

在 while 循环中输入下面语句：

```
While(1)
{
  PORTD =~(1<<(i%8));
  i++;
  delay_ms(1000);
}
```

由于 8 位 I/O 口正好对应一个 8 位二进制数字，所以，只要让一个 8 位二进制数字对应亮灯的那一位置 "0"，而其余位置 "1"，然后把这个 8 位二进制数送给 D 口，即可实现上述功能。i 对 8 取余，其结果在 0 到 7 之间。所以，程序中只须让 i 自加，而不用管它增大到何值。实际上由于单片机是 8 位的，所以增加到 255 之后，随即溢出，接着又从 0 开始增加。此处的 "1" 可看作二进制数 0b00000001，左移 i 位之后，可根据 i 取余之后的值，让 8 位二进制数的某一位等于 "1"，其余位等于 "0"。但由于端口 D 输出 "0" 时灯亮，输出 "1" 时灯灭，所以左移之后要对 i 按位取反，然后才能输出到 D 口。

对比两种方法，可以看出，同样效果，但编程的效率截然不同。

4.1.3　I/O 口仿真练习 3

如果在初始程序中希望能控制某一个灯常亮或常灭，就需要用到 I/O 口的输入功能和按键。ISIS 中单刀单掷开关的名称和分类如下，修改后的电路如图 4.2 所示。

BUTTON: Switches & Relays—Switches—BUTTON—ACTIVE

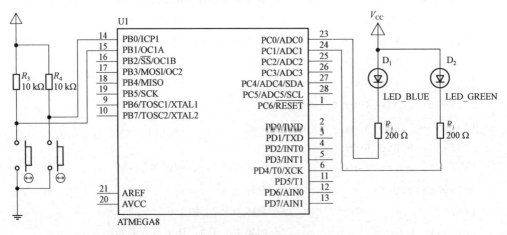

图 4.2　I/O 口仿真电路 2

图中 B 口用作输入口，每个开关与一个电阻串联后接在电源和地之间。在开关和电阻之间各引出一根线，分别连接到 PORTB.0 和 PORTB.1。当开关抬起时，端口电压为高电平，而当某一开关按下时，其对应引脚为低电平。程序中要根据引脚电平高低来判断按键是否按下，所以要不停地查询两个引脚的电平高低，这种实现按键的方式叫查询方式。查询方式要消耗大量的 CPU 时间，所以这种方式不是很合理。按键最好的工作方式是后面要学习的利用外部中断方式来实现。修改后的程序如下：

```
If(PINB.0==1)  PORTC.0 = ~PORTC.0;
If(PINB.1==1)  PORTC.1 = ~PORTC.1;
delay_ms(500);
```

如果按键没按下，引脚电平为"1"，则对应发光二极管不停地亮灭；如果按键按下，引脚电平为"0"，则对应的发光二极管停止闪烁。

4.1.4　I/O 口仿真练习 4

这个仿真练习要完成的主要功能是通过 I/O 口驱动蜂鸣器来演奏音乐。演奏音乐更好的方式是后面要学到的通过定时/计数器来实现。但本例对于学习 I/O 口的使用及单片机 C 语言编程的基本知识，还是非常有益的。硬件 I/O 口仿真电路如图 4.3 所示，用到的蜂鸣器为：

Speakers & Sounders—**Buzzer**—Active

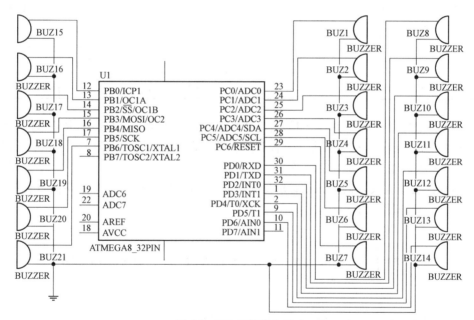

图 4.3　I/O 口仿真电路 3

此蜂鸣器可以设置其发声频率、工作电压和负载电阻等参数。为了能让单片机 I/O 口直接驱动蜂鸣器工作，将蜂鸣器的工作电压改为 5 V，负载电阻改为 500 Ω。为了能发出高、中、低音的各音阶，需放置 3 组共 21 个蜂鸣器。

C 调各音阶的发声频率如表 4.1 所示，按表中所示设置好高、中、低音三组蜂鸣器的发声频率。PB 口为低音，PC 口为中音，PD 口为高音。演奏中要根据乐谱，通过让某一 I/O 口输出高电平驱动对应频率的蜂鸣器发声。

音乐的演奏除了音调高低外，还有节拍的问题，即某一音符演奏时间的长短。如果规定乐曲的演奏速度为每分钟 120 拍，则每拍的时间就是 0.5 s。若以四分音符为一拍，那么每个音符演奏的时间就都可以确定出来了。

表 4.1　C 调各音阶的发声频率

音符	频率/Hz	音符	频率/Hz	音符	频率/Hz
低音 1	262	中音 1	523	高音 1	1 046
低音 1#	277	中音 1#	554	高音 1#	1 109
低音 2	294	中音 2	587	高音 2	1 175
低音 2#	311	中音 2#	622	高音 2#	1 245
低音 3	330	中音 3	659	高音 3	1 318
低音 4	349	中音 4	698	高音 4	1 397
低音 4#	370	中音 4#	740	高音 4#	1 480
低音 5	392	中音 5	784	高音 5	1 568
低音 5#	415	中音 5#	831	高音 5#	1 661
低音 6	440	中音 6	880	高音 6	1 760
低音 6#	466	中音 6#	932	高音 6#	1 865
低音 7	494	中音 7	988	高音 7	1 976

图 4.4 是歌曲《隐形的翅膀》的简谱，在程序中需要定义一个数组来存储乐谱信息，数组中以两个字节为一个单元来描述一个音符的音调和音长，数组结构形如：{音调，音长，音调，音长，……}。前一个字节表示音调，其十位数为 1、2、3，分别表示低、中、高音。后一个字节表示音长，4 表示四分音符，8 表示八分音符，以此类推，3 表示带附点音符（音长稍有偏差）。完成的程序如下：

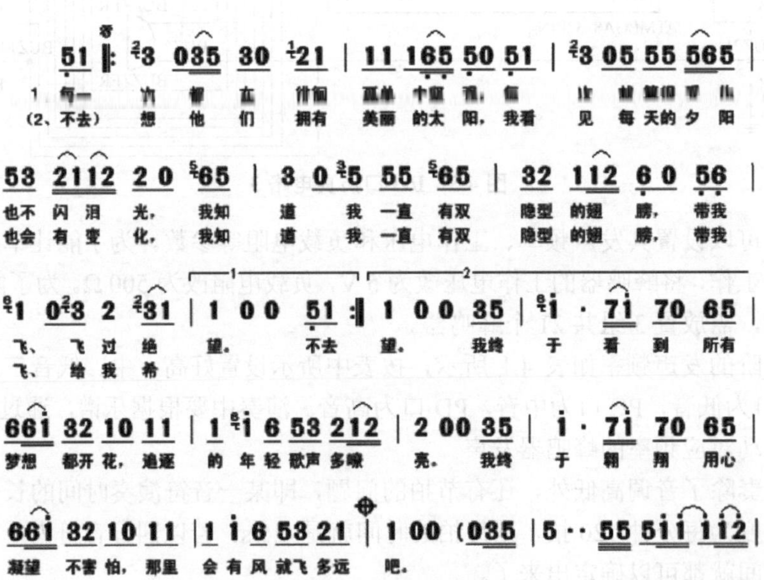

图 4.4　歌曲简谱

```c
#include <mega8.h>
#include <delay.h>
// 数组 mu[]是根据乐谱提取的音符与音长信息
unsigned char mu[]={15,8,21,8,23,3,25,8,23,4,22,8,21,8,21,8,21,8,16,
                16,15,16,15,4,15,8,21,8,23,3,25,8,25,8,25,8,26,8,25,8,
                25,8,22,16,23,16,22,8,21,16,22,16,22,4,26,8,25,8,23,3,
                25,8,25,8,25,8,26,8,25,8,23,8,22,8,21,8,21,16,22,16,16,
                4,15,8,16,8,21,3,22,16,23,16,22,4,23,8,21,8,21,2,21,4,
                20,20,23,8,25,8,31,3,27,16,31,16,27,4,26,8,25,8,26,8,
                31,8,23,8,22,8,21,4,21,8,21,8,21,8,31,4,25,16,26,16,25,
                8,22,16,23,16,22,8,21,16,22,16,22,2,22,4,23,8,25,8,31,
                3,27,16,31,16,27,4,26,8,25,8,26,8,31,8,23,8,22,8,21,4,
                21,8,21,8,21,8,31,4,25,16,26,16,25,8,22,16,23,16,22,
                8,21,8,21,2,21,4,23,8,25,16,31,3,27,16,31,16,27,4,26,8,
                25,8,26,8,31,8,23,8,22,8,21,4,21,8,21,8,21,8,31,4,25,16,
                26,16,25,8,22,16,23,16,22,4,18,4,21,8,21,8,21,4,90};
                                  // 数组中 20 表示一段结束,90 表示乐曲结束
void main(void)
{
    unsigned char p2=0;           // p2=0,演奏的是第一段,p2=1,演奏的是第二段
    unsigned int  i=0;            // 数组中音符索引,每次+2,从 0 开始
    ……

                                  // I/O 口设置语句
    i=0;  p2=0;                   // 从第一段的第一个音符开始
while (1)
{
    switch( mu[i]/10 )            // 取出音符字节的十位数,1 为低音,2 为中音,3 为高音
        {
        case 1: PORTB = 1<<(mu[i]%10)-1;
    // 音符个位数为 1 到 7,减 1 后对数字"1"移位,在 B 口对应位输出 1,驱动蜂鸣器发出对应声调
                break;
        case 2: PORTC = 1<<(mu[i]%10)-1;    // 中音部分,原理同上
                break;
        case 3: PORTD = 1<<(mu[i]%10)-1;    // 高音部分,原理同上
                break;
        default:
                break;
        }
delay_ms(700*4/mu[i+1]);          //求某音符与四分音符音长倍数,乘四分音符音长 700 ms
```

```
        PORTB=0;PORTC=0;PORTD=0;    // 关闭蜂鸣器
        i=i+2;                       // 下一个音符

        if(mu[i]==90)    { i=0; p2=0; delay_ms(3 000); }
                                     // 若音符字节=90，乐曲结束，从头开始
        if((mu[i]==20) && (p2==1)) { i=i+2;}
                                     // 若音符字节=20，p2=1，开始第二段
        if((mu[i]==20) && (p2==0)) { i=0;  p2=1; }
                                     // 若音符字节=20，p2=0，第一段结束
      }
   }
```

I/O 口进一步练习：

（1）用 PORTB 口驱动 8 个发光二极管，不同的亮灭组合可以形成一个字节的数据，定义 16 种显示花样并存储在一个字符型数组中，进行循环显示。还可以尝试更多花样，更多 I/O 口。

（2）周期性地随机产生一个 char 型整数，用于驱动（1）题中发光二极管，看看效果如何？

（3）将前面乐谱数据与（1）题中发光二极管组合，看看你的创意如何？

（4）用按键和蜂鸣器（加上发光二极管更好）设计一个简单的电子琴。

4.2 Proteus 单片机 C 程序调试

单片机程序在编译时，程序中的语法错误通常可以由编译器检查并给出错误信息，但程序中的逻辑错误则需要用户自己来控制和排除。当程序编译通过并在单片机上加载运行时，有时程序运行的结果和用户预想的并不一样，而单纯的阅读和检查 C 程序源代码并不容易发现错误在那里，此时，就需要对 C 源程序进行调试和跟踪。通过程序断点或单步执行等方法，检查程序中关键点的运行结果，这样可以很容易发现错误之处。

要想在 Proteus 中对单片机的 C 程序进行调试与跟踪，单片机加载的程序必须要有可供调试的信息。Proteus 软件支持的单片机仿真调试程序的格式有很多种，如 ELF/DWARF、COFF、UBROF 格式等，HEX 格式的文件可以加载运行，但不能单步执行。CVAVR 编译器支持 COFF 文件格式，其编译输出的 ".cof" 扩展名文件被仿真电路的单片机加载后，可以进行 C 源程序调试与跟踪。在 ISIS 仿真电路中调试程序时，可以做 C 程序调试所需要的三个主要工作：设置断点，单步执行，观察变量与寄存器值。

ISIS 用户界面上 4 个运行控制按钮分别是 "Play" "Step" "Pause" 和 "Stop"。当单片机加载了 ".cof" 文件后，可以单击 "Play" 按钮全速运行。此时若要调试程序，可以按下 "Pause" 按钮，全速运行的程序将停止在某一行代码上，同时会弹出 "AVR Source Code" 和 "AVR Variables" 等几个窗口。如果要从头开始单步调试程序，可以在初始时按 "Step" 按钮执行程序。若想要的窗口没有弹出，可以通过主菜单 "Debug" → "AVR" → "..." 命令选择并显示需要的窗口，或者在电路图上右键单击单片机芯片，在弹出的菜单下面 "AVR..." 中也可进

行选择。这些窗口中显示的信息对程序调试非常重要，AVR 单片机可供查看的窗口一共有 7 个，它们分别如下。

1. "AVR Source Code"窗口

这是最重要的一个窗口，带有编译地址的 C 源程序在这个窗口中显示。在任意一行可执行的代码上双击，可设置此行代码为程序执行断点。断点设置后，断点指令行的最左面会有一个棕色圆点指示。全速执行的程序遇到断点后，将停止在断点指令行上。此时，可以按代码窗口上面的单步执行按钮，并配合查看相应的寄存器或变量值，以检查程序执行结果是否正确。再次双击断点指令行，可以取消断点。

2. "AVR Variables"窗口

这个窗口中显示的是程序中定义的变量，变量的名称、地址、值等属性都有显示，右键单击某一变量，还可更改显示属性。单步执行时，程序中某一变量值被更改，立刻在此窗口中就会有所体现，这对程序调试是非常重要的。在程序调试阶段，最好用"volatile"关键字强制变量存储在 RAM 中，否则变量值有时不能正常显示。

3. "AVR CPU Registers"窗口

程序指针、CPU 状态寄存器、32 个通用工作寄存器以及堆栈指针都在这个窗口中显示，随着程序的执行，这些寄存器值都会跟着进行相应的变化，这不仅可以帮助调试程序，还有益于初学者理解 AVR 单片机的结构和原理。

4. "AVR Data Memory"窗口

AVR 单片机的内存数据信息在这个窗口中显示。ATmega8A 单片机前 96 个内存地址分配给了 32 个通用工作寄存器和 64 个 I/O 寄存器，所以窗口中显示的 1 024 个字节的内存地址是从 0x0060 开始，到 0x45F 结束。

5. "AVR EEPROM Memory"窗口

AVR 单片机的 EEPROM 中存储的数据在这个窗口中显示。

6. "AVR Program Memory"窗口

Flash 程序存储器中，经编译后生成的机器指令，在这个窗口中以十六进制数据显示。

7. "AVR I/O Registers"窗口

AVR 单片机的 64 个 I/O 寄存器的数据在这个窗口中显示。

此外，主菜单"Debug"下面还有一个"Watch Window"，选中后可以用来集中显示某些特定的寄存器和变量的值，在调试程序时也很有帮助。有时，float 类型变量在"AVR Variables"窗口中显示出现问题时，可在这个窗口中进行特定设置而正常显示。向窗口中添加要观察的**寄存器**时，应右键单击"Watch Window"窗口，在弹出的菜单中选择"Add Items（By Name...）"，然后双击要显示的寄存器名称即可。如果向窗口中添加要观察的**变量**，则应右键单击窗口，在弹出的菜单中选择"Add Items（By Address...）"，然后在弹出的窗口中设置正确的变量参数。若变量在内存中，"Memory"项应选"AVR SRAM..."或"AVR Data Memory..."，"Name"项为程序中定义的变量名，"Address"值可根据"AVR Variables"窗口中给出的对应变量地址填入。数据类型要根据变量的定义选择，如果定义的是 float 类型，应选"IEEE Float（4 bytes）"。变量的显示格式，可根据需要选择。

程序调试是编程工作的一个重要方面，可以用来快速定位程序中存在的问题，并具有针对性地分析代码，实现快速解决问题的目的。对于初学者，调试中可以很清晰地看到程序的执行过程以及每一步产生的变化，这样直观的体验不仅比读代码更有益于学习，而且还有益于初学者对 AVR 单片机的结构和原理的理解。

请以上节中的仿真练习为例，初步学习 Proteus 中 AVR 单片机的 C 程序调试与跟踪，并在后面的编程学习过程中，能主动地通过 C 程序调试与跟踪来发现和解决程序中的问题。

4.3　外部中断仿真练习

在这个练习中，要给单片机设置两个工作任务，用按键来选择哪一个任务正在被执行。第一个工作就是上面的两个发光二极管的闪烁，第二个工作需要再自行设计。第二个工作的主要内容是让单片机端口驱动两个数码管，并让它们从 0 到 99 计数，计数时间间隔为 200 ms。

首先，需要了解数码管的显示原理。如图 4.5 所示，单个数码管通常都是 7 段的，外加一个小数点，共 8 位。数码管的每一段及小数点都是一个发光二极管，通过这 8 个发光二极管亮灭的组合就可以显示不同的数字或字母。这 8 个发光二极管所有的正极或负极通常是连在一起的，分别叫作共阳极或共阴极数码管，而另外 8 个引脚就是数码管的输入端。数码管的显示分为静态法和动态法两种，以共阳极数码管为例，静态法显示时，将数码管的正极通过一个限流电阻连接 V_{CC}，8 个输入端分别与单片机的 8 个 I/O 引脚相连，n 个数码管就需要 $n \times 8$ 个单片机 I/O 引脚，因此数码管较多时，

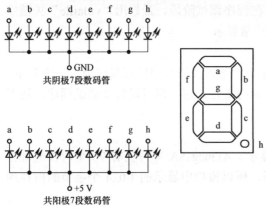

图 4.5　数码管

静态法显示需要大量的单片机 I/O 口，所以 I/O 口紧张时就需要动态显示。动态显示是多个数码管分时循环显示，利用人眼的视觉暂留来达到稳定显示的效果。

两位共阳极数码管的动态显示线路连接如图 4.6 所示，所用数码管为"7SEG - MPX1 -

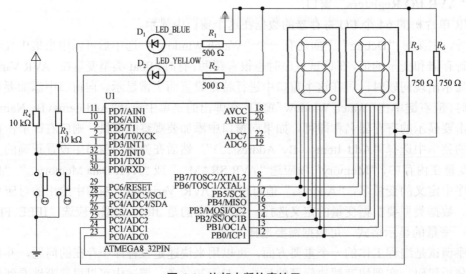

图 4.6　外部中断仿真练习

CA：Optoelectronics－7－Segment Displays－7SEG－MPX1－CA"。端口 B 的 8 个 I/O 口与两个数码管的输入端分别相连，再用 PC0 和 PC1 两个 I/O 引脚作为片选信号分别与两个数码管的正极相连。同时，两个数码管的正极通过两个限流电阻与 V_{CC} 相连。待显示的数据信息同时送给两个数码管，哪个数码管亮则由片选信号来决定。片选信号为高电平时，对应的数码管亮；片选信号为低电平时，对应的数码管灭。

　　数码管显示 0 到 9 数字的时候，需要用不同的编码来控制数码管中各个发光二极管的亮灭。对于如图 4.6 中共阳极数码管和单片机的连接，数字 0 到 9 的编码分别为：

```
{ 0X03, 0X9F, 0X25, 0X0D, 0X99, 0X49, 0X41, 0X1F, 0X01, 0X09 }
```

如果要点亮小数点，各个编码值需减 1。

　　为了使用外部中断，需要将两个开关和电阻中间的引线连接到 ATmega8A 单片机的 INT0 和 INT1 引脚上，即 PD2 和 PD3，如图 4.6 所示。

　　利用 CVAVR 代码生成向导按上述要求重新生成一个新的项目：

　　"Chip"选项："Chip"设置为"ATmega8A"；"Clock"设置为"8.000 000 MHz"；

　　"Ports"选项："PortB、PortC、PortD6、PortD7"设置为输出；"PortD2、PortD3"设置为输入；

　　"External Interrupts"选项：使能 INT0 和 INT1，"Mode"设置为"Falling Edge"。

　　保存退出后，向导程序将自动生成两个外部中断服务程序框架，以及 3 个端口和外部中断的初始化。将单片机要执行的两个任务写成两个函数，再定义一个全局变量 mode，在 while 中根据 mode 的取值，来决定执行哪个函数。mode 的值在按键中断服务程序中修改，即按一下按键，mode 的值将被改变。完整的程序如下，程序的解释见其中中文注释。外部中断涉及的寄存器共 4 个：SREG—开总中断，MCUCR—选择触发方式，GICR—外部中断开关，GIFR—中断标志位。

```c
#include <mega8.h>
#include <delay.h>
unsigned char mode;                 // 定义全局变量 mode,用于确定执行哪个任务
unsigned char ledCode[10]={0x03,0X9F,0X25,0X0D,0X99,0X49,0X41,0X1F,0X01, 0X09};
                                    // 共阳极数码管显示编码,编码值与端口连线相关
interrupt [EXT_INT0] void ext_int0_isr(void)
                                    // 自动生成的外部中断 0 服务程序框架, EXT_INT0=1
  {
    mode++;                         // 每按一次键,mode 值加 1
    if(mode==2) mode=0;             // 只有两个任务,mode 取值范围为 0,1
  }
interrupt [EXT_INT1] void ext_int1_isr(void)
                                    // 外部中断 1 服务程序框架,暂时没用, EXT_INT1=2
  { }
void light()                        // 写成函数的第一个任务,两灯闪烁
{
  PORTD.6 =~PORTD.6 ;              // 位取反,对应灯的亮灭变化
```

```
      PORTD.7 =～PORTD.7 ;
      delay_ms(500);
  }
void led()                              // 写成函数的第二个任务,从 0 到 99 计数,每次加 2
{
  unsigned char i,k=0 ;
    while(mode==1)                      // mode=1,一直计数,直到按键 INT0 改变 mode 值
    {
        for(i=0;i<50;i++)               // 动态显示:十位显示 5 ms,个位显示 5 ms,重复 50 遍
        {
          {
           PORTC.1=0;                   //  十位数灭,个位数亮
           PORTC.0=1;
           PORTB = ledCode[k%10];       // 取出 k 的十位数显示码,从 B 口输出
          }
           delay_ms(5);                 // 十位数延时显示 5 ms
          {
           PORTC.1=1;                   //  十位亮,个位数灭
           PORTC.0=0;
           PORTB = ledCode[k/10];       //  取出 k 的个位数显示码,从 B 口输出
          }
           delay_ms(5);                 // 个位数延时显示 5 ms
        }
        k+=2;                           // 计数值每次加 2
        if(k>99)  k=0;
    }
}
void main(void)                         // main 函数
{
  …

                                        // 端口 BCD 的初始化:略
    // 外部中断初始化
GICR|=(1<<INT1) | (1<<INT0);            // 开外部中断 INT0 和 INT1
MCUCR=(1<<ISC11) | (0<<ISC10) | (1<<ISC01) | (0<<ISC00);
                                        //  INT0、INT1 下降沿触发
GIFR=(1<<INTF1) | (1<<INTF0);           // 清中断标志位
mode=0;                                 // 设置 mode 初值
#asm("sei");                            // 打开总中断开关
while(1)
    {
```

```
      if(mode==0)  light();          // mode=0,执行任务 1

      if(mode==1)  led();            // mode=1,执行任务 2

    }

  }
```

外部中断进一步练习：

（1）利用外部中断和与非门设计一个 4×4 键盘，并能显示每一个按键值。

（2）用外部中断做一个计数器，并显示计数值，用按键或低频信号源输入计数脉冲。

4.4　定时/计数器 TC0 仿真练习

定时/计数器 TC0 仿真的硬件电路和上例中完全一样，我们要做的就是再添加一个关于定时/计数器 TC0 的任务。TC0 的应用比较简单，定时和计数本质上都是计数。如果能确切知道计数信号源的周期或频率，就是定时。此例中，我们就用 TC0 来制作一个秒表。由于 TC0 是 8 位定时/计数器，系统时钟频率又较高，即便分频之后，定时计时器计满一次的时间也很难达到 1 s。我们可以设置 TC0 单次定时 20 ms，重复 50 次，即为 1 s。TC0 单次定时时间与系统时钟频率、预分频比及 TCNT0 初值密切相关，需要仔细考虑和计算，但向导程序可以很轻松地为我们解决这些问题。

此例中，不需要再新建项目。在原项目中再调出向导程序，按上例中设置好时钟频率（内部 8 MHz）后，单击"Timers/Counters"，接着在右边"Requiements"下，"Period"后输入准备让 TC0 单次定时的时间，如 20 ms，然后单击"Apply"。向导程序将为我们计算出合适的预分频比及定时器初值，并打开 TC0 中断，同时还给出了单次定时的误差。单击"Program"→"Generate"菜单命令，在右边窗口中生成预览程序，从中拷贝出关于 TC0 相关的函数和设置语句，然后关闭向导程序。修改后的程序如下，TC0 计数器溢出中断服务程序中可得到定时秒数，在新增的 tc0（）函数中显示这个秒数。在当前系统时钟和分频比设置下，TC0 每次从 0x64 开始对分频后的时钟脉冲计数，计到 255 后溢出，期间用时 20 ms。计数器溢出后本应自动从 0 开始计数，但在 TC0 中断服务程序中计数初值被更改为 0x64，而且应该一进入中断服务程序立即被更改。通常，这 20 ms 的定时会有微秒量级的误差，为了准确定时 1 s，可以在 1 s 的最后一个 20 ms 定时过程中再重新确定一个计数初值，将前面积累的误差补偿回来。相对于 delay 函数，用定时/计数器定时更准确，并且不占用 CPU。

由于增加了一个任务，mode 取值范围为 0、1、2。

```
#include <mega8.h>

#include <delay.h>

unsigned char m20 ,sec,mode;          // 增加 20 毫秒和秒两个全局变量

…                          // 其他变量定义同上

void light {…}                        // light() 函数同上

void led {…}                          // led() 函数同上

interrupt [EXT_INT0] void ext_int0_isr {…}  // 外部中断服务程序同上

interrupt [TIM0_OVF] void timer0_ovf_isr(void)

                     // 从向导程序中拷贝的 TC0 中断服务程序,TIM0_OVF=2
```

```
{
    TCNT0=0x64;                                    // 系统时钟 8 MHz,定时 20 ms,向导程序计算并设置的初值
    m20++;                                         // 单次 20 ms,TC0 每溢出一次,此变量加 1
    if(m20==50)                                    // 重复 50 次等于 1 s
    {
        sec++;                                     // 秒变量加 1
        m20=0;                                     // 20 ms 变量从 0 开始
    }
}
void tc0_1s()                                      // 新增的任务 3,用于显示定时时间的函数
{
    unsigned char i ;
    while(mode==2)        // mode=2,是新增的任务 3,只有按键中断 INT0 才能改变 mode 值
    {
        for(i=0;i<50;i++)
        {
            PORTC.0=1;                             // 十位数亮,个位数灭
            PORTC.1=0;
            PORTB = ledCode[sec%10];  // 取出秒的十位数显示码,从 B 口输出
            delay_ms(5);


            PORTC.0=0;                             // 十位数灭 ,个位数亮
            PORTC.1=1;
            PORTB = ledCode[sec/10];  // 取出秒的个位数显示码,从 B 口输出
            delay_ms(5);
        }
    }
}
void main(void)
{
    ...                                            // 端口设置,外部中断设置同上
// Timer/Counter 0 initialization                  // 向导程序的注释
// Clock source: System Clock                      // 时钟源为系统时钟
// Clock value: 7.813 kHz                          // 系统时钟预分频后送给 TC0 的计数时钟频率
    TCCR0=(1<<CS02) | (0<<CS01) | (1<<CS00);        // 预分频比, 1 024 分频
    TCNT0=0x64;                                     // 计数器初值
TIMSK=(0<<OCIE2)|(0<<TOIE2)|(0<<TICIE1)|(0<<OCIE1A)|(0<<OCIE1B)|(0<<TOIE1)|
      (1<<TOIE0);                                  //开 TC0 中断
    m20=0;                                         // 存储 20 ms 倍数的变量清零
```

```
sec=0;                                    // 存储秒数的变量清零
mode=0;
#asm("sei");
while (1)
 {
    if(mode==0)  light();
    if(mode==1)  led();
    if(mode==2)  tc0_1s();                // mode=2，执行任务 3，显示时间值
 }
}
```

TC0 进一步练习：

（1）用 TC0 精确定时控制 5 个发光二极管亮灭间隔时间分别为 100 ms、200 ms、300 ms、400 ms 和 500 ms，看看它们的亮度有何不同。

（2）用 TC0 定时和发光二极管制作一组红绿灯，用按键能控制绿灯常亮。

4.5 定时/计数器 TC1 仿真练习

4.5.1 用 TC0 和 TC1 制作频率计

这个仿真练习的硬件电路与图 4.6 基本相同，只需添加一个虚拟信号发生器即可，如图 4.7 所示。在工具箱中单击"Virtual Instruments"按钮，再单击"Signal Generator"。将信号发生器的正输出端与单片机引脚 PD5/T1 相连，负输出端接地。仿真运行开始后，信号发生器会弹出一个前面板，可调整输出信号波形、电压及频率。信号波形可以选择方波、锯齿波、三角波和正弦波，极性可选单极性（Uni）和双极性（Bi）。在本次练习中，设置输出信号为单极性、正弦波、5 V，频率待定。

频率测量的基本原理，是在单位时间内测出输入待测信号的脉冲数目。软件中，用 TC0 定时，用 TC1 对外部输入信号计数。如果 TC0 定时 1 s，那么对应的 TC1 中计数值就是频率值。TC0 的定时时间要根据待测信号源的频率范围来设定，待测频率较高，定时时间要短一些，否则 TC1 会溢出；若待测频率较低，则定时时间要

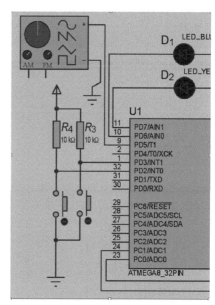

图 4.7 定时/计数器仿真练习

长一些，否则误差较大。我们在程序中让 TC0 定时 0.1 s，则 TC1 的计数值乘以 10 才是频率。TC1 的设置仍然用向导程序生成并拷贝出来。在向导程序中，Timer0 的设置不变，对 Timer1 的设置如下：

"Clock source：选 T1 pin Rising Edge"，

"Mode：Normal top=0xFFFF"。

在 4.4 节程序中再添加一个任务，用于显示计数值。在这个练习中，有两个任务都用到了定时/计数器 TC0，为避免冲突，程序进入各自任务后，原则上都应按照任务需要，对 TC0 分别进行设置。但由于这个练习中，两个任务对 TC0 设置相同，所以对 tc0_1 s 函数没有更改。修改后总的程序如下：

```
#include <mega8.h>
#include <delay.h>
unsigned int cnt;                    // 新增一个全局变量，用来保存 TCNT1 的计数值；
...                                  // 其他变量定义同上
void light {···}                     // light() 函数，同上
void led {···}                       // led() 函数，同上
interrupt [EXT_INT0] void ext_int0_isr {...}   // 外部中断服务程序，同上
void tc0_1 s {···}                   // tc0_1s() 函数，同上
interrupt [TIM0_OVF] void timer0_ovf_isr(void)    // 修改后的 TC0 中断服务程序
{
  TCNT0=0x64;                        // 定时 20 ms
  m20++;
  if(mode==2)                        // 如果 mode=2，任务 2 在工作，显示 TC0 计时的秒数
   {
     if(m20==50)                     // 20 ms×50 = 1 000 ms=1 s
      {
         sec++;                      // 秒数加 1，m20 清零
        m20=0;
      }
   }
  if(mode==3)                        // 如果 mode=3，任务 3 在工作，显示 TC1 计数值
   {
     if(m20==5)                      // 20 ms×5=100 ms，定时 0.1 s
      {
        m20=0;
        cnt= TCNT1;                  // 定时 0.1 s，取出 TC1 对外部输入的计数值，送给 cnt 保存
        TCNT1=0;                    // TCNT1 清零，重新对输入信号计数
      }
   }
}
void tc1_fre()                       // 新增 TC1 测频计数值显示函数
{
  unsigned char i ;
  TCNT0=0x64;                        // 所有用到 TC0 的任务，为避免冲突，都应各自初始化
```

```c
    TCCR0=(1<<CS02) | (0<<CS01) | (1<<CS00);
    m20=0;                          // 定时清零
    cnt= 0;                         // 计数清零
    TCNT1=0;
    while(mode==3)
    {
    for(i=0;i<50;i++)
        {
          PORTC.0=1;                // 十位数亮，个位数灭
            PORTC.1=0;
            PORTB = ledCode[cnt%10];    // TC0 中断服务程序中保存的 TC1 计数值 cnt
            delay_ms(5);
            PORTC.0=0;              // 十位数灭 ，个位数亮
            PORTC.1=1;
            PORTB = ledCode[cnt/10];    // TC0 中断服务程序中保存的 TC1 计数值 cnt
        }
    }
        delay_ms(5);
}               ...                 // 其他函数
void main(void)
{ ...
 // Timer/Counter 1 initialization        // Clock source: T1 pin Rising Edge
// Mode: Normal top=0xFFFF         // TC1 初始化，工作模式 0
TCCR1A=(0<<COM1A1)|(0<<COM1A0)|(0<<COM1B1)|(0<<COM1B0)|(0<<WGM11)|(0<<WGM10);
TCCR1B=(0<<ICNC1)|(0<<ICES1)|(0<<WGM13)|(0<<WGM12)|(1<<CS12)|(1<<CS11)|(1<<CS10);
TCNT1H=0x00;
TCNT1L=0x00;
ICR1H=0x00;
ICR1L=0x00;
OCR1AH=0x00;
OCR1AL=0x00;
OCR1BH=0x00;
OCR1BL=0x00;
// Timer(s)/Counter(s) Interrupt(s) initialization    //定时器中断初始化
TIMSK=(0<<OCIE2)|(0<<TOIE2)|(0<<TICIE1)|(0<<OCIE1A)|(0<<OCIE1B)|(0<<TOIE1)|
      (1<<TOIE0);
 m20=0;                             // 变量赋初值
 sec=0;
mode=0B00000010;
```

```
cnt=0;
#asm("sei");                                  // 开总中断开关
while (1)
  {
    if(mode==0)  light();
    if(mode==1)  led();
    if(mode==2)  tc0_1s ();
    if(mode==3)  tc1_fre();                   // 新增 mode=3,显示 TC1 计数值
  }
}
```

由于 TC0 定时为 0.1 s，所以两位数码管显示的 TC1 计数值乘以 10 才是实际频率。

4.5.2 TC1 快速 PWM 实现简单开关电源

这个练习的硬件电路可由图 4.2 电路修改而得，如图 4.8 所示。由于要用到输出比较引脚 OC1A 和 OC1B，所以 B 口就不能用来驱动数码管了。这个练习中增加的是一个简单的降压开关电源电路，脉冲宽度调制 PWM 输出 OC1A 用来驱动功率三极管 Q_1。两路 PWM 输出分别送到虚拟示波器的两个输入端，可查看两路信号占空比的变化。增加的元器件如下：

Q_1：功率三极管 MJE13005；

L_1：电感，40 mH；

D_3：续流二极管 1N5711W；

C_1：储能电容 200 μF；

电源：+20 V。

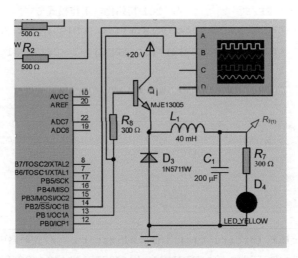

图 4.8 脉宽调制练习

电路的基本原理是：

功率三极管 Q_1 在 OC1A 引脚 PWM 输出信号的控制下，工作在开关状态。OC1A 输出高电平，Q_1 饱和导通；OC1A 输出低电平，Q_1 截止。二极管 D_3 作为续流二极管，在 Q_1 导通时

截止，而在 Q_1 截止时导通。电感 L_1 作为储能元件，在 Q_1 导通，电流逐渐增大时，L_1 两端会由于自感而产生一个与电源电压反向的自感电压；而在 Q_1 截止，电流减小时，L_1 两端又会产生一个与电源电压同向的自感电压，并向外输出能量。C_1 有储能和滤波的作用，R_7、D_4 作为负载。当在一定范围内改变 OC1A 的输出频率与占空比的时候，负载两端的电压也会跟着改变。此电路的输出电压相当于电源电压减去 L_1 的自感电压，所以是降压开关电源。如果将电路中的元件位置适当改变，也可以形成升压输出的开关电源。

软件中要完成的主要任务，是让 TC1 工作在快速脉冲宽度调制方式，两路 PWM 信号同时由 OC1A 引脚和 OC1B 引脚输出。TOP 值存储在寄存器 ICR1 中，比较数值存储在寄存器 OCR1A 和 OCR1B 中。在按键中断服务程序中，可以更改 TOP 值和比较数值，从而实现对输出 PWM 信号的周期和占空比的改变，继而实现对输出电压的改变。TC1 快速 PWM 的程序如下：

```c
#include <mega8.h>
#include <delay.h>
interrupt [EXT_INT0] void ext_int0_isr(void)
                                        // INT0 用于按键 1
{
   OCR1A -=30;     //按键 1 按下时,两个比较寄存器值分别减 30 和 10,输出占空比变化将不同
   OCR1B -=10;
}
interrupt [EXT_INT1] void ext_int1_isr(void)
                                        // INT1 用于按键 2
{
   OCR1A +=30;                           // 按键 2 按下时,两个比较寄存器值分别加 30 和 10
   OCR1B +=10;
}
void main(void)
{ …                                     // 端口初始化,略
  …
// 定时/计数器 1 初始化              // Mode: Fast PWM top=ICR1
                                   // 工作模式 14,TOP 值=ICR1
// Clock source: System Clock      // Clock value: 1 000.000 kHz
                                   // 系统时钟 8MHz,8 分频
// OC1A output: Non-Inverted PWM   // OC1B output: Inverted PWM
                                   // 两路分别正反极性输出
// 高四位：OC1AB 输出极性；低两位：工作方式
TCCR1A=(1<<COM1A1)|(0<<COM1A0)|(1<<COM1B1)|(0<<COM1B0)|(1<<WGM11)|(0<<WGM10);
// 输入捕捉 2 位,bit5 保留,工作方式 2 位,时钟选择 3 位
TCCR1B=(0<<ICNC1)|(0<<ICES1)|(1<<WGM13)|(1<<WGM12)|(0<<CS12)|(1<<CS11)|
        (0<<CS10);
```

```
    TCNT1H=0x00;    TCNT1L=0x00;            // 计数器初值
    ICR1 = 0x0270;                          //  TOP 值: 0x0270
    OCR1AH=0x01;    OCR1AL=0x70;            // 比较值 A: 0x0170
    OCR1BH=0x00;    OCR1BL=0x50;            // 比较值 B: 0x0050
    // Timer(s)/Counter(s) Interrupt(s) initialization
                                            // 定时器中断初始化,全部关闭
    TIMSK=(0<<OCIE2)|(0<<TOIE2)|(0<<TICIE1)|(0<<OCIE1A)|(0<<OCIE1B)|(0<<TOIE1)|
        (0<<TOIE0);
    // INT0: On // INT0 Mode: Falling Edge// INT1: On// INT1 Mode: Falling Edge
                                            // 外部中断初始化
    GICR|=(1<<INT1) | (1<<INT0);
    MCUCR=(1<<ISC11) | (0<<ISC10) | (1<<ISC01) | (0<<ISC00);
    GIFR=(1<<INTF1) | (1<<INTF0);


    #asm("sei")                             // 打开总中断开关
    while (1)
        {
            // Place your code here    // 这里不做任何事情,只等按键中断改变比较值
        }
    }
```

4.5.3　TC1 快速 PWM 驱动单个扬声器演奏音乐

在 I/O 口练习中，曾做过单片机 I/O 口驱动蜂鸣器演奏音乐的练习，但这种方式需要很多 I/O 口和蜂鸣器，并且每一个蜂鸣器还要工作在不同的频率上，只能用于仿真，没有实用价值。而利用 TC1 的快速 PWM 工作方式，可以实现在单一 I/O 口输出不同频率方波（对应不同音调）驱动一个蜂鸣器或扬声器来演奏音乐。所需要的硬件仿真电路只需要在 OC1A 引脚上连接一个扬声器即可。软件工作的基本原理是：让 TC1 工作于模式 14，即快速 PWM，TOP 值存于 ICR1 寄存器，OCR1A 寄存器中比较值始终等于 TOP 值的一半。这样，TC1 每次从 0 到 TOP 值计数一次，就会在 OC1A 引脚输出一个周期的方波。改变 TOP 值，就改变了输出方波的周期和频率。根据低、中、高音各音符的机械发声频率和 TC1 计数源脉冲的频率，可以得到每个音符发声所对应的 TOP 值。首先由频率的倒数可算出音符发声周期和 TC1 计数脉冲周期，则

$$音符周期=计数脉冲周期×TOP 值$$

所以

$$TOP 值=音符周期/计数脉冲周期$$

另外，高、中、低音各对应音符的发声频率大致还有如下关系：

$$f_高=2×f_中=4×f_低$$

演奏音乐时，只要根据乐谱中的音符改变 TOP 值和适当的延时即可。所需要的 C 程序

如下：

```
#include <mega8.h>
#include <delay.h>
unsigned  mu[]={……} ;                       // 乐谱数组仍如 I/O 练习中一样
void main(void)
{
  unsigned int freq[]={0,262,294,330,349,392,440,494};
                              // C 调低音各音阶发声频率,为编程方便,数组第一个元素不用
  unsigned long top;                 // 保存 top 值的变量
  unsigned char p2=0;                // p2=0,演奏的是第一段,p2=1 时,演奏的是第二段
  unsigned int  i=0,j,f;             // i 为数组中音符索引,每次+2,从 0 开始
  ……                                // 其他变量定义和 I/O 口设置与 I/O 练习中一样
  // TC1 初始化为工作模式 14,快速 PWM,top 值在 ICR1 中,计数源:系统时钟 8 MHz,无分频;
  // OC1A 反相输出;初始 TC1 不计数;TCCR1B=18 时停,TCCR1B=19 时计数
  TCCR1A=(1<<COM1A1)|(0<<COM1A0)|(0<<COM1B1)|(0<<COM1B0)|(1<<WGM11)|(0<<WGM10);
  TCCR1B=(0<<ICNC1)|(0<<ICES1)|(1<<WGM13)|(1<<WGM12)|(0<<CS12)|(0<<CS11)|
        (1<<CS10);
  TCNT1=0x0000;                      // 计数初值为 0
  ICR1=0x0000;                       // 初始 top 值,任意
  OCR1A=0x0000;                      // 初始比较值,任意
  TIMSK=(0<<OCIE2)|(0<<TOIE2)|(0<<TICIE1)|(0<<OCIE1A)|(0<<OCIE1B)|(0<<TOIE1)|
        (0<<TOIE0);                  // TC1 中断关闭
#asm("sei")
i=0;  p2=0;                          // 从头开始演奏
while (1)
  {
    f = freq[(mu[i]%10)];            // 取出音符对应的低音发声频率
     for(j=1;j<(mu[i]/10);j++)       // 如果是中音,发声频率×2,如是高音,再×2
      f = 2*f;
    top = 8000000/f;                 // 音符对应的发声方波周期除以计数脉冲周期等于 top 值
    ICR1 = (unsigned int) top;       // 将计算得到的 top 值送给 ICR1
    OCR1A= ICR1/2;                   // 比较值等于 top 值一半,输出方波
    TCNT1=0;                         // TCNT1 从 0 计到 top 值,等于发声频率对应的周期
    TCCR1B=0x19;                     // TC1 开启计数,持续输出某一音符对应发声频率的方波

    delay_ms(700*4/mu[i+1]);         // 根据数组中记录的几分音符确定发声延时时间
    TCCR1B=0x18;                     // 一个音符演奏完毕,关闭计数源
    i=i+2;                           // 下一个音符
    if(mu[i]==90)  { i=0;  p2=0; delay_ms(3 000); }
```

```
                                           // 全部演奏完毕,延时 3 s,重新开始
        if((mu[i]==20) && (p2==1)) { i=i+2;}          // 第二段
        if((mu[i]==20) && (p2==0)) { i=0;  p2=1; }    // 第一段结束,开始第二段
    }
}
```

TC1 进一步练习:

(1) 用 TC1 输入捕捉功能设计测量矩形波占空比。

(2) 根据前面编程练习,用 TC1 快速 PWM 设计一个简单的升压开关电源。

(3) 用定时器和扬声器等设计一个叮咚门铃。

(4) 用 TC1 快速 PWM 和扬声器等设计一个警笛(加上警灯更好)。

(5) 用定时器和按键等设计一个可调频率方波信号源。

(6) 用定时器快速 PWM、按键、场效应管 IRFP450、MOTOR 等制作可调速电机系统。

4.6 SPI 仿真练习

串行外设接口 SPI 主要用于高速串行通信,它可以用简单的连线,允许在两个 ATmega8A 单片机或单片机与其他设备之间进行高速的同步串行数据传输。在这个练习里,我们用 SPI 要完成的主要任务是:将数码管的显示码通过 SPI 串行输出,经过 74LS164 串/并转换后,并行输出,驱动数码管静态显示数字等信息。

前面学过用单片机的 I/O 口直接驱动数码管静态显示,在数码管较多时,会耗费大量的 I/O 资源。而 I/O 直接驱动的数码管动态显示,需要的资源虽有所减少,但占用大量的 CPU 时间。所以,实际使用中,单片机驱动数码管的显示,通常是通过串口输出显示信息,经串/并转换后,并行驱动数码管,静态显示。

在这个练习中,用芯片 74LS164 完成串/并转换,其逻辑原理如图 4.9 所示,A、B 为并联的串行数据输入端,CP 为时钟输入端,$Q_0 \sim Q_7$ 为数据并行输出端,MR 为复位端(使用时接高电平)。它实际上是一个移位寄存器,在 CP 时钟的上升沿,A、B 引脚的电平状态移入 Q_0,同时 $Q_0 \sim Q_7$ 每一位的电平状态都向后移一位。8 个时钟脉冲之后,就完成了一个字节的串/并转换。

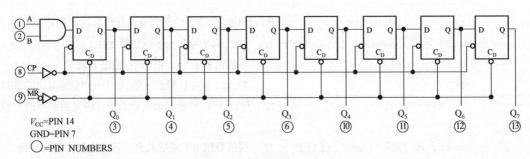

图 4.9 74LS164 逻辑原理

ISIS 的仿真电路如图 4.10 所示,数码管仍然是前面所用的共阳极数码管,需要添加 3 个

74LS164 芯片来驱动 3 个数码管。3 个 74LS164 的并行输出端 $Q_0 \sim Q_7$ 分别与 3 个数码管的引脚 a～g 及 dp 相连。同时，3 个 74LS164 芯片也要形成级联，即第一个芯片的最后一位 a7 要和第二个芯片的输入端相连，第二个芯片的 b7 要和第三个芯片的输入端相连。每一次传送显示信息时，都要发送 3 个字节，并且个位数码管的字节要先发。传输结束后，每一个 74LS164 并行输出一个字节的显示码，驱动对应的数码管。由此例可见，只需占用单片机两个引脚，就可以实现任意多位数字的静态显示。当然，这也增加了硬件的成本。

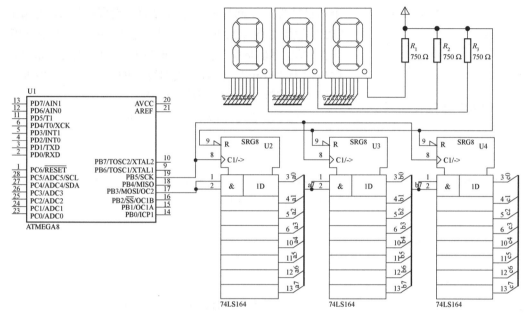

图 4.10　SPI 仿真练习

在此电路图的绘制过程中，还用到了总线和导线标签的线路连接方法。由于有 3 个 74LS164 和数码管，如果它们的输出端与输入端都用导线直接连接起来，会使得电路图看起来很杂乱。而用总线和导线标签的连接方法，则会使电路图看起来简洁、直观。在 ISIS 中，总线（Bus）是指把一些相关的数据线合成在一起，用一条粗线画出，总线与各个元器件引脚之间的连接再用总线分支画出。在总线两端，到底是哪两个总线分支是对应的连接，必须依靠导线标签来注明。其实，只要有了导线标签，总线也可以断开，甚至去掉。标签相同的两根导线，ISIS 在仿真时就认为物理上是连接的。

在 ISIS 中，单击工具箱"Buses Mode"，可以画总线，总线分支和导线画法一样。通常，在画总线分支时，按住"Ctrl"键，可将总线分支画成斜线。画完第一个总线分支后，其他总线分支可以逐个在相关引脚上双击左键，直接按上一次的角度重复画出当前总线分支，非常简便。导线标签可以通过单击工具箱"Wire Label Mode"，然后单击要命名的导线，弹出一个窗口，输入导线名称即可。但是，类似"a0，a1，a2，…，a7"这样大量的相关引脚，如果逐个命名，是很麻烦的。为解决这个问题，ISIS 给出了标号自动增量的简单方法。在主菜单"Tools"下单击"Property Assignment Tool..."，或按"A"键，在弹出窗口中输入"net=a#"，a 为自己起的标号名，还可以指定起始标号和增量，单击"确定"按钮。然后逐个单击总线

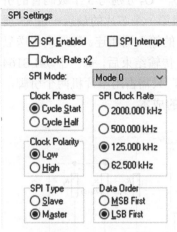

图 4.11 SPI 设置

分支，导线标签会按 a0，a1，a2，…这样的标号顺序自动增加。复制元件时应改用块拷贝的方法，这样复制的元件不重名，但是总线分支标号不会自动改变。这时，可以批量更改总线分支标号：按完 "A" 键，输入标号名后，把图放大，逐个单击要更改的**标号名**（注意，不是导线）即可。

使用这个仿真电路，通过编程，实现从 0 到 999 的递增显示，数字显示间隔时间为 0.2 s。利用向导程序，新建一个项目文件。在向导程序设置界面，设置端口 B 为输出，SPI 的设置如图 4.11 所示。首先要使能 SPI，然后让 SPI 工作在主机 "Mode 0" 方式，即时钟相位为 "Cycle Start"，时钟极性为 "Low"。最后，数据发送的顺序一定要根据显示编码和电路连接，设置为低位先发。

针对这个练习完成后的程序如下：

```c
#include <mega8.h>
#include <delay.h>
unsigned char ledCode[10]={0x03,0X9F,0X25,0X0D,0X99,0X49,0X41,0X1F,0X01,
                           0X09} ;   // 显示码


void main(void)
{
  unsigned int i=0,j;
      ...                           // 端口设置等
// SPI Type: Master // SPI Clock Rate: 125 kHz    // SPCR 决定这些设置
// SPI Clock Phase: Cycle Start // Clock Polarity: Low // Data Order: LSB First
SPCR=(0<<SPIE)|(1<<SPE)|(1<<DORD)|(1<<MSTR)|(0<<CPOL)|(0<<CPHA)|(1<<SPR1)|
     (0<<SPR0);
SPSR=(0<<SPI2X);                    // 个倍速
while (1)
     {
        j = i % 100;                // 0≤i≤999,j 为十位数和个位数;
        SPDR = ledCode[ j % 10 ];   // 取出个位数显示码,SPI 输出
        while(!(SPSR & (1<<SPIF))); // 等待 SPI 发送结束
        SPDR = ledCode[ j / 10 ];   // 取出十位数显示码,SPI 输出
        while(!(SPSR & (1<<7)) );    // 等待 SPI 发送结束
        SPDR = ledCode[ i / 100 ];  // 取出百位数显示码,SPI 输出
        while(!(SPSR & (1<<7)) );    // 等待 SPI 发送结束
        i++;
        if(i==1 000)  i=0;          // i 超过 999,从 0 开始
        delay_ms(200);              // 延时 0.2 s
```

```
        }
    }
```

SPI 进一步练习：

（1）在仿真电路中，用 SPI 接口读取温度传感器 TC72 测量值并显示。

（2）在仿真电路中，用 SPI 接口通过数/模转换器 MAX515C 控制发光二极管亮度。

4.7　USART 仿真练习

通用异步串行通信接口（USART）是很多单片机的常用接口，也是早期计算机的标准配置。通过软硬件仿真，是学习和应用 USART 简便而有效的途径。在这个仿真练习中，要通过块拷贝的方法，复制出两套一样的电路，然后将两个单片机的 TXD 和 RXD 交叉连接，如图 4.12 所示。通过 USART 串口的异步通信，两个单片机进行数据交换。仿真电路中每个元

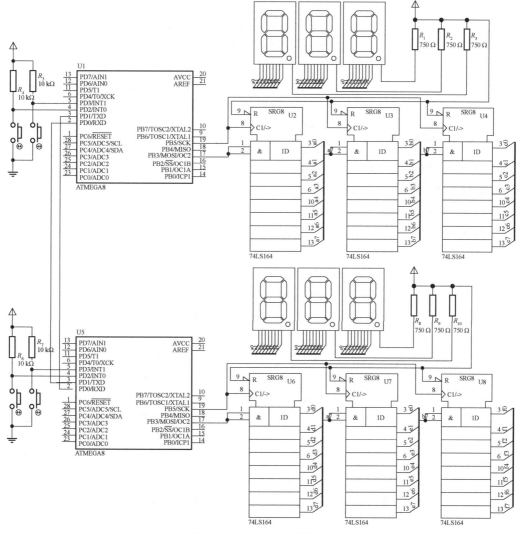

图 4.12　USART 仿真练习

器件的名字必须唯一，否则，仿真不能进行。在 ISIS 中，块拷贝可以防止粘贴后的电路元器件重名。不过，导线标签还是重名的，仍然和原来的一样。这时，需要用批量更改导线标签名的方法，对导线标签重命名。按"A"键，弹出"Property Assignment Tool"窗口，设置好导线标签名前缀，单击"OK"按钮退出。把要更改的导线标签组放大查看，然后逐个单击要更改的导线标签名称（不能单击导线），即可快速更改。

软件要做的工作，先让数码管显示一个初始数字，如 128。按下一个按键，将本机显示的数字加 5，通过串口发送到另一个单片机，接收单片机将收到的数字显示出来。按下另一个键，将显示的数字减 3，发送到另一个单片机显示。

图 4.13 USART 设置

使用 CVAVR 的向导程序，可以非常简单明了地设置好 USART 的工作参数，并自动生成相应的初始化和接收代码。USART 具体设置如图 4.13 所示，使能 USART 的接收器和发生器，使能接收中断，波特率为 9 600，8 位数据，1 个停止位，无奇偶校验，异步通信。设置好后，生成预览程序，并把与 USART 相关的部分复制到 4.6 节的程序中。另外，还要设置好 INT0 和 INT1 两个外部中断及其服务程序，用于处理按键。USART 设置好后，如果要通过 USART 发送数据，只要将要发送的数据写入其数据寄存器即可。如果要接收数据，最后通过接收中断进行。当 USART 接收到一个数据，并产生接收中断后，可以在其接收中断服务程序中将接收到的数据取出。

修改好的 USART 程序如下：

```c
#include <mega8.h>
#include <delay.h>
unsigned int  d=128;                    // 定义显示变量：保存当前正在显示的数值
unsigned char ledCode[10]={0x03,0X9F,0X25,0X0D,0X99,0X49,0X41,0X1F,0X01,
                    0X09};
interrupt [EXT_INT0] void ext_int0_isr(void)
                            // 按下按键 1 时,将显示数值+5 后从串口输出
{
   UDR = d + 5;
}
interrupt [EXT_INT1] void ext_int1_isr(void)
                            // 按下按键 2 时,将显示数值−3 后从串口输出
{
   UDR = d − 3;
}
interrupt [USART_RXC] void usart_rx_isr(void)  // 串口接收中断
{
   d = UDR;                            // 将接收到的数值送给显示变量
```

```
}
void main(void)
{
    ...                                    // 变量定义及端口设置
    ...                                    // SPI 初始化，同前
    ...                                    // 外部中断初始化，同前
// USART：异步通信，波特率 9600，8 位数据，一个停止位，无奇偶校验，收/发使能，接收中断使能
UCSRA=(0<<RXC)| (0<<TXC)| (0<<UDRE) | (0<<FE)|(0<<DOR)| (0<<UPE)|(0<<U2X)|
    (0<<MPCM);
UCSRB=(1<<RXCIE)|(0<<TXCIE)|(0<<UDRIE)|(1<<RXEN)|(1<<TXEN)|(0<<UCSZ2)|(0<<
    RXB8) | (0<<TXB8);
UCSRC=(1<<URSEL)|(0<<UMSEL)|(0<<UPM1)|(0<<UPM0)|(0<<USBS)|(1<<UCSZ1)|(1<<
    UCSZ0)|(0<<UCPOL);
UBRRH=0x00;                                // 波特率设置
UBRRL=0x33;
#asm("sei")
while (1)              // while 循环中只显示数值，发送在按键中断中，接收在接收中断程序中
    {
        i=d;                               // 将待显示数值送给变量 i
        j = i % 100;                       // SPI 显示数据，同前
        SPDR = ledCode[ j % 10 ];
        while(!(SPSR & (1<<SPIF)));
        SPDR = ledCode[ j / 10 ];
        while(!(SPSR & (1<<7)) );
        SPDR = ledCode[ i / 100 ];
        while(!(SPSR & (1<<7)) );
        delay_ms(200);
    }
}
```

USART 进一步练习：
在仿真电路中，用 USART 接口读取时钟芯片 DS1302 时间值并显示。

4.8　TWI 仿真练习

TWI 的原理及软件应用还是比较复杂的，但其硬件仿真电路比较简单，只要在 USART 仿真电路基础上，把两个单片机的 TWI 通信引脚 SCL 和 SDA 对应连接起来即可。软件要做的工作综合了 USART 和 TWI 通信，当一个按键按下时，将原来显示的数字加 5，然后通过 USART 传输到另一个单片机；而当另一个按键按下时，将显示数字减 3，通过 TWI 传输到另一个单片机并显示出来。在这个练习中，由于 TWI 总线上只有两个设备，并且两组电路完

全一样，所以可以让两个单片机共用一个程序，TWI 地址相同。每个单片机的 TWI 要用到两种工作方式：主机发送和从机接收模式。CVAVR 给出的 TWI 的初始化稍显复杂并进行了封装，所以在这个练习中，自己需要进行 TWI 的初始化和创建 TWI 接收中断服务程序。完整的程序如下：

```c
#include <mega8.h>
#include <delay.h>
 unsigned char ledCode[10]={0x03,0X9F, 0X25,0X0D,0X99,0X49,0X41,0X1F,0X01,
                           0X09} ;

 unsigned char d;                          // 定义显示变量：保存当前正在显示的数值
 bit  ur,tr;                               // 两个位变量，用于标识 USART 和 TWI 是否收到数据
interrupt [EXT_INT0] void ext_int0_isr(void)
                                           // INT0 中断,按键 1 按下时通过 USART 发送数据
{
   UDR = d + 5;                            // 将显示值+5 并通过串口输出
}
interrupt [USART_RXC] void usart_rx_isr(void)  // 异步串口接收中断服务程序
{
   d = UDR;                                // 将串口接收到的数据送给显示变量 d
   ur = 1;                                 // 收到 USART 新数据,令 ur=1;
}
interrupt [EXT_INT1] void ext_int1_isr(void)
                                           // INT1 中断,按键 2 按下时通过 TWI 传输 d-3
{
   TWCR=(0<<TWEA)|(1<<TWEN)|(0<<TWIE);     // 禁止 twi 中断,进入主机发送模式
   TWCR=(1<<TWINT)|(1<<TWSTA)|(1<<TWEN);   // 发送 START 信号
   while(!(TWCR & (1<<TWINT)));            // 等待 TWINT 置位
                                           // 此处省略了状态信息的查看,假设传输完全正确
   TWDR = 4;                               // 高 7 位为 SLA=2,W=0
   TWCR = (1<<TWINT) | (1<<TWEN);          // 发送 SLA+W
   while(!(TWCR & (1<<TWINT)));            // 等待 TWINT 置位
                                           // 此处省略了状态信息的查看,假设传输完全正确
   TWDR = d - 3;                           // 准备发送数据
   TWCR = (1<<TWINT) | (1<<TWEN);          // 发送数据
   while(!(TWCR & (1<<TWINT)));            // 等待 TWINT 置位

   TWCR =(1<<TWINT)|(1<<TWSTO)|(1<<TWEN);  // 发送停止信号
   delay_ms(1);
   TWCR =(1<<TWEA)|(1<<TWEN)|(1<<TWIE);    // 变回从机
 }
```

```c
interrupt [TWI] void twi_isr(void)              // 从机接收中断服务程序
{
  switch(TWSR & 0XF8)                           // TWSR 的高 5 位包含了 TWI 操作后的状态信息
  {
    case 0x60:                                  // 若状态信息值=0x60,为从机接收地址响应
      TWCR=(1<<TWINT)|(1<<TWEA)|(1<<TWEN)|(1<<TWIE);   // 恢复从机等待状态
      break;
    case 0x80:                                  // 若状态信息值=0x80,为从机接收数据响应 ACK
      d = TWDR;                                 // 将接收到的数据送给显示变量 d
      TWCR=(1<<TWINT)|(1<<TWEA)|(1<<TWEN)|(1<<TWIE);   // 恢复从机等待状态
      break;
    case 0x88:                                  // 若状态信息值=0x88,为从机接收数据响应 NACK
      d = TWDR;                                 // 将接收到的数据送给显示变量 d
      TWCR =(1<<TWINT)|(1<<TWEA)|(1<<TWEN)|(1<<TWIE);   // 恢复从机等待状态
      break;
    default:                                    // 其他状态信息都在此处理
      TWCR =(1<<TWINT)|(1<<TWEA)|(1<<TWEN)|(1<<TWIE);   // 恢复从机等待状态
      break;
  }
}
void disp(unsigned char x)                      // 将 SPI 数值显示代码形成一个显示函数
{
  unsigned char i, d;
  d = x;
  i = d % 100;
  SPDR = ledCode[i%10];
  while( !(SPSR & (1<<7)) );
  SPDR = ledCode[i/10];
  while( !(SPSR & (1<<7)) );
  SPDR = ledCode[d/100];
  while( !(SPSR & (1<<7)) );
}
void main(void)
{
  ...                                           //端口、SPI、外部中断、USART 初始化等, 同前
  TWBR=72;                                      // TWI 初始化,TWI 速率:50 K
  TWSR=0;                                       // TWPS = 0
  TWAR=0x04;                                    // 本机地址 0x02
  TWCR =(1<<TWEA)|(1<<TWEN)|(1<<TWIE);          // 从机模式初始
```

```
d = 125;                              // 显示初值
ur=1;                                 // 第一次显示
#asm("sei")                           // 开总中断
while (1)                             // while 循环中只负责显示 d 值
  {
    if((ur==1) || (tr==1))            // USART 或 TWI 接收到新数据才刷新显示
     {
        disp( m );                    // 调用数值显示函数
        ur=0;                         // 没有新数据，不再刷新显示
        tr=0;
     }
  }
}
```

TWI 进一步练习请参看"ADXL345 编程练习"。

4.9 ADC 仿真练习

AVR 单片机内部集成了一个 10 位的逐次逼近型模/数转换器，并且还配有一个 6/8 路复用选择开关，这为一般的模/数转换应用提供了很大的便利。模/数转换的本质，就是让输入的模拟电压和一个基准参考电压相比较，求得比值或倍数的过程。所以，模/数转换电路首先就要选择一个准确、稳定的基准参考电压。ATmega8A 单片机提供了 3 种 ADC 参考电压的选择：内部 2.56 V、AVCC 电源电压以及外部输入。在这个练习中，选择内部 2.56 V 参考电压，此时，待转换的模拟电压输入范围应该是 0～2.56 V。单片机内部对模/数转换部分是单独供电的，所以要在 AVCC 引脚加上 ADC 所需要的电源电压。如图 4.14 所示，ADC 仿真练习的硬件仿真电路在 4.6 节中电路的基础上，增加了两个按键和 4 个传感器仿真电路。这 4 个传感器仿真电路可以根据不同的条件而产生变化的电压值，并分别送给单片机的 4 个 ADC 输入引脚，在单片机中完成模/数转换。电路中从左到右，第一个是电位器和固定电阻串联分压电路，第二个是铂电阻构成的温度测量电路，第三个是光敏电阻构成的亮度测量电路，第四个是另一种光敏电阻构成的亮度测量电路。

仿真电路中新增的元器件如下：

电位器：POT-HG：Resistors—Variable—Pot-HG—Active；

铂电阻：RTD-PT100：Transducers—Temperature—RTD-PT100；

光敏电阻 1：TORCH_LD：Miscellaneous—TORCH_LD—ACTIVE；

光敏电阻 2：LDR：Transducers—Light Dependent Resistor（LDR）；

稳压芯片：LM317T：Analog ICs—Regulators—LM317T。

软件编程时首先要对 ADC 模块初始化，初始化要做的主要工作如下：

（1）确定 ADC 工作的时钟频率（50～200 kHz），即确定分频比。

（2）确定工作方式，即单次转换还是连续转换。

（3）选择参考电压源，选择输入通道。

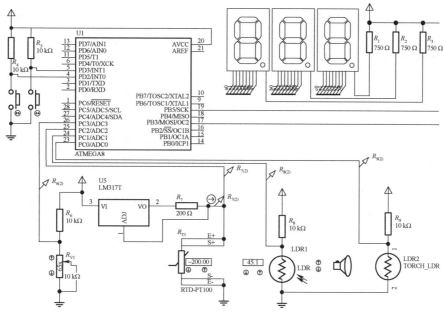

图 4.14　ADC 仿真练习

（4）设置中断，使能 ADC。

（5）启动 ADC。

程序中设置 ADC 连续转换，得到 50 次模/数转换值后取平均值，再转换成对应的电压值，最后通过 SPI 驱动数码管，静态显示实时的电压值。仿真电路中用一个按键对四路 ADC 输入通道进行切换。ADC 的初始化不用向导程序，而是通过自己设置相关寄存器来完成。完整的程序如下：

```c
#include <mega8.h>
#include <delay.h>
#define ADC_VREF_TYPE ((1<<REFS1)|(1<<REFS0)|(0<<ADLAR))
                                            // 宏定义参考电压和右对齐位
unsigned char adc_input=0, adc_No=0, adcTD;     // 输入通道,次数,个十位
unsigned int  adc_sum=0;                    // 50 次求和值
unsigned long adc_v;                        // 计算平均值时避免溢出,定义长整型变量
unsigned char ledcode[10]={0x03,0X9F,0X25,0X0D,0X99,0X49,0X41,0X1F,0X01,
                        0X09} ; // 显示码
interrupt [EXT_INT0] void ext_int0_isr(void)        // 外部中断 0
{
  adc_input++;                          // 按键循环改变 ADC 输入通道 0,1,2,3
  if(adc_input==4) adc_input=0;
  ADMUX=adc_input | ADC_VREF_TYPE;
        // 高三位决定参考电压和对齐方式,低四位决定输入通道,更改 ADMUX 时要考虑周全
}
```

```
interrupt [EXT_INT1] void ext_int1_isr(void)          // 外部中断 1,未用
{     }
void main(void)
{
    ...                                               // 端口 BCD 设置,INT0、INT1、SPI 设置同上
ADMUX = adc_input|ADC_VREF_TYPE; // ADC 初始化时钟频率 125 kHz,通道 0,内部 2.56 V
                                                      // 使能 ADC,连续转换,64 分频
ADCSRA = (1<<ADEN)|(0<<ADSC)|(1<<ADFR)|(0<<ADIF)|(0<<ADIE)|(1<<ADPS2)|(1<<
         ADPS1)|(0<<ADPS0);
SFIOR = (0<<ACME);                                    // 多路复用选择开关用于 ADC,而非电压比较器
#asm("sei")
ADCSRA |=(1<<ADSC);                                   // ADC 转换开始
while (1)
   {
       if( (ADCSRA & (1<<ADIF))!= 0 )                 // 判断 ADC 是否转换完成
        {
          adc_sum = adc_sum + ADCW;                   // 取出 1 次转换值,累加到 adc_sum
          adc_No++;                                   // 转换次数加 1
          if(adc_No == 50)                            // 是否完成 50 次转换
            {
             adc_sum = adc_sum / 50;       // 求 50 次平均值
             adc_v   = adc_sum;
             adc_v   = adc_v * 256 / 1 024 ;   // 求电压值,放大了 100 倍
             adc_sum = adc_v ;
             adcTD   = adc_sum % 100;             // 取出电压值的十位数和个位数
             SPDR    = ledcode[adcTD % 10];      // 取出电压值个位数显示码,送数码管
             while(!(SPSR & (1<<SPIF)));
             SPDR    = ledcode[adcTD / 10];      // 取出电压值十位数显示码,送数码管
             while(!(SPSR & (1<<SPIF)));
             SPDR    = ledcode[adc_sum/100]-1;   // 取出电压值百位数显示码,加上小数点
             while(!(SPSR & (1<<SPIF)));
             adc_No  = 0;                        // 再从头开始 50 次 ADC
             adc_sum = 0;                        // 求和变量清零
              }
           ADCSRA |=(0<<ADIF);                        // 清 ADC 转换完成标志
         }
       delay_ms(5);
    }
 }
```

ADC 进一步练习：

在仿真电路中，将气体压力传感器 MPX4250 输出进行模/数转换并显示压力值。

4.10　ADXL345 编程练习

ISIS 元件库中没有加速度传感器 ADXL345，所以需要在实际的电路板上来学习和应用这个三轴加速度传感器的编程。ADXL345 加速度传感器已经在和本书配套的电路学习板上焊接好，与单片机的连接采用的是 TWI 总线。在这个练习中，软件编程主要工作是首先设置好传感器芯片内部的工作寄存器，使其正常工作，然后源源不断地取出 x、y 和 z 轴的加速度数值，并将加速度数值显示出来。如果需要，可以根据得到的加速度值，进行各种具体应用。在程序中，最好先用宏定义以明确的寄存器名称来代替各个相关的寄存器地址，部分如下：

```
#define  dataFormat    0x31    // 数据格式寄存器
#define  bwRate         0x2c    // 采样速率寄存器: 0x0a, 100 Hz
#define  powerCtl       0x2d    // 电源控制寄存器: 0x08, 使能测量位
#define  intMap         0x2f    // 中断映射寄存器: 0—int1, 1—int2
#define  intEnable      0x2e    // 中断开关寄存器
#define  intSour        0x30    // 中断源寄存器
#define  fifoCtl        0x38    //  FIFO 工作控制寄存器
#define  dataX0         0x32    //  x 轴数据寄存器
#define  dataX1         0x33
#define  dataY0         0x34    //  y 轴数据寄存器
#define  dataY1         0x35
#define  dataZ0         0x36    //  z 轴数据寄存器
#define  dataZ1         0x37
```

由于 ADXL345 在初始化的时候，要频繁地给各个寄存器赋初值，为方便编程，将 TWI 主机双字节写程序变成函数如下。程序中假设每次发送的结果都正确，所以将每次发送后查看状态寄存器信息的语句注释掉了。addr 是要写入的寄存器地址，v 是要写入的初值，slv_ad 为 ADXL345 从机地址。

```
void twi_wByte(unsigned char addr, unsigned char v)
                              //  twi 单字节主机发送函数,addr 寄存器地址
{
    TWCR =(0<<TWEA)|(1<<TWEN)|(0<<TWIE);
                                    // 禁止 twi 应答、中断,变为主机
    TWCR =(1<<TWINT)|(1<<TWSTA)|(1<<TWEN);    // 发送 START 信号
    while(!(TWCR & (1<<TWINT)));            // 等待 TWINT 置位
    //  if(TEST_ACK() != START)Error();
    TWDR = slv_ad+0;                    //  0xA6, ADXL345 地址+写
    TWCR = (1<<TWINT) | (1<<TWEN);    // 启动发送 SLA + W
    while(!(TWCR & (1<<TWINT)));
```

```
    // if(TEST_ACK()!=MT_SLA_ACK) Error();
    TWDR = addr;                              // 发送传感器内待写入寄存器地址
    TWCR = (1<<TWINT) | (1<<TWEN);     // 启动寄存器地址发送
    while(!(TWCR & (1<<TWINT)));
    // if(TEST_ACK()!=MT_DATA_ACK)Error();
    TWDR = v;                                 // 发送寄存器设置数据
    TWCR = (1<<TWINT) | (1<<TWEN);
    while(!(TWCR & (1<<TWINT)));
    // if(TEST_ACK()!=MT_DATA_ACK)Error();
    TWCR =(1<<TWINT)|(1<<TWSTO)|(1<<TWEN);     // 发送停止信号
    delay_us(100);
}
```

ADXL345 的简单初始化工作如下：

```
void ADXL345_init()
{
    twi_w(dataFormat,0x28);            // 低电平中断,右对齐,带符号扩展; 13 位数据
    twi_w(bwRate,0x0a);                // 采样速率,100 Hz
    twi_w(fifoCtl,0x98);               //  FIFO 存储器,流模式, 中断采样数 24
    twi_w(intEnable,0x80);             // 中断设置
    twi_w(powerCtl,0x08);              // 测量模式
}
```

下面为从 ADXL345 的 dataX、dataY、dataZ 寄存器中取加速度测量值的示例程序函数，在主程序 while 循环中调用。在程序执行过程中，如果对 ADXL345 只是执行了单字节的读取操作，那么 FIFO 缓存中当前采样值的其余字节数据就会丢失。因此，所有目标轴的数据应以多字节读取操作进行。与单字节读取不同，在 TWI 多字节读取时，每收到一个字节数据，主机都应给出应答信号。读取加速度数据开始时，应先给出起始地址 0x32，每读取一个字节，ADXL345 会自动将内部寄存器地址递增，直到 0x38，表明数据传输结束。加速度测量值以二进制补码形式给出，而计算机以及单片机中的数据通常也是以二进制补码表示，所以，可以直接将取回来的加速度数值送给变量存储和运算。下面的示例程序是将加速度传感器作为单片机的任务之一，并写成一个函数，在 main 函数中调用。在主程序之前，需要先定义一些全局变量，它们分别为：

```
unsigned char slv_ad ;           // ad: ADXL345 地址: A6 写,A7 读;
unsigned char xyz;               // xyz 值决定显示的哪个轴的加速度测量值
signed int x0,x1,y0,y1,z0,z1;    // 用于接收 x、y、z 轴的单字节加速度数据,有符号整形变量
signed int x,y,z,da;             // 合成的 x、y、z 轴加速度值及显示值,必须是有符号整形变量
void adxl345()
{
    unsigned char  k;
    bit s=0;
```

```
TWBR=52;                    // TWI initialization,Bit Rate: 100 kHz, system: 12 MHz
TWSR =0;
TWCR = (1<<TWEN)  ;                  // 主机模式开始
TWAR = 4;
slv_ad =0xA6;                        // ADXL345 的 TWI 总线上地址
ADXL345_init();                      // ADXL345 初始化
PORTC=0XFF;


xyz= 0;                     // 默认初始显示 x 轴加速度值
while(mode==4)              // 变量 mode==4,则一直取加速度数据并显示,按键中断更改
    {
        PORTB.0 =~PORTB.0;                          // 两灯闪烁,用于指示 TWI 工作
        PORTC.1 =~PORTC.1;
        TWCR =(0<<TWEA)|(1<<TWEN)|(0<<TWIE);
                                        // 禁止 twi 中断、应答,进入主机模式
        TWCR =(1<<TWINT)|(1<<TWSTA)|(1<<TWEN);   // 发送开始信号
        while(!(TWCR & (1<<TWINT)));              // 等待 TWINT 置位
        // if(TEST_ACK()!=START) Error();
        TWDR = ad;                       // ADXL345 地址+写
        TWCR =(1<<TWINT)|(1<<TWEN);      // 启动 SLA + W 发送,寻址 ADXL345
        while(!(TWCR & (1<<TWINT)));
        TWDR = dataX0;                         // 发送要读取的寄存器地址,已宏定义
        TWCR = (1<<TWINT)|(1<<TWEN);
        while(!(TWCR & (1<<TWINT)));
        // if(TEST_ACK()!=MT_DATA_ACK)Error();
        TWCR = (1<<TWINT)|(1<<TWSTA) | (1<<TWEN); // 发送 restart 信号
        while(!(TWCR & (1<<TWINT)));
        TWDR = slv_ad +1;           // 发送从机地址+读信号 SLA + R
        TWCR = (1<<TWINT)|(1<<TWEN);         // 启动 SLA + R 发送
        while((!(TWCR & (1<<TWINT))) );
        TWCR = (1<<TWINT) | (1<<TWEN)|(1<<TWEA);
                                    // 清 TWINT,启动应答,开始主机接收数据
        while((!(TWCR & (1<<TWINT))) );      // 收到数据,继续多字节接收
        x0=TWDR;

        TWCR = (1<<TWINT) | (1<<TWEN)|(1<<TWEA);
                                    // 清 TWINT,启动应答,继续主机接收数据
        while((!(TWCR & (1<<TWINT))) );      // 收到数据
        x1=TWDR;
        TWCR = (1<<TWINT)|(1<<TWEN)|(1<<TWEA);
```

```
                                              // 清 TWINT,启动应答,继续主机接收数据
while((!(TWCR & (1<<TWINT))) );              // 收到数据
y0=TWDR;
TWCR = (1<<TWINT)|(1<<TWEN)|(1<<TWEA);
                                              // 清 TWINT,启动应答,继续主机接收数据
while((!(TWCR & (1<<TWINT))) );              // 收到数据
y1=TWDR;
TWCR = (1<<TWINT)|(1<<TWEN)|(1<<TWEA);
                                              // 清 TWINT,启动应答,继续主机接收数据
while((!(TWCR & (1<<TWINT))) );              // 收到数据
z0=TWDR;
TWCR = (1<<TWINT)|(1<<TWEN)|(1<<TWEA);
                                              // 清 TWINT,启动应答,继续主机接收数据
while((!(TWCR & (1<<TWINT))) );              // 收到数据
z1=TWDR;


TWCR = (1<<TWINT)|(1<<TWSTO)|(1<<TWEN);
                                              // 6 个字节接收完毕,发送 stop 信号


x=( x1 << 8) + x0;              // 将 x 轴高字节、低字节数据合成在一起
y=( y1 << 8) + y0;              // 将 y 轴高字节、低字节数据合成在一起
z=( z1 << 8) + z0;              // 将 z 轴高字节、低字节数据合成在一起
if(xyz==0) da = x;               // xyz=0,显示 x 轴数据
if(xyz==1) da = y;               // xyz=1,显示 y 轴数据
if(xyz==2) da = z;               // xyz=2,显示 z 轴数据
s=0;
if(da<0) { da=-da; s=1; }        // 判断加速度值的正负,以便于显示


k = da % 100;                    // 取出十位数和个位数
if(s==0) SPDR = ledCode[k%10];   // 串行显示加速度值的个位数
if(s==1) SPDR = ledCode[k%10]-1; // 加速度为负,用个位数小数点表示负号
while(!(SPSR & (1<<SPIF)));


SPDR = ledCode[k/10];            // 串行显示加速度值的十位数
while(!(SPSR & (1<<SPIF)));


SPDR = ledCode[da/100];          // 显示百位数,注意可能有千位数
while(!(SPSR & (1<<SPIF)));


delay_ms(100);                   // 为避免串行显示混乱,故意延时 100 ms
```

```
    }
}
```

下面为单片机 INT1 按键中断服务程序，在其中更改显示哪个轴的加速度值。

```
interrupt [EXT_INT1] void ext_int1_isr(void)
{
  if(mode==4)
   {
    xyz++;                // xyz=0,1,2：分别对应显示 x,y,z 轴加速度数据
    if(xyz==3)  xyz=0;
   }
}
```

ADXL345 进一步练习：

（1）应用 ADXL345 设计一个倾角测量系统。

（2）应用 ADXL345 设计一个计步器。

（3）应用 ADXL345 设计自由落体检测。

（4）应用 ADXL345 设计振动、晃动检测。

4.11　AD9833 编程练习

AD9833 可以产生和输出三种波形信号：正弦波、三角波和方波，其最直接的应用就是作为一个可编程波形发生器。它有两个频率寄存器和相位寄存器，还可以做一些简单的调制应用，如 FSK 等。在 FSK 应用中，两个频率寄存器可以载入不同的数值，一个频率代表空号频率，另一个频率代表传号频率。通过控制寄存器的 FSELECT 位，程序可以在这两个数值之间进行载波频率调制。

当前版本 ISIS 软件的元件库中没有 AD9833，所以关于它的编程练习也只能在电路学习板上进行。AD9833 芯片已经在与本书配套的电路学习板上焊接好，与 ATmega8A 单片机的连接采用的是 SPI 串行通信。在这个练习中，将用 AD9833 制作一个简单的波形发生器。用一个按键调整输出频率，用另一个按键来控制输出波形。

AD9833 编程的主要工作，是根据需要通过 SPI 接口改写控制寄存器、两个频率寄存器和两个相位寄存器的值。AD9833 内部寄存器的每次写入都是 16 位字，单片机传输这 16 位字要分成两个字节（8 位）进行，高字节（8MSBs）在前，低字节（8LSBs）在后，每个字节都必须是 MSB 先发。两个字节之间，帧同步线要一直保持低电平。如果要对频率寄存器连续写两个 16 位字，要先写 16LSBs，后写 16MSBs。频率寄存器数值和输出频率之间的关系如下：

$$f_{out} = f_{clk} \times \text{freReg} / 2^{28}$$

$$\text{freqReg} = f_{out} \times 2^{28} / f_{clk}$$

```
#include <mega8.h>
#include <mega8_bits.h>
#define FSYNC PORTD.2
```

```
#define spi_sck PORTB.5
 long freqOut, freqReg;                         // 输出频率,频率寄存器
 float floReg;                                  // 浮点中间计算变量,防止溢出
 unsigned char waveForm;                        // 输出波形变量
void SpiB16(unsigned int B16)        // 通过 SPI 向 AD9833 写 16 位字,分两个字节输出
{
  spi_sck=1;                                    // 时钟线置高电平
  FSYNC=0;                                      // 帧同步线拉低
  SPDR=B16 / 0x100;                             // 首先,SPI 输出 MSB 8 位二进制数据
  while(!(SPSR & (1<<SPIF)));                    // 等待输出结束
  SPDR=B16 % 0x100;                             // 然后,SPI 输出 LSB 8 位二进制数据
  while(!(SPSR & (1<<SPIF)));
  FSYNC=1;                                      // 帧同步线拉高,结束传输
 }
interrupt [EXT_INT0] void ext_int0_isr(void)         // 外部中断 0,按键更改频率
{
   unsigned int B14 ;                   //  用于存储频率寄存器分成的两个 14 位值
   freqOut = freqOut + 1 000;                   // 每按键一次,输出频率增加 1 kHz
   floReg = (float) freqOut * 10 737/1 000;
                    // 化简 2²⁸/f_clk = 268 435 456/ 25 000 000=10 737/1 000;
   freqReg = (long) floReg;                      // 防止溢出
   B14 = freqReg % 0x4000;                       // 取出频率寄存器值 LSB 14 位
   B14 = B14 | 0x4000;               // 数据最高 2 位为寄存器地址:01—频率寄存器 0
   SpiB16(B14);                                  // 调用 SPI 16 位写函数
   B14 = freqReg / 0x4000;                       // 取出频率寄存器值 MSB 14 位
   B14 = B14 | 0x4000;               // 数据最高 2 位为寄存器地址:01—频率寄存器 0
   SpiB16(B14);                                  // 调用 SPI 16 位与函数
}
interrupt [EXT_INT1] void ext_int1_isr(void)         // 外部中断 1,按键更改波形
{
   waveForm ++;
   if(waveForm>=3)  waveForm = 0;
   if(waveForm==0)  SpiB16(0x2008);             // 写控制寄存器,输出正弦波
   if(waveForm==0)  SpiB16(0x200A);             // 写控制寄存器,输出三角波
   if(waveForm==0)  SpiB16(0x2028);             // 写控制寄存器,输出方波
}
void main(void)
{
  ...                                       //端口初始化等,同前
```

```
    GICR|=(1<<INT1) | (1<<INT0);                    // 开外部中断 INT0 和 INT1
    MCUCR=(1<<ISC11) | (0<<ISC10) | (1<<ISC01) | (0<<ISC00);
                                                     // INT0、INT1 下降沿触发
    GIFR=(1<<INTF1) | (1<<INTF0);                   // 清中断标志位
    SPCR=0x5A;                 // SPI 初始化 Master, 250.000 kHz, MSB First
    SPSR=0x00;                 // Clock Phase: Leading Edge,Clock Polarity:idle High
    FSYNC=1;  waveForm=0;
    freqOut=50 000;                    // 初始输出频率 50 kHz
    SpiB16(0x2100);                    // 写控制寄存器，AD9833 复位，选 Freq0, Phas0 工作
    SpiB16(0x7112);                    // 写频率寄存器 0, LSB14 位，输出 50 kHz
    SpiB16(0x4020);                    // 写频率寄存器 0, MSB14 位，输出 50 kHz
    SpiB16(0xC000);                    // 写相位寄存器 0=0
    SpiB16(0x2000);                    // 写控制寄存器，退出复位，频率寄存器 28 位工作

    #asm("sei")                        // Global enable interrupts
    while (1)
    { ; }
}
```

AD9833 进一步练习：

（1）应用 AD9833 设计一个简单的 FSK 调制系统。

（2）应用 AD9833 设计一个简单的 PSK 调制系统。

4.12　DS18B20 编程练习

ISIS 仿真元件库中含有温度传感器 DS18B20，将图 4.14 中 ADC 仿真电路的 ADC 输入部分删除，再添加 DS18B20，得到图 4.15 所示的 DS18B20 仿真电路（74LS164 未显示）。这个练习要完成的功能是：每按一次 INT0 按键，就启动 DS18B20 一次温度转换，待转换结束后通过 1-Wire 总线将温度值取回，最后以摄氏度为单位将温度值在数码管上显示出来。DS18B20 本身可以显示当前温度值，并且还可以进行增减，非常方便于调试和学习。

1-Wire 总线定义了复位、应答、写 1、写 0、读 1 和读 0 六种信号，它们都是高低电平及不同延时的组合，形成"时序链"。在 C 语言编程时，可以将它们总结为图 4.16 的四种操作，其需要的高低电平和延时参考图 4.16 和表 4.2。图中黑粗

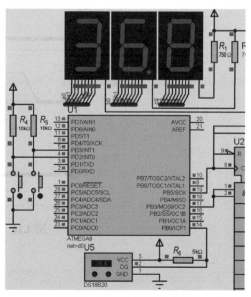

图 4.15　DS18B20 仿真练习

实线表示主机控制总线，灰粗实线为 DS18B20 控制总线，灰细实线为上拉电阻控制总线。

表 4.2　1-Wire 主机延时

参数	最小/μs	建议/μs	最大/μs
A	5	6	15
B	59	64	N/A
C	60	60	120
D	5.3	10	N/A
E	0.3	9	9.3
F	50	55	N/A
G	0	0	0
H	480	480	640
I	60.3	70	75.3
J	410	410	N/A

1-Wire 总线上每一位的数据传输都是用一个"时序链"完成的，编程时可以先将位操作的"时序链"写成 C 语言函数，再通过多次调用这些函数来形成 1-Wire 总线"字节发送"和"字节读取"的函数，最后通过"字节发送"和"字节读取"函数来向 DS18B20 发送命令和读取温度值。图 4.15 仿真电路中用引脚 PORTB.0 作为单片机的 1-Wire 总线端口，AVR 单片机的端口都是双向端口，内部有上拉电阻。如果端口设为输入，并且禁用上拉电阻，则端口为输入高阻态。编程时，将 PORTB.0 设为输出，就可以驱动总线电平高低变化，将 PORTB.0 设为输入，总线自动被上拉电阻上拉为高电平。

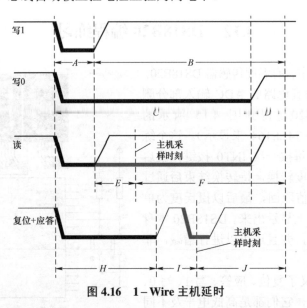

图 4.16　1-Wire 主机延时

完整的 C 程序代码如下：

```
#include <mega8.h>
#include <delay.h>
```

```
#define A 6                          // 主机延时值的宏定义
#define B 64
#define C 60
#define D 10
#define E 9
#define F 55
#define H 480
#define I 70
#define J 410
unsigned char ledCode[10]={0x03,0X9F,0X25,0X0D,0X99,0X49,0X41,0X1F,0X01,0X09};
int temp=0;                          // 测得的温度值，需要用整型定义
unsigned char oneWireReset(void)     // 1-Wire 总线初始化函数
{
    unsigned char ack;
    DDRB.0 = 1;                      // PORTB.0 设为输出
    PORTB.0= 0;                      // 拉低 1-Wire 线
    delay_us(H);                     // 延时 480 μs, Reset 脉冲
    DDRB.0 = 0;                      // PORTB.0 设为输入，1-Wire 总线被电阻拉高
    delay_us(I);                     // 等待 70 μs
    ack = PINB.0;                    // 采样从机的应答脉冲
    delay_us(J);                     // 继续完成复位序列—恢复
    return ack;                      // 返回采样应答信号的结果
  }
void oneWireWriteBit(unsigned char oneBit)  // 单总线写 1 位函数
{
  if(oneBit)                         // oneBit=1，写 "1"
  {
      DDRB.0  = 1;                   // PORTB.0 设为输出
      PORTB.0 = 0;                   // 拉低 1-Wire 总线
      delay_us(A);                   // 延时 1 μs
      DDRB.0  = 0;                   // PORTB.0 设为输入，释放总线
      delay_us(B);                   // 继续完成时序链+10 μs 恢复
  }
  else                               // oneBit=0，写 "0"
  {
      DDRB.0=1;                      // PORTB.0 设为输出
      PORTB.0=0;                     // 拉低 1-Wire 总线
      delay_us(C);                   // 延时 60 μs
      DDRB.0=0;                      // PORTB.0 设为输入，1-Wire 总线被电阻拉高
```

```c
        delay_us(D);                    // 继续完成时序链
    }
}
unsigned char oneWireReadBit(void)      // 单总线收 1 位函数
{
    unsigned char oneBit;
    DDRB.0  = 1;                    // PORTB.0 设为输出
    PORTB.0 = 0;                    // 拉低 1-Wire 总线
    delay_us(A);                    // 延时 1 μs
    DDRB.0  = 0;                    // PORTB.0 设为输入，释放总线
    delay_us(E);                    // 延时 9 μs
    oneBit  = PINB.0;              // 采样从机发送的电平
    delay_us(F);                    // 继续完成时序链+10 μs 恢复
    return oneBit;                  // 返回收到的 1 位值
}
void oneWireWriteByte(unsigned char byte)   // 单总线写 1 个字节函数
{
    unsigned char i;
    for (i = 0; i < 8; i++)             // 循环 8 次，逐位发出，低位先发
    {  oneWireWriteBit(byte & 0x01);    // 发出最低位
       byte >>= 1;                      // 将待发位移到最低位
    }
}
unsigned char oneWireReadByte(void)         // 单总线收 1 个字节函数
{
    unsigned char i, byte=0;
    for (i = 0; i < 8; i++)             // 循坏接收 8 位
    {
      byte >>= 1;                       // 清零最高位，准备接收
      if (oneWireReadBit())             // 若收到的是 1，"或"入最高位
       byte |= 0x80;
    }
    return byte;                        // 返回收到的 1 个字节
}
void disp()                             // 显示温度值
{
    unsigned int i,j;                   // 三位数码管，显示温度不能超过 100
    i = temp;                           // temp 为全局变量，是×10 后的温度值
    j = i % 100;
```

```c
      SPDR = ledCode[j%10];
      while( !(SPSR & (1<<7)) );
      SPDR = ledCode[j/10]-1;                 // -1,显示小数点
      while(!( SPSR & (1 << SPIF)));
      SPDR = ledCode[i/100];
      while(!( SPSR & (1 << SPIF)));
 }
void sample_temp(void)                        //  采样一次温度
{
   unsigned char ack;                         // 保存单总线初始化结果
   int byte0,byte1;                           // 用于接收温度值的两个字节
   float t;                                   // 温度转换为浮点数的临时变量
   ack = oneWireReset();                      // 1-Wire 初始化
   if (ack == 0)                              // 若 DS18B20 应答,启动一次转换
    {
      oneWireWriteByte(0xCC);                 // ROM 指令,忽略 ROM 编码
      oneWireWriteByte(0x44);                 // 功能指令,启动一次温度转换
      delay_ms(800);                          // 等待温度转换结束

      ack = oneWireReset();                   // 1-Wire 初始化
      if (ack == 0)                           // 若 DS18B20 应答,取温度值
       {
         oneWireWriteByte(0xCC);              // ROM 指令,忽略 ROM 编码
         oneWireWriteByte(0xBE);              // 功能指令,读缓存命令
         byte0 = oneWireReadByte();           // 收到的第一个字节,温度值低字节
         byte1 = oneWireReadByte();           // 收到的第二个字节,温度值高字节
         temp = (byte1 << 8) + byte0;         // 合成为两个字节整型数
         t = (float) temp;                    // 连小数部分一起转换为浮点数温度值
         t = t / 16 ;                         // 还原放大的小数部分
         t = t * 10;                          // 放大 10 倍,准备取整显示
         temp = (int) t;                      // 取整,小数点应在个位前面
         if(temp<0) temp=-temp;               // 负数补码转换为正数,方便显示
         disp();                              // 注意,符号没有显示
       }
    }
  }
interrupt [EXT_INT0] void ext_int0_isr(void)
{   sample_temp();   }                         // 按一次键,采样并显示一次温度
void main(void)
```

```
{
    ...                             // 端口 BCD 设置, INT0、INT1、SPI 设置同 ADC 练习
    #asm("sei")
    DDRB.0 = 0;                     // 释放 1-Wire 总线, 由电阻上拉为高电平
    sample_temp();                  // 初始采样一次
    while (1)
        {    }
}
```

第 5 章
ATmega8A 单片机结构与原理

5.1 单片机概述

　　单片机，是单片微型计算机的简称，通常也称为微控制器（Microcontroller）或嵌入式微控制器（Embedded Microcontroller）。这两种称呼分别体现了单片机两个重要的特点，即计算与控制。同时，这两种称呼也都强调了微型。其实，单片机就是一种简单、微型、单芯片结构的计算机，在应用中把它当成一个微型的控制核心。所谓单片，是指与多片相对应的计算机。如图 5.1 所示，左面是某种型号的单片机，只有指甲大小，右面是通用计算机的主要结构。单片的意思是指系统主要结构都封装在这个单芯片中：如 CPU、程序存储器、内存、EEPROM、I/O 口（串口、USB）、定时器、A/D 转换器等。再看右边，如果我们打开计算机机箱，能看到通常主板就是这样的结构。右上是 CPU，很容易辨识（背着一个大风扇），然后就是所谓"南桥"和"北桥"的两块芯片组。之所以叫南北桥，按看地图的习惯，它们分别位于 PCI 总线的南北方。北桥主要负责内存的管理，南桥主要负责外部存储（硬盘）和输入/输出设备的管理。另外还有显卡、网卡等。通过对比可知，"多片机"比单片机要复杂得多，当然它的功能也强大得多，这是由它们各自的应用场合与需要所决定的。单片机通常要完成的是一些简单的计算和数据的输入与控制信号的输出。

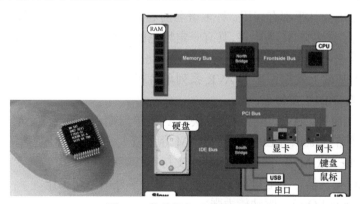

图 5.1　单片机与"多片机"

　　计算机的出现，极大地提高了生产率并拓展了人类的能力，也极大地影响了现代社会生活。可以说，没有计算机，就没有现代的信息技术，没有单片机，各行各业的自动化技术也不会这么蓬勃发展。从物理和技术角度看，单片机乃至整个现代电子行业，都是基于半导体技术和微电子技术（半导体技术的基础为量子力学）：二极管、三极管、逻辑门电路、触发器、时序电路、运算放大器、加法器、减法器、算术逻辑单元、内存等。这些技术，在每一层次都有它们各自的广泛应用，同时，它们也构成了单片机的硬件基础。单片机的功能是非常强大的，但是它的基本原理并不复杂，就是从硬件上实现二进制数字的各种运算。根据简单的原理，经过精心的、巧妙的设计，实现一个强大的功能。实际中，很多技术都是这样发展起来的（如液晶显示、DLP 等）。

单片机在各行各业的应用可以说是非常普遍的，在航空航天、工农业生产、军事国防、科学研究以及日常生活中的自动控制和电子设备中，都有大量的应用，大量需要进行控制的电子设备中都有单片机。

1971 年 Intel 公司研制出世界上第一个 4 位的微处理器芯片 Intel 4004，微处理器和微机时代从此开始。1973 年 Intel 公司研制出第二代 8 位的微处理器 8080；1976 年 Intel 公司研制出 MCS-48 系列 8 位单片机，这也是单片机的问世。20 世纪 80 年代初，Intel 公司在 MCS-48 系列单片机的基础上，推出了 MCS-51 系列 8 位高档单片机。由于市场的需要，以及技术的发展，许多公司也陆陆续续地推出了很多系列的单片机，如：Intel（美国英特尔）公司的 MCS-51/96 及其增强型系列；NS（美国国家半导体）公司的 NS8070 系列；RCA（美国无线电）公司的 CDP1800 系列；TI（美国得克萨斯仪器仪表）公司的 TMS700 系列；Cypress（美国 Cypress 半导体）公司的 CYXX 系列；Rockwell（美国洛克威尔）公司的 6500 系列；Motorola（美国摩托罗拉）公司的 6805 系列；Fairchild（美国仙童）公司的 FS 系列及 3870 系列；Zilog（美国齐洛格）公司的 Z8 系列及 SUPER8 系列；Atmel（美国 Atmel）公司的 AT89 系列；National（日本松下）公司的 MN6800 系列；Hitachi（日本日立）公司的 HD6301、HD65L05、HD6305 系列；NEC（日本电气）公司的 UCOM87、（UPD7800）系列；Philips（荷兰菲利浦）公司的 P89C51XX 系列；Microchip；Freescale；三星单片机；Zilog；意法半导体的 STM 系列；华邦单片机；凌阳单片机；STC 宏晶系列；Atmel 公司的 AVR 单片机等。

可以说，目前可供我们选择和学习的单片机太多了，它们都有各自的特点和用户基础。51 系列是影响和应用最广泛的单片机，由于产品硬件结构合理，指令系统规范，历史"悠久"，群众基础好，各行各业几乎都有应用。许多著名的芯片公司购买了 51 芯片的核心技术，并结合自身优势，形成了许多以 51 为内核、具有一定特色的单片机芯片，例如 89C51、CY7C68013、STC51 等。现在看来，51 单片机的缺点是速度慢，功能少，驱动能力弱。本书选择的是 Atmel 公司在 51 单片机基础上发展而来的 AVR 系列单片机中的一种型号。与其他单片机相比，AVR 单片机具有如下的主要特点：

（1）相同系统时钟，AVR 运行速度较快；AVR 单周期，PIC 要 4 个周期，51 要 12 个。

（2）芯片内部的 Flash、EEPROM、SRAM 容量较大。

（3）Flash、EEPROM 都可以反复改写，支持在线编程（ISP）。

（4）内部 RC 振荡器，上电自动复位，看门狗，零外围电路工作。

（5）真正的双向 I/O 口，驱动能力强。

（6）内部资源丰富，有 ADC/DAC、PWM、SPI、USART、I^2C 等。

本书主要以 AVR 单片机为核心，学习单片机的硬件技术：I/O 口功能、中断、寄存器、定时/计数器、串行通信接口和 ADC 等，并结合一些传感器技术，学习单片机的 C 语言编程。对于单片机的学习和应用，既需要对编程语言非常熟悉，也需要对单片机的硬件及外围电路有全面的了解。针对 AVR 单片机的学习，本书搭建的学习平台是 **CodeVision AVR+Proteus+**

AVR Studio+编程器+学习板。**CodeVision** AVR（CVAVR）是一种 AVR 单片机 C 语言的编译器，是能在 Windows 下运行的一个 AVR 单片机 C 语言集成开发环境；Proteus 是一种电路仿真软件，特别是能对 AVR 单片机进行软硬件仿真；AVR Studio 是 Atmel 公司免费提供的 AVR 单片机 C 程序调试环境；编程器用于将编译完成的单片机程序写入单片机；学习板是一块集成有 AVR 单片机及其应用电路的电路板，可以实现单片机的各种软硬件应用。

5.2　AVR 单片机简介

AVR 单片机是 Atmel 公司的产品，这是一家以生产高性能非易失存储器起步的半导体公司。Atmel 公司从 Intel 公司得到了 51 内核技术的使用权，从而生产出了世界上第一款具有闪存（Flash memory）的 51 单片机——89C51。Flash memory+51 单片机，在当时可以说是绝佳搭配。虽然名字叫单片机，但在 89C51 之前，单片机程序存储用的都是额外的一片 PROM（可编程只读存储器）芯片。向芯片写程序，要加高电压（与工作电压比），擦除程序要用紫外线。所以那时的存储芯片都带有一个透明的石英窗，如图 5.2 所示。而 Flash 存储技术，是电写入和擦除的，完全可以和单片机本身集成到一起，十分方便。

由于 51 单片机的巨大影响和用户群，再加上 89C51 优越的特性，很快 Atmel 公司在单片机领域就广为人知。1997 年又推出了功能更为强大的 AVR 系列单片机。其与 51 单片机的主要不同如下：

（1）AVR 单片机采用哈佛结构，51 单片机采用冯·诺依曼结构，如图 5.3 所示。哈佛结构是程序存储和数据存储分开的存储结构，程序和数据经由不同总线出入 CPU。而冯·诺依曼结构，程序和数据是经由一条总线出入 CPU 的。哈佛结构在取指令同时，也可以存取数据，显然程序运行速度更快。

图 5.2　PROM 程序存储芯片

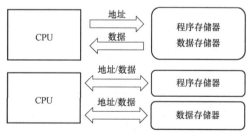

图 5.3　51 和 AVR 单片机区别

（2）AVR 单片机采用精简指令集 RISC，51 单片机采用复杂指令集 CISC。X86 计算机是 CISC，苹果电脑及安卓手机等均为 RISC。RISC 的特点是指令格式、长度相同，指令周期基本相同，采用流水线技术。CISC，早期的 CPU 设计由于技术所限，其特点基本与 RISC 相反。

（3）单时钟周期指令。所有的计算机都需要时钟信号，通常由石英晶体振荡器产生。51 单片机把时钟信号 12 分频，称为一个机器周期。指令执行以机器周期为单位，早期的单片机多如此。而 AVR 单片机首次以时钟周期作为指令周期，大大提高了执行速度。

（4）支持在线编程（ISP—In System Program）。

（5）增加了看门狗电路，去除了累加器 ACC，增加了 32 个通用工作寄存器。

（6）片内资源丰富。

AVR 单片机可以说是博采众长，精心设计，又具独特技术，为 8 位单片机中的佼佼者。

AVR 单片机有以下 5 个系列：

ATtiny 系列：主要有 Tiny1/12/13/15/26/28 等；

AT90 系列：主要有 AT90S1200/2313/8515/8535 等，已停产；

ATmega 系列：主要有 ATmega8/16/32/64/128（存储容量为 8/16/…/128 KB）。

ATXmega 系列：8 位 CPU，支持 16 位和 32 位运算，具有 16 位和 24 位内存指针。

AVR32 系列：32 位单片机。

中档的 ATmega 系列单片机，具有很高的性价比，应用广泛，影响比较大。它主要以 Flash 存储器容量大小命名和划分类型，但根据其他参数还有细分，如表 5.1 所示。

表 5.1　ATmega 系列单片机

设备	状态	Flash/KB	EEPROM/KB	SRAM/B	最大I/O引脚数	最大频率/MHz	V_{CC}/V	16 bit计时器	8 bit计时器	PWM/ch	RTC	SPI	USART	TWI	ISP	10 bit A/D通道数
ATmega48	P	4	0.256	512	23	20	1.8~5.5	1	2	6	Yes	1+USART	1	Yes	Yes	8
ATmega8	P	8	0.512	1 024	23	16	2.7~5.5	1	2	3	Yes	1	1	Yes	Yes	8
ATmega88	P	8	0.512	1 024	23	20	1.8~5.5	1	2	6	Yes	1+USART	1	Yes	Yes	8
ATmega168	P	16	0.512	1 024	23	20	1.8~5.5	1	2	6	Yes	1+USART	1	Yes	Yes	8
ATmega8535	P	8	0.512	512	32	16	2.7~5.5	1	2	4	—	1	1	Yes	Yes	8
ATmega16	P	16	0.512	1 024	32	16	2.7~5.5	1	2	4	Yes	1	1	Yes	Yes	8
ATmega32	P	32	1	2 048	32	16	2.7~5.5	1	2	4	Yes	1	1	Yes	Yes	8
ATmega644	P	64	2	4 096	32	20	1.8~5.5	1	2	6	Yes	1+USART	1	Yes	Yes	8
ATmega8515	P	8	0.512	512	35	16	2.7~5.5	1	2	3	—	1	1	—	Yes	—
ATmega162	P	16	0.512	1 024	35	16	1.8~5.5	2	2	6	Yes	1	2	—	Yes	—
ATmega128	P	128	4	4 096	53	16	2.7~5.5	2	2	8	Yes	1	1	Yes	Yes	8
ATmega165	N	16	0.512	1 024	54	16	1.8~5.5	1	2	4	Yes	1+USI	1	USI	Yes	8
ATmega325	P	32	1	2 048	54	16	1.8~5.5	1	2	4	Yes	1+USI	1	USI	Yes	8
ATmega64	P	64	2	4 096	54	16	2.7~5.5	2	2	8	Yes	1	1	Yes	Yes	8
ATmega645	I	64	2	4 096	54	16	1.8~5.5	1	2	4	Yes	1+USI	1	USI	Yes	8
ATmega1281	I	128	4	8 192	54	16	1.8~5.5	4	2	10	Yes	1+USART	2	Yes	Yes	8

ATmega 系列各个型号单片机的基本结构和原理相同，本书主要以其中的 ATmega8A（早期的 ATmega8 和 ATmega8L 整合为现在的 ATmega8A）为主，介绍和学习 AVR 单片机的硬件和 C 语言编程。在一般的应用中，它的硬件资源已足够使用。其编程和开发过程，与其他型号单片机基本相同，只是在数据和程序存储器等硬件资源上稍有不同，移植过程也很简单。

5.3　ATmega8A 单片机技术特性

　　每一种单片机以及每一种芯片，厂家一般都会提供技术资料，在网上都可以搜到。比如：在网上搜索 ATmega8A pdf，即可得到其使用手册。在每份技术资料前面，都会有这款芯片的技术特性，ATmega8A 单片机的技术特性如下：

（1）高性能、低功耗的 8 位 AVR® 微处理器。

（2）先进的 RISC 结构。

- 130 条指令——大多数指令执行时间为单个时钟周期；
- 32 个 8 位通用工作寄存器，可全静态工作；
- 工作于 16 MHz 时性能高达 16 MIPS；
- 只需两个时钟周期的硬件乘法器（51 单片机需 4 个机器周期）。

（3）高持久、非易失性存储区段。

- 8 KB 可在线自编程 Flash 程序存储器；
- 1 KB 的片内 SRAM，512 B 的 EEPROM；
- 擦写寿命：Flash，1 万次；EEPROM，10 万次；
- 数据保持：20 年/85 ℃；100 年/25 ℃；
- 具有独立锁定位的可选 Boot 代码区；
- 通过片上 Boot 程序实现在线编程；
- 对锁定位编程以实现软件加密。

（4）外设特点。

- 两个 8 位定时/计数器，独立预分频，一个有比较输出功能；
- 一个 16 位定时/计数器，预分频器，具有输出比较和输入捕捉功能；
- 三路 PWM 通道；
- 可编程的串行 USART；
- 主机/从机模式的 SPI 串行接口；
- 面向字节的两线串行接口；
- 可编程看门狗定时器，具有独立片内振荡器；
- 片内模拟比较器与模/数转换器。

（5）I/O 口和封装。

- 23 个可编程的 I/O 口；
- 28 引脚 PDIP 封装，32 引脚 TQFP 与 MLF 封装。

（6）工作电压。

- 2.7～5.5 V（ATmega8L）/4.5～5.5 V（ATmega8A）；
- 2.7～5.5 V（ATmega8A）。

（7）系统时钟。

- 0～16 MHz（ATmega8A）。

（8）4 MHz 时功耗，3 V，25 ℃。

- 工作模式：3.6 mA；

- 空闲模式：1.0 mA；
- 掉电模式：0.5 μA。

5.4 封装形式与引脚配置

ATmega8A 单片机的两种常用封装如图 5.4 所示，TQFP 封装比 DIP 封装小，且多四个 ADC 引脚。其引脚说明如表 5.2 所示。

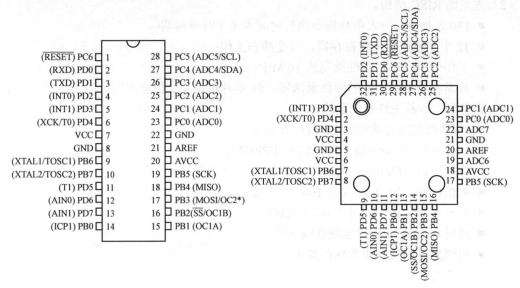

图 5.4 DIP 和 TQFP 封装的 ATmega8A

表 5.2 ATmega8A 引脚说明

V_{CC}	芯片中数字电路的电源
GND	地
端口 B（PB7:0）XTAL1/XTAL2/TOSC1/TOSC2	端口 B 为 8 位双向 I/O 口，内部具有可编程的上拉电阻。其输出缓冲器具有对称的驱动特性，可以输出和吸收大电流。作为输入使用时，若内部上拉电阻使能，端口被外部电路拉低时将输出电流。复位时，即使系统时钟还未起振，端口 B 也处于高阻状态。通过时钟熔丝位的设置，PB6 可作为反向振荡放大器或时钟工作电路的输入端，而 PB7 可作为反向振荡放大器的输出端。若将片内 RC 振荡器作为芯片时钟源，且 ASSR 寄存器的 AS2 位置位，则 PB7:6 两个引脚将作为异步 T/C2 的 TOSC2:1 的输入端。端口 B 的其他功能见后面
端口 C（PC5:0）	端口 C 为 7 位双向 I/O 口，内部具有可编程的上拉电阻。其输出缓冲器具有对称的驱动特性，可以输出和吸收大电流。作为输入使用时，若内部上拉电阻使能，端口被外部电路拉低时将输出电流。在复位时，即使系统时钟还未起振，端口 C 也处于高阻状态
PC6/ $\overline{RESET}$	若 RSTDISBL 熔丝位编程，则 PC6 作为 I/O 引脚使用。注意 PC6 的电气特性与端口 C 的其他引脚不同。若 RSTDISBL 熔丝位未编程，则 PC6 作为复位输入引脚。持续时间超过最小门限时间的低电平将引起系统复位。持续时间小于门限时间的脉冲不能保证可靠复位。端口 C 的其他功能见后面

续表

端口 D（PD7:0）	端口 D 为 8 位双向 I/O 口，内部具有可编程的上拉电阻。其输出缓冲器具有对称的驱动特性，可以输出和吸收大电流。作为输入使用时，若内部上拉电阻使能，则端口被外部电路拉低时将输出电流。复位时，即使系统时钟还未起振，端口 D 也处于高阻状态。端口 D 的其他功能见后面
AVCC	AVCC 是 A/D 转换器、端口 C（3:0）及 ADC（7:6）的电源。不使用 ADC 时，该引脚应直接与 V_{CC} 连接。使用 ADC 时应通过一个低通滤波器与 V_{CC} 连接。注意，端口 C（5:4）使用电源 V_{CC}
AREF	A/D 转换器的模拟基准电压输入引脚
ADC7:6（TQFP 封装）	TQFP 与 MLF 封装的 ADC7:6 作为 A/D 转换器的模拟输入，由模拟电源供电且作为 10 位 ADC 通道

5.5　AVR CPU 内核

AVR 单片机内核具有丰富的指令集和 32 个通用工作寄存器。所有的通用工作寄存器都直接与算术逻辑单元（ALU）相连接，使得一条指令可以在一个时钟周期内同时访问两个独立的通用工作寄存器。这种结构大大提高了代码效率，并且具有比普通的 CISC 微控制器最高至 10 倍的数据吞吐率。

ATmega8A 单片机的基本结构如图 5.5 所示。ATmega8A 的主要结构和特点如下：8 KB Flash，512 B EEPROM，1 KB SRAM，21 个通用 I/O 口线，32 个通用工作寄存器，3 个定时/

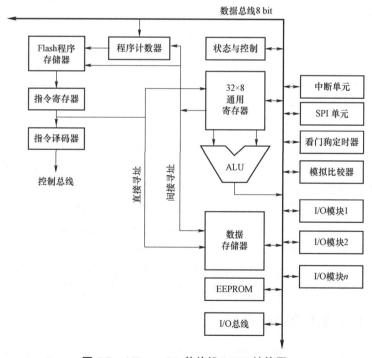

图 5.5　ATmega8A 单片机 MCU 结构图

计数器（T/C），片内/外中断，可编程串行 USART，面向字节的两线串行接口 TWI，10 位 6 路（TQFP 封装为 8 路）ADC，看门狗定时器，一个 SPI 串行端口，5 种可选择的省电模式。

工作于空闲模式时 CPU 停止工作，而 SRAM、T/C、SPI 端口以及中断系统继续工作；掉电模式时晶体振荡器停止振荡，所有功能除了中断和硬件复位之外都停止工作；在省电模式下，异步定时器继续运行，允许用户保持一个时间基准，而其余功能模块处于休眠状态；ADC 噪声抑制模式时终止 CPU 和除了异步定时器与 ADC 以外所有 I/O 模块的工作，以降低 ADC 转换时的开关噪声；Standby 模式下只有晶体或谐振振荡器运行，其余功能模块处于休眠状态，使得器件只消耗极少的电流，同时具有快速启动能力。

为了获得更高的运行性能以及并行性，AVR 采用了效率更高的哈佛结构，即具有独立的数据和程序存储器与总线。程序存储器里的指令通过单一的流水线被执行。CPU 在执行当前一条指令的同时，还从程序存储器中读取出了下一条将要执行的指令（预取）。这样的指令执行和读取方式实现了指令的单时钟周期运行。程序存储器是可以在线编程的 Flash。快速寄存器组包括 32 个 8 位通用工作寄存器，访问时间为一个时钟周期，从而实现了单时钟周期的 ALU 操作。在典型的 ALU 操作中，两个位于寄存器组中的操作数同时被访问，然后执行运算，结果再被送回到寄存器组，整个过程仅需一个时钟周期。

在 32 个通用寄存器组里,最后 6 个寄存器可以被当作 3 个 16 位的间接寻址寄存器指针,用于对数据空间的间接寻址,以实现高效的地址运算。这 3 个附加的功能寄存器即为 16 位的 X 寄存器、Y 寄存器和 Z 寄存器。其中，Z 寄存器还可以作为程序存储器查询表的地址指针,用于取出存在 Flash 程序存储器中的表或常量。

算术逻辑单元 ALU 支持寄存器之间，以及寄存器和常数之间的算术和逻辑运算。ALU 也可以执行单寄存器操作。每次运算完成之后，MCU 状态寄存器 SREG 的内容得到更新，以反映操作结果。

程序中可以通过条件跳转、无条件跳转和调用这三种指令来控制程序走向，从而可以访问全部的 Flash 程序存储器空间。AVR 单片机的大多数指令长度为 16 位，个别的指令为 32 位。因此，AVR 单片机程序存储器单元为 16 位，也就是每个程序存储器地址都包含一条 16 位的指令，而 32 位的指令则要占据两个存储单元。AVR 单片机的程序存储器空间可以分为两个区，即引导程序区（Boot 区）和应用程序区。这两个区都设有专门的锁定位，用来实现读和读/写保护。在引导程序区中，可以使用 SPM 汇编指令来向应用程序区中写入应用程序，从而实现应用程序的自我更新。在中断和调用子程序时，需要将返回地址的程序计数器（PC）保存在堆栈之中。堆栈位于通用数据存储器 SRAM 中，因此其深度受限于 SRAM 的大小。应用程序在复位后，用户首先应该初始化堆栈指针 SP，这个指针位于 I/O 空间，可以进行读写访问。数据存储器 SRAM 可以通过 5 种不同的寻址模式进行访问。

I/O 存储器空间包含连续的 64 个地址，它们被分配给完成一些 CPU 外设功能的寄存器，例如控制寄存器、定时计数器、SPI、A/D 以及其他 I/O 功能等。I/O 寄存器可以直接寻址，也可以当作寄存器区 0x20～0x5F 之后的数据空间，用数据存储器访问指令进行操作。

5.5.1　ALU（算术逻辑单元）

算术逻辑单元是单片机 CPU 的核心。ALU 即 Arithmetic and Logical Unit 的缩写。CPU 最重要的工作，如算术运算（加、减、乘、除）、逻辑运算（与、或、非）、关系运算（比较大小）及位操作等都是在 ALU 中完成的，这些运算和操作是检测与控制的基础。AVR ALU 与 32 个通用工作寄存器直接相连。ALU 操作需要操作数，通常的操作数来源有 3 种：立即数、通用工作寄存器及内存中的数据，其中最常用的就是通用工作寄存器中的数据。典型的 ALU 操作中，两个位于寄存器组中的操作数同时被访问，然后执行运算，结果再被送回到寄存器组，整个过程仅需一个时钟周期。寄存器与寄存器之间、寄存器与立即数之间的算术运算只需要一个时钟周期。

　　一条指令执行完成后，程序可能要根据指令执行结果去做不同的工作。那程序怎么才能知道指令执行的结果呢？答案是访问 AVR 状态寄存器 SREG。每一条算术指令执行完毕后，都由 CPU 硬件电路根据计算结果，对状态寄存器设置反映结果的状态信息。这些信息可以用来实现条件跳转等操作以改变程序流程。如指令集参考手册中所述，所有 ALU 的操作都将影响状态寄存器的内容。因此，在许多情况下，可以不需要专门的比较指令了，从而让系统运行更快速，代码效率更高。在进入中断服务程序时，状态寄存器的内容不会被自动保存，中断返回时也不会自动恢复。状态寄存器内容的保存与恢复需要软件来处理。如果是用汇编语言编程，这些处理工作需要自己通过汇编语言指令来完成；如果是用 C 语言编程，C 编译器在编译时会自动完成这些工作。

　　AVR 状态寄存器 **SREG** 的 8 个位定义如图 5.6 所示。

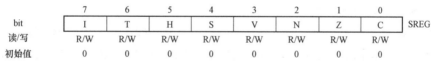

图 5.6　AVR 状态寄存器 SREG 的 8 个位定义

1. bit 7—I：全局中断总开关

I 是所有中断的总开关，其置"1"时允许全局中断，置"0"时禁止所有中断。每一个单独的中断使能由其自己的控制寄存器控制。如果 I 清零，则不论单独中断控制位置位与否，都不会产生中断。任意一个中断发生后，I 由硬件自动清零，即禁止其他中断再发生，而执行 RETI 指令后，I 恢复置位，以允许所有中断。I 也可以通过汇编指令 SEI 和 CLI 来实现软件置位与清零。

2. bit 6—T：位拷贝存储

位拷贝汇编指令 BLD 和 BST 利用此位作为目的地址或源地址。BST 把寄存器的某一位拷贝到 T，而 BLD 则把 T 的内容拷贝到寄存器的某一位。

3. bit 5—H：半进位标志

半进位标志 H 置"1"，表示算术操作发生了半进位。此标志对于 BCD 运算非常有用。

4. bit 4—S：符号位，S=N⊕V

S 为负数标志位 N 与 2 的补码溢出标志位 V 的异或。

5. bit 3—V：2 的补码溢出标志

2 的补码溢出标志位支持 2 的补码运算。

6. bit 2—N：负数标志

表明算术或逻辑运算结果为负。

7. bit 1—Z：零标志

表明算术或逻辑运算结果为零。

8. bit 0—C：进位标志

表明算术或逻辑运算发生了进位。

如果用汇编语言编程，这些标志位都是需要特别关注的，因为每条指令的运行结果和程序走向都是需要查看这些标志位的。而如果用 C 语言编程，这些工作由编译器在编译过程中添加的汇编指令完成。

5.5.2　通用工作寄存器组

由于所有运算和操作都是在 ALU 中进行的，所以，在运算前，要把操作数送进 ALU，结束后，再把结果送出 ALU。AVR 单片机专门设置了名为 R0～R31 共 32 个通用工作寄存器构成的通用工作寄存器组，来完成操作数进出 ALU 的工作。通用工作寄存器组针对 AVR 增强型 RISC 指令集做了优化。为了获得需要的性能和灵活性，通用工作寄存器组支持以下的输入/输出方案：

输出一个 8 位操作数，输入一个 8 位结果；

输出两个 8 位操作数，输入一个 8 位结果；

输出两个 8 位操作数，输入一个 16 位结果；

输出一个 16 位操作数，输入一个 16 位结果。

AVR 单片机大多数操作寄存器组的指令都可以直接访问所有的寄存器，并且多数这样的指令的执行时间为单个时钟周期。如图 5.7 的 AVR CPU 的 32 个通用工作寄存器组所示，每个寄存器都分配有一个内存地址，系统将这些地址直接映射到用户数据空间的前 32 个地址。

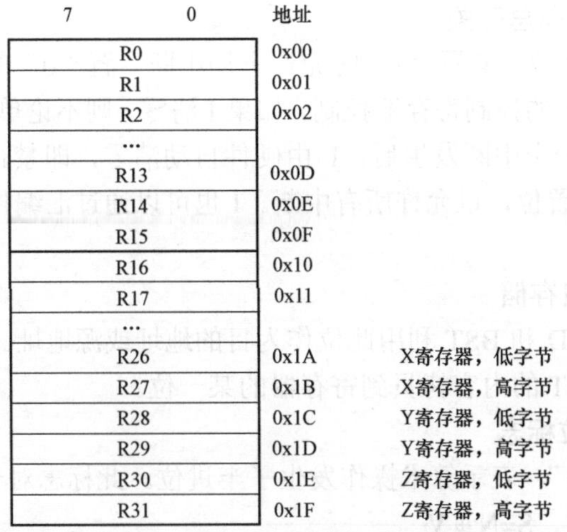

7	0	地址	
R0		0x00	
R1		0x01	
R2		0x02	
...			
R13		0x0D	
R14		0x0E	
R15		0x0F	
R16		0x10	
R17		0x11	
...			
R26		0x1A	X寄存器，低字节
R27		0x1B	X寄存器，高字节
R28		0x1C	Y寄存器，低字节
R29		0x1D	Y寄存器，高字节
R30		0x1E	Z寄存器，低字节
R31		0x1F	Z寄存器，高字节

图 5.7　AVR 通用工作寄存器组

虽然寄存器组不是作为 SRAM 地址的物理实现，但因为 X、Y、Z 寄存器可以设置为指向任意寄存器的指针，这种内存组织方式在访问寄存器时具有极大的灵活性。X、Y、Z 寄存器 R26～R31 除了用作通用寄存器外，还可以作为数据间接寻址用的地址指针。作为间接寻址寄存器，其结构如图 5.8 所示。

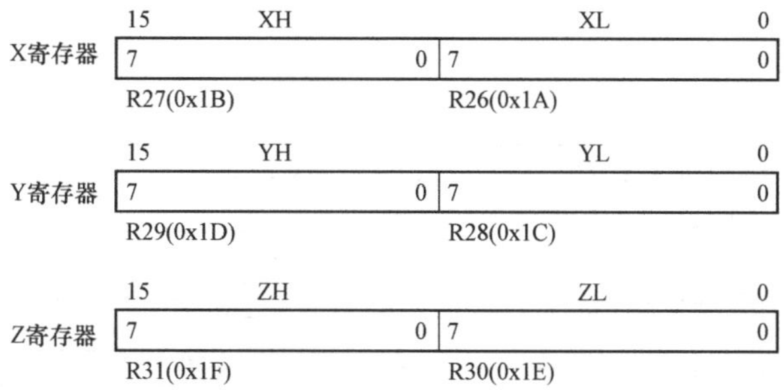

X 寄存器

15	XH		XL	0
7		0	7	0
R27(0x1B)			R26(0x1A)	

Y 寄存器

15	YH		YL	0
7		0	7	0
R29(0x1D)			R28(0x1C)	

Z 寄存器

15	ZH		ZL	0
7		0	7	0
R31(0x1F)			R30(0x1E)	

图 5.8　X、Y、Z 寄存器

5.5.3　堆栈指针（Stack Pointer）

堆和栈，其实是两个不同的概念，这里的堆栈主要是指栈。堆栈就是一段内存，用来保存临时数据、局部变量以及中断和子程序调用返回地址等。**堆栈指针总是指向堆栈的顶部。要注意 AVR 的堆栈是向下生长的**，即新数据进入堆栈时，堆栈指针的数值将减小。堆栈指针指向数据 SRAM 堆栈区，子程序堆栈和中断堆栈都位于此。调用子程序和使能中断之前必须定义堆栈空间，且堆栈指针必须指向高于 0x60 的地址空间，这是因为前 96 个数据存储器地址已经分配给通用工作寄存器和 I/O 寄存器了。使用 PUSH 汇编指令将数据压入堆栈时指针减 1；而子程序或中断返回地址被压入堆栈时指针将减 2。使用 POP 指令将数据弹出堆栈时，堆栈指针加 1；而用 RET 或 RETI 汇编指令从子程序或中断中返回时堆栈指针加 2。

如图 5.9 所示，AVR 的堆栈指针由 I/O 寄存器中的两个 8 位寄存器 SPH 和 SPL 实现。实际使用的位数与单片机型号有关。某些型号 AVR 单片机的数据区太小，用 SPL 就足够了。此时将不给出 SPH 寄存器。

bit	15	14	13	12	11	10	9	8	
	SP15	SP14	SP13	SP12	SP11	SP10	SP9	SP8	SPH
	SP7	SP6	SP5	SP12	SP3	SP2	SP1	SP0	SPL
	7	6	5	4	3	2	1	0	
读/写	R/W	R/W	R/W	R/W	R/W	R/W	R/W	R/W	
	R/W	R/W	R/W	R/W	R/W	R/W	R/W	R/W	
初始值	0	0	0	0	0	0	0	0	
	0	0	0	0	0	0	0	0	

图 5.9　堆栈指针 SP

5.5.4　指令执行时序

AVR 单片机的 CPU 由系统时钟 clk_{CPU} 驱动。此时钟直接来自选定的系统主时钟源，芯片内部不对此时钟进行分频。图 5.10 和图 5.11 所示为由哈佛结构所决定的并行取指与指令执行，以及快速访问寄存器组的概念。从图中可看出，在一个 CPU 时钟周期内，前一条指令在执行，下一条指令在取出。这是一个基本的流水线概念，性能高达 1 MIPS/MHz。而在一个 CPU 时钟周期内，操作数由寄存器取出送给 ALU、在 ALU 中计算处理和结果送回通用寄存器各占了三分之一的时间。

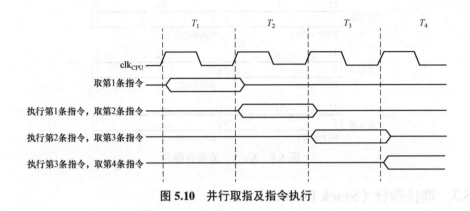

图 5.10   并行取指及指令执行

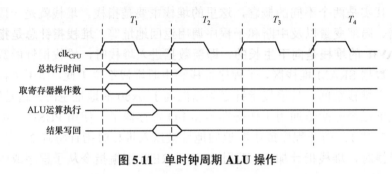

图 5.11   单时钟周期 ALU 操作

5.6   ATmega8A 存储器

AVR 单片机具有两个主要的存储器空间：数据存储器和程序存储器空间。此外，还有 EEPROM 存储器，可以用来保存掉电数据。这三个存储器空间都为线性的、规则的。

1. Flash 程序存储器

ATmega8A 具有 8 K 字节或 4 K 字的可在线编程的 Flash 存储器，用于存放程序指令代码。

如图 5.12 所示，因为所有的 AVR 指令均为 16 位或 32 位，故而 Flash 存储器被组织成 4 K×16 位的形式。出于软件安全性考虑，Flash 程序存储器被分为两个区：引导（Boot）程序区和应用程序区。引导程序区用于存储在线编程的系统程序，而实际工作的程序应保存在应用程序区。

Flash 存储器至少可以擦写 10 000 次。ATmega8A 的程序计数器（PC）为 12 位，因此可以寻址 4 096 个字的程序存储器空间。常数可以保存在整个程序存储器地址空间内。

2. 数据存储器 SRAM

如图 5.13 所示，ATmega8A 内部共有 1 120 个数据存储单元，其中包括通用工作寄存器组、I/O 寄存器及内部数据 SRAM。起始的 96 个地址为 32 个字节工作寄存器组与 64 个字节 I/O 寄存器，接着是 1 024 个字节的内部数据 SRAM。

图 5.12   程序存储器结构

应用程序区

$000

引导程序区

$FFF

寄存器组		数据地址空间
R0		$0000
R1		$0001
R2		$0002
...		...
R29		$001D
R30		$001E
R31		$001F

I/O寄存器		
$00		$0020
$01		$0021
$02		$0022
...		...
$3D		$005D
$3E		$005E
$3F		$005F

内部SRAM
$0060
$0061
...
$045E
$045F

图 5.13　数据存储器结构

数据存储器的寻址方式分为 5 种：直接寻址、带偏移量的间接寻址、间接寻址、带预减量的间接寻址和带后增量的间接寻址。通用工作寄存器组中的寄存器 R26～R31 可作为间接寻址的指针寄存器。直接寻址范围可达整个数据区。带偏移量的间接寻址模式能够寻址到由寄存器 Y 和 Z 给定的基址附近的 63 个地址。在自动预减和后加的间接寻址模式中，寄存器 X、Y 和 Z 自动增加或减少。ATmega8A 的全部 32 个通用寄存器、64 个 I/O 寄存器及 1 024 个字节的内部数据 SRAM 可以通过所有上述的寻址模式进行访问。

3. EEPROM 数据存储器

EEPROM 主要用于存储在程序执行过程中随时可能需要更改，并且要在掉电后仍能保存的数据。它兼有 SRAM 和 Flash 的部分特性，又具备它们没有的一些特性。ATmega8A 包含 512 个字节的 EEPROM 数据存储器。它是作为一个独立的数据存储空间而存在的，可以按字节读写。EEPROM 的寿命至少为 100 000 次擦除周期。EEPROM 的读写访问由地址寄存器 EEAR（16 位）、数据寄存器 EEDR 和控制寄存器 EECR 共同来完成。EEPROM 地址是线性的，从 0 到 511 连续编址。访问 EEPROM 时，由 16 位地址寄存器 EEAR 指定要访问的字节地址。如果对 EEPROM 执行写操作，应将要写到 EEAR 地址的数据先置于 EEDR 中；对于读操作，从 EEAR 地址读取的数据将放入 EEDR 中。设置好 EEAR 和 EEDR 后，要真正实现对 EEPROM 的读写，是通过 EEPROM 控制寄存器来完成的。

4. EEPROM 控制寄存器—EECR

EECR 的位定义如图 5.14 所示。

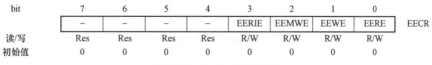

bit	7	6	5	4	3	2	1	0	
	–	–	–	–	EERIE	EEMWE	EEWE	EERE	EECR
读/写	Res	Res	Res	Res	R/W	R/W	R/W	R/W	
初始值	0	0	0	0	0	0	0	0	

图 5.14　EECR 的位定义

（1）bit 7:4—Res：保留。

（2）bit 3—EERIE：EEPROM 就绪中断使能位。

当 EEPROM 准备就绪，能被访问时，可以通过中断的方式告诉 CPU。若要进入其中断服务程序，需要打开全局中断开关，并置位 EERIE。当 EEWE 清零时，EEPROM 就绪中断即可发生。

（3）bit 2—EEMWE：EEPROM 写控制位。

为了防止对 EEPROM 无意间的写操作，AVR 单片机设计了一个特定的写时序。执行 EEPROM 写操作时，必须先置位 EEMWE 来允许写，再置位 EEWE 启动 EEPROM 写操作。当 EEMWE 为"1"时，在 4 个时钟周期内置位 EEWE 将把数据写入 EEAR 指定的地址；若 EEMWE 为"0"，置位 EEWE 则不能执行写操作。EEMWE 置位 4 个时钟周期后，硬件对其清零。

（4）bit 1—EEWE：EEPROM 写使能位。

EEWE 是 EEPROM 写操作的使能信号。当 EEDR 数据和 EEAR 地址设置好之后，应置位 EEWE 以便将数据写入 EEPROM。此时 EEMWE 必须置位，否则 EEPROM 写操作将不会发生。写时序如下（第③、④步的次序不重要）：

① 等待 EEWE 位变为零；

② 等待 SPMCSR 中的 SPMEN 位变为零；

③ 将新的 EEPROM 地址写入 EEAR；

④ 将新的 EEPROM 数据写入 EEDR；

⑤ 对 EECR 寄存器的 EEMWE 写"1"，同时清零 EEWE；

⑥ 在置位 EEMWE 的 4 个周期内，置位 EEWE。

（5）bit 0—EERE：EEPROM 读使能位。

EERE 是 EEPROM 读操作的使能信号。当 EEAR 地址设置好之后，应置位 EERE 以便将数据读入 EEDR。EEPROM 数据的读取只需一条指令，且无须等待。读取 EEPROM 后，CPU 要停止 4 个时钟周期才可以执行下一条指令。在读取 EEPROM 前应先检测 EEWE，如果一个写操作正在进行，则无法读取 EEPROM，也无法改变寄存器 EEAR。

下面是 C 语言读写 EEPROM 示例程序。执行 EEPROM 读操作时，CPU 会停止工作 4 个周期，然后再执行后续指令；执行 EEPROM 写操作时，CPU 会停止工作 2 个周期，然后再执行后续指令。

写：void EEPROM_write（unsigned int uiAddress，unsigned char ucData）

```
    {
        while(EECR & (1<<EEWE));        // 等待上一次写操作结束
        EEAR = uiAddress;               // 设置地址和数据寄存器
        EEDR = ucData;
        EECR |= (1<<EEMWE);             // 置位 EEMWE
        EECR |= (1<<EEWE);              // 置位 EEWE，启动写操作
    }
```

读：unsigned char EEPROM_read（unsigned int uiAddress）

```
    {
        while(EECR & (1<<EEWE));        // 等待上一次写操作结束
```

```
    EEAR = uiAddress;                    // 设置地址寄存器
    EECR |= (1<<EERE);                   // 设置 EERE，启动读操作
    return EEDR;                         // 从数据寄存器返回数据
}
```

5. 输入/输出（I/O）寄存器

CPU 和外部设备进行数据交换一般要经过 I/O 口，不过现在大部分的单片机都已经把一些常用的外部设备，如定时/计数器、SPI、TWI 和 ADC 等都集成在单片机内部了。ATmega8A 把所有的 I/O 寄存器及常用外部设备的寄存器都置于了一个专门的 I/O 空间中，这些 I/O 寄存器和常用外部设备的寄存器是单片机编程中经常涉及的，也是学习和应用的重点。所有的 I/O 地址都可以通过 IN 与 OUT 汇编指令来访问，并可在 32 个通用工作寄存器和 I/O 之间进行数据传输。地址为 0x00～0x1F 的 I/O 寄存器还可用汇编语言 SBI 和 CBI 指令直接进行位寻址，而 SBIS 和 SBIC 汇编指令则用来检查某一位的值。更多内容请参见 ATmega8A 指令集。使用 IN 和 OUT 指令时地址必须在 0x00～0x3F 之间。如果要像 SRAM 一样通过 LD 和 ST 指令访问 I/O 寄存器，相应的地址要加上 0x20。

5.7　系统时钟及时钟选项

单片机内部各个模块通常都需要在系统时钟的同步下协调工作，系统时钟频率的高低也是单片机性能高低的体现。各个模块工作时所需要的时钟频率各不相同，来源也可能不一样，所以，AVR 单片机内部都设有时钟管理及控制单元。AVR 的主要时钟系统及其分布如图 5.15 所示，这些时钟并不需要同时工作。有时为了降低功耗，可以通过使用不同的睡眠模式来禁止无须工作的模块的时钟。

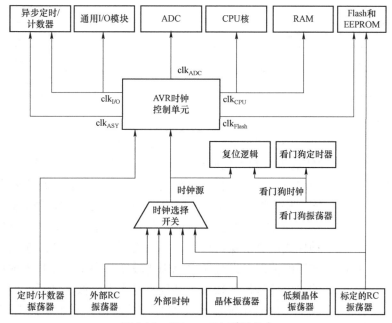

图 5.15　ATmega8A 时钟分布

（1）clk$_{CPU}$：CPU 时钟，主要提供给 AVR 单片机内核，以及与单片机内核工作相关的子系统，如通用寄存器组、状态寄存器及保存堆栈指针的数据存储器等。停止 CPU 时钟将使内核停止正常的运算和操作。

（2）clk$_{I/O}$：I/O 时钟，主要用于单片机的 I/O 模块，如定时/计数器、SPI 和 USART 等。I/O 时钟还用于外部中断模块的工作。不过，有些外部中断的检测由异步逻辑完成，在这种情况下，即使 I/O 时钟停止了，这些中断仍然可以被检测到。特别是在 clk$_{I/O}$ 暂停的情况下，TWI 模块的地址检测也可以在异步方式下实现，从而使得在任何睡眠模式下，TWI 的地址识别都能正常工作。

（3）clk$_{Flash}$：Flash 时钟，用于控制 Flash 程序存储器的操作，通常与 CPU 时钟同时挂起或激活。

（4）clk$_{ASY}$：异步定时器时钟，允许异步定时/计数器单独由一个外部的 32 kHz 时钟晶体驱动。这样，即使在睡眠模式下，专用的时钟源使得定时/计数器仍可以作为一个实时计数器。异步定时/计数器与 CPU 主时钟使用相同的 XTAL 引脚，但它们需要的时钟频率相差四倍。所以，只有当芯片使用内部振荡器时，异步操作才可使用。

（5）clk$_{ADC}$：ADC 时钟，模/数转换器有专门的时钟通道。这样可以在 ADC 工作时，暂停 CPU 和 I/O 时钟，以降低数字电路产生的噪声，提高 ADC 转换精度。

ATmega8A 芯片有如表 5.3 所示的几种通过 Flash 熔丝位进行选择的时钟源，所选的时钟首先输入到 AVR 时钟控制模块，然后再分配到相应的模块。

表 5.3　芯片时钟选择

芯片时钟选项	CKSEL3:0
外部晶体/陶瓷振荡器	1111～1010
外部低频晶振	1001
外部 RC 振荡器	1000～0101
标定的内部 RC 振荡器	0100～0001
外部时钟	0000

1. 晶体振荡器

ATmega8A 单片机内部有一个用反向放大器构成的片内振荡电路，两个引脚 XTAL1 与

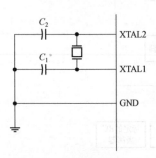

图 5.16　晶体振荡器电路

XTAL2 分别为反向放大器的输入和输出端，如图 5.16 所示。可以使用石英晶体，也可以使用陶瓷谐振器连接到这个振荡器的两个引脚。振荡器有两种工作模式，可以用 Flash 熔丝位 CKOPT 来进行选择。当 CKOPT 被编程时，振荡器在输出引脚产生满幅度振荡，这种模式适合于噪声环境，以及需要通过 XTAL2 驱动第二个时钟缓冲器的情况，而且频率范围比较宽。当 CKOPT 未编程时，振荡器的输出信号幅度较小。其优点是大大降低了功耗，但是频率范围比较窄，而且不能驱动其他时钟缓冲器。对于谐振器来说，CKOPT 未编程时的最大频率为 8 MHz，CKOPT 编程时的最大频率为

16 MHz。不管使用的是石英晶体还是谐振器，电容 C_1 和 C_2 的数值都要一样。电容的最佳数值与使用的晶体或谐振器有关，还与杂散电容和环境的电磁噪声有关。表 5.4 给出了针对晶体选择电容的一些指南。对于陶瓷谐振器，应该使用厂商提供的数值。振荡器可以工作于 3 种不同的模式，可通过熔丝位 CKSEL3:1 来选择，如表 5.4 所示，每一种工作模式都有一个优化的频率范围。

表 5.4　晶体振荡器工作模式

CKOPT	CKSEL3:1	频率范围/MHz	C_1，C_2/pF
1	101[(1)]	0.4～0.9	—
1	110	0.9～3.0	12～22
1	111	3.0～8.0	12～22
0	101，110，111	1.0≤	12～22
注（1）：此选项不适用于晶体，只能用于陶瓷谐振器。			

2. 标定的片内 RC 振荡器

ATmega8A 单片机内部集成了一个经过标定的 RC 振荡器，可以用来提供系统时钟信号。如果选用此时钟信号，ATmega8A 单片机可以实现零外围器件工作。标定的片内 RC 振荡器提供了固定的 1.0 MHz、2.0 MHz、4.0 MHz 或 8.0 MHz 的时钟频率选择，这些频率都是 5 V、25 ℃下的标称数值。选择频率时，按照表 5.5 对熔丝位 CKSEL 进行编程即可。复位时硬件将标定字节加载到 OSCCAL 寄存器，自动完成对 RC 振荡器的标定。在 5 V、25 ℃和频率为 1.0 MHz 时，这种标定可以提供标称频率±3%的精度。Atmel 在其网站上给出了标定方法，可在任何电压、任何温度下，使精度达到±1%。当使用这个 RC 振荡器作为系统时钟时，看门狗电路仍然使用自己的看门狗定时器作为溢出复位的来源。

表 5.5　片内标定的 RC 振荡器工作模式

CKSEL3:0	标称频率/MHz
0001[(1)]	1.0
0010	2.0
0011	4.0
0100	8.0
注（1）：出厂时的设置。	

外部时钟

有些时候，可能需要直接从外部某个信号源引入系统工作时钟，此时，外部时钟必须从 XTAL1 引脚输入，而 XTAL2 空置。并且，熔丝位 CKSEL 必须编程为"0000"，若熔丝位 CKOPT 也被编程，用户还可以使用内部的 XTAL1 和 GND 之间的 36 pF 电容。

5.8　电源管理及睡眠模式

出于节电考虑，AVR 单片机设计了很多工作模式，以适应不同的工作场合。其中的睡眠模式可以让应用程序关闭 MCU 中没有用到的模块，以降低功耗。AVR 单片机具有不同的睡眠模式，允许用户根据自己的需要，实施某些模块的禁用。进入睡眠模式的过程是首先置位控制寄存器 MCUCR 中的 SE，然后执行 SLEEP 汇编指令。具体执行的是哪一种模式（空闲模式、ADC 噪声抑制模式、掉电模式、省电模式及 Standby 模式），则由 MCUCR 的控制位 SM2、SM1 和 SM0 决定，如图 5.17 所示。如果发生了中断，则可以将进入睡眠模式的 MCU 唤醒。经过启动时间并外加 4 个时钟周期后，MCU 就可以运行中断例程了。然后返回到 SLEEP 的下一条指令。从睡眠模式唤醒时不会改变寄存器组和 SRAM 的内容。如果在睡眠过程中发生了复位，则 MCU 唤醒后从复位向量处开始执行指令。

MCU 控制寄存器 MCUCR 包含了电源管理的控制位。

	7	6	5	4	3	2	1	0	
bit	SE	SM2	SM1	SM0	ISC11	ISC10	ISC01	ISC00	MCUCR
读/写	R/W	R/W	R/W	R/W	R/W	R/W	R/W	R/W	
初始值	0	0	0	0	0	0	0	0	

图 5.17　MCUCR 的位定义

1. bit 7—SE：休眠使能位

为了在执行 SLEEP 指令后进入休眠模式，SE 位必须先行置位。并且为确保进入休眠模式是编程人员的有意行为，应该仅在 SLEEP 指令的前一条指令置位 SE。MCU 一旦被唤醒，则立即清除 SE。

2. bit 6:4—SM2:0：休眠模式选择位 2～0

休眠模式设置如表 5.6 所示。

表 5.6　休眠模式设置

SM2	SM1	SM0	休眠模式
0	0	0	空闲模式
0	0	1	ADC 噪声抑制模式
0	1	0	掉电模式
0	1	1	省电模式
1	0	0	保留
1	0	1	保留
1	1	0	Standby[1]模式
注（1）：仅在使用外部晶体或谐振器时 Standby 模式才可用。			

（1）空闲模式。

当 SM2:0 设置为 000 时，执行 SLEEP 汇编指令将使 MCU 进入空闲（Idle）模式。在此模式下，CPU 将停止工作，而串口 SPI、USART、模拟比较器、ADC、两线串行接口 TWI、定时/计数器、看门狗和中断系统则继续保持工作。这个睡眠模式只是停止了两个时钟：clk_{CPU} 和 clk_{Flash}，其他时钟则继续工作。在空闲模式下，CPU 可以随时被定时器溢出与 USART 传输完成等内、外部中断所唤醒。

（2）ADC 噪声抑制模式。

当 SM2:0 被设置为 001 时，执行 SLEEP 汇编指令将使 MCU 进入 ADC 噪声抑制（ADC Noise Reduction）模式。在此模式下，停止了 3 个时钟信号：$clk_{I/O}$、clk_{CPU} 和 clk_{Flash}，CPU 也将停止工作，而 ADC、外部中断、TWI 地址匹配、定时/计数器 2 和看门狗则继续工作。此模式的主要作用是，降低模/数转换过程中的环境噪声，使得模/数转换精度更高。ADC 被使能的时候，进入此模式将自动启动一次 A/D 转换。除了 ADC 转换结束中断外，外部复位、看门狗复位、低电压复位、TWI 地址匹配中断、定时/计数器 2 中断、SPM/EEPROM 就绪中断、外部中断，都可以将 MCU 从 ADC 噪声抑制模式中唤醒。

（3）掉电模式。

当 SM2:0 被设置为 010 时，执行 SLEEP 汇编指令将使 MCU 进入掉电（Powerdown）模式。在此模式下，外部晶体振荡器停止工作，而外部中断、TWI 地址匹配及看门狗则继续工作。只有外部复位、看门狗复位、低电压复位、TWI 地址匹配中断、外部中断 INT0 或 INT1，可以将 MCU 从掉电模式中唤醒。掉电模式停止了系统所有的时钟，只有异步模块可以继续工作。

（4）省电模式。

当 SM2:0 被设置为 011 时，执行 SLEEP 汇编指令将使 MCU 进入省电（Power–save）模式。这一模式停止了除 clk_{ASY} 以外所有的时钟，与掉电模式有一点不同的是，异步模块在异步驱动下可以继续工作，若非异步驱动，最好用掉电模式。

（5）Standby（待机）模式。

当 SM2:0 被设置为 110 时，执行 SLEEP 汇编指令将使 MCU 进入待机（Standby）模式。这一模式与掉电模式的唯一区别，是振荡器继续工作，唤醒时间只需要 6 个时钟周期。

对各种不同睡眠模式下的活动时钟及唤醒源的总结如表 5.7 所示。

表 5.7　不同睡眠模式下的活动时钟及唤醒源

睡眠模式	工作的时钟					振荡器		唤醒源					
	clk_{CPU}	clk_{Flash}	$clk_{I/O}$	clk_{ADC}	clk_{ASY}	使能的主时钟	使能的定时器时钟	INT1 INT0	TWI 地址匹配	定时器 2	SPM/ EEPROM 就绪	ADC	其他 I/O
空闲模式			X	X	X	X	X[2]	X	X	X	X	X	X
ADC 噪声抑制模式			X	X	X	X	X[2]	X[3]	X	X	X	X	
掉电模式								X[3]	X				
省电模式					X[2]		X[2]	X[3]	X	X[2]			
待机模式[1]						X		X[3]	X				
注：（1）时钟源为外部晶体或谐振器； 　　（2）如果 ASSR 的 AS2 置位； 　　（3）电平中断 INT1 与 INT0。													

5.9 系统控制与复位

单片机系统在最初加上电源时，是如何开始工作的呢？AVR 单片机设计有专门的系统控制与复位电路，以处理单片机上电、掉电、外部复位以及看门狗复位等工作。

所谓复位，是指让单片机从头开始执行程序。单片机复位后的第一条指令总是位于复位向量处，这是由硬件设计决定的。复位向量是指程序存储器的第一条指令的地址，通常就是 0x000。复位时所有的 I/O 寄存器都被设置为默认的初始值，同时复位电路使程序从复位向量处开始执行。由于 AVR 单片机程序存储器的复位向量之后，是中断向量，所以复位向量处的指令必须是一条绝对跳转 JMP 指令，以使程序流程不经过中断向量区，而直接跳转到复位处理程序区。如果程序永远不使用中断功能，中断向量区可以由一般的程序代码所覆盖。这种处理方法适用于当复位向量位于应用程序区，而中断向量位于 Boot 区，或反过来也同样适用。图 5.18 为复位逻辑的结构图。复位源有效时 I/O 端口立即复位为默认的初始值，此时不要求任何时钟处于正常运行状态。所有的复位信号消失之后，芯片内部的一个延时计数器被激活，将内部复位的时间延迟。这样使得在 MCU 正常工作之前，有一定的时间让电源达到稳定的电压。延时计数器的溢出时间可通过 Flash 熔丝位 SUT 与 CKSEL 设定。

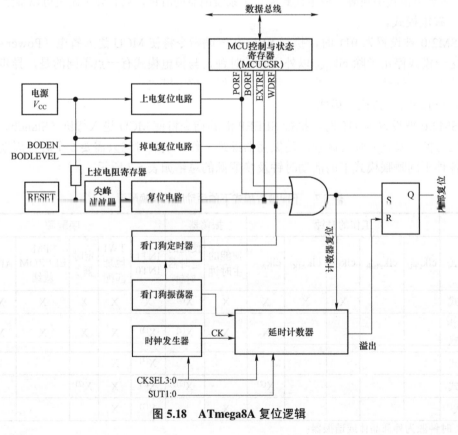

图 5.18　ATmega8A 复位逻辑

1. 复位源

ATmega8A 有 4 个复位源：

上电复位：电源电压变化越过上电复位门限电压 V_{POT} 时，MCU 复位。

外部复位：$\overline{RESET}$ 引脚上的低电平持续时间大于最小脉冲宽度时，MCU 复位。

看门狗复位：如果看门狗使能，则看门狗定时器溢出时复位发生。

掉电复位：若掉电检测使能并且电源电压 V_{CC} 低于掉电检测门限（V_{BOT}）时，MCU 复位。

（1）上电复位。

上电复位（Power－on Reset）脉冲由一个片内检测电路产生。无论何时，只要 V_{CC} 低于检测电平，上电复位即发生。上电复位电路可以用来触发启动复位，也可以用来检测电源故障。上电复位电路确保器件在上电时复位，V_{CC} 达到上电门限电压后触发延迟计数器，在计数器溢出之前，系统一直保持为复位状态。当 V_{CC} 下降时，只要低于检测门限电压，也会立刻产生 $\overline{RESET}$ 信号，并且没有任何延时。图 5.19 和图 5.20 为 $\overline{RESET}$ 引脚接 V_{CC} 和外部复位电路时，MCU 的上电复位过程。

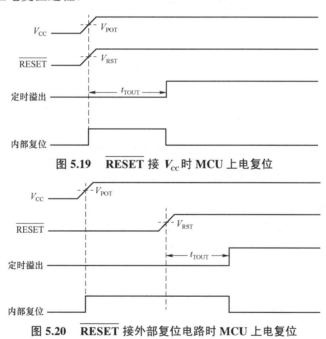

图 5.19　$\overline{RESET}$ 接 V_{CC} 时 MCU 上电复位

图 5.20　$\overline{RESET}$ 接外部复位电路时 MCU 上电复位

（2）外部复位。

外部复位过程如图 5.21 所示。当 $\overline{RESET}$ 引脚上出现一个外加的低电平时，将产生外部复位。如果复位低电平持续时间大于最小脉冲宽度，即使此时并没有时钟信号在运行，也会触发复位过程。当外加信号电压上升到复位门限电压 V_{RST}（上升沿）时，t_{TOUT} 延时周期开始，延时结束后 MCU 即重新启动。

（3）掉电复位。

ATmega8A 单片机具有片内掉电检测 BOD（Brown－out Detection）电路。在工作过程中，通过与固定的掉电触发电平对比来监测电源电压 V_{CC} 的变化。此触发电平可通过熔丝位 BODLEVEL 来设定，2.7 V（BODLEVEL 未编程）、4.0 V（BODLEVEL 已编程）。BOD 的触发电平具有滞后性以消除电源尖峰的影响。掉电检测功能由熔丝位 BODEN 控制。当 BOD 使能后（BODEN 被编程），一旦 V_{CC} 下降到触发电平以下（V_{BOT_-}），BOD 复位立即被触发。

当 V_{CC} 上升到触发电平以上时（V_{BOT+}），延时计数器开始计数，一旦超过溢出时间 t_{TOUT}，MCU 即恢复工作，如图 5.22 所示。如果 V_{CC} 一直低于触发电平并保持，BOD 电路将只检测电压跌落。

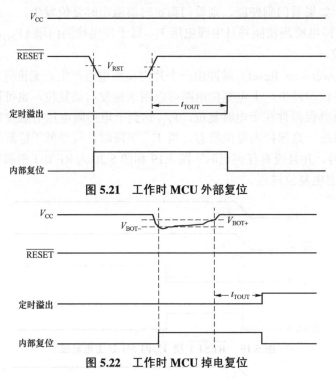

图 5.21 工作时 MCU 外部复位

图 5.22 工作时 MCU 掉电复位

（4）看门狗复位。

ATmega8A 单片机内部设置有一个专门的定时器，如果它产生溢出，将触发 MCU 复位，这个定时器通常就叫作看门狗定时器。它对于防止程序跑飞和单片机抗干扰具有重要作用。如图 5.23 所示，看门狗定时器溢出时，将产生持续时间为 1 个时钟周期的复位脉冲。在这个脉冲的下降沿，延时定时器开始对 t_{TOUT} 计数。

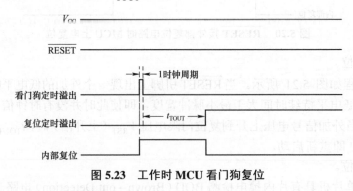

图 5.23 工作时 MCU 看门狗复位

2. MCU 控制与状态寄存器 MCUCSR

由于有 4 种复位可以导致程序从头开始执行，因此，在程序的初始化过程中，有时候我们希望知道是什么原因导致程序开始执行的。例如，如果是上电复位导致的，则是正常工作。但若是其他 3 种复位导致的，则属于非正常情况。对正常复位和非正常复位，可能需要不同的初始化过程。MCU 控制与状态寄存器 MCUCSR 提供了有关引起 MCU 复位的复位源信息。图 5.24 为 MCUCSR 的位定义。

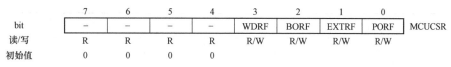

bit	7	6	5	4	3	2	1	0	
	–	–	–	–	WDRF	BORF	EXTRF	PORF	MCUCSR
读/写	R	R	R	R	R/W	R/W	R/W	R/W	
初始值	0	0	0	0					

图 5.24　MCUCSR 的位定义

（1）bit 7:4—Res：这几位保留，读出时始终为 "0"。

（2）bit 3—WDRF：看门狗复位标志位。

看门狗复位发生时此位置 "1"。上电复位将被清零，或直接向标志位写入逻辑 "0"。

（3）bit 2—BORF：掉电检测复位标志位。

掉电检测复位发生时置位。上电复位将使其清零，或直接向标志位写入逻辑 "0"。

（4）bit 1—EXTRF：外部复位标志位。

外部复位发生时置位。上电复位将使其清零，或直接向标志位写入逻辑 "0"。

（5）bit 0—PORF：上电复位标志位。

上电复位发生时置位。只能通过写入逻辑 "0" 来清除。

为了通过这些复位标志位来判断复位来源，用户在程序初始化时应尽早读取此寄存器的数据，然后将其清零。如果在其他复位发生之前，已经将此寄存器复位，则后续复位源可以通过检查相关复位标志来了解复位来源。否则，复位源将重叠。

3. 片内基准电压

ATmega8A 内部设置有专门的片内基准电压源，可用于掉电检测，或作为模拟比较器及模/数转换器的输入电压。模/数转换器的 2.56 V 基准电压就是由此片内能隙基准源产生。

4. 看门狗定时器

看门狗定时器由单片机内部一个单独的 1 MHz 振荡器提供时钟源。看门狗定时器复位的时间间隔，可以通过其预分频器设置进行调节。看门狗定时器可以用汇编指令 WDR 来复位。在程序中，应该周期性地对看门狗定时器进行复位。否则，如果没有及时复位定时器，一旦时间超过复位周期，ATmega8A 就会复位，并执行复位向量处的程序。为了防止无意之间禁止看门狗定时器，在禁用看门狗时，必须使用一个特定的关闭序列。

5.10　中　断

中断，是指单片机临时停止当前正在执行的程序，转去处理一些非常紧急，且必须及时处理的事情。处理完后，再转回去继续执行中断前的程序。中断是计算机编程的一个非常重要而用途广泛的技术。不同的紧急事情，AVR 对应有不同的中断源，并用相应的中断服务程序去处理。每个中断服务程序要执行的第一条指令在程序存储空间中都分配有唯一的地址，即**中断向量**。所有的中断事件都有自己的使能控制位，当某一中断使能位置位，且 AVR 状态寄存器的全局中断使能位 I 也置位时，此中断可以发生，即可以进入中断服务程序。程序存储区的最低地址默认为复位向量和中断向量。完整的中断向量列表参见表 5.8，中断列表中的顺序也决定了不同中断的优先级。中断向量所在的地址越低，优先级越高。RESET 具有最高的优先级，第二个为 INT0，即外部中断 0。

表 5.8 复位和中断向量

向量号	程序地址[1]	中断源	中断定义
1	0x000[2]	RESET	外部、上电、掉电及看门狗复位
2	0x001	INT0	外部中断请求 0
3	0x002	INT1	外部中断请求 1
4	0x003	TIMER2 COMP	定时/计数器 2 比较匹配
5	0x004	TIMER2 OVF	定时/计数器 2 溢出
6	0x005	TIMER1 CAPT	定时/计数器 1 捕捉事件
7	0x006	TIMER1 COMPA	定时/计数器 1 比较匹配 A
8	0x007	TIMER1 COMPB	定时/计数器 1 比较匹配 B
9	0x008	TIMER1 OVF	定时/计数器 1 溢出
10	0x009	TIMER0 OVF	定时/计数器 0 溢出
11	0x00A	SPI STC	SPI 串行传输结束
12	0x00B	USART RXC	USART RX 结束
13	0x00C	USART UDRE	USART 数据寄存器空
14	0x00D	USART TXC	USART TX 结束
15	0x00E	ADC	ADC 转换结束
16	0x00F	EE_RDY	EEPROM 就绪
17	0x010	ANA_COMP	模拟比较器
18	0x011	TWI	两线串行接口
19	0x012	SPM_RDY	保存程序存储器就绪

注：（1）熔丝位 BOOTRST 被编程时，MCU 复位后程序跳转到 Boot Loader；
　　（2）当寄存器 GICR 的 IVSEL 置位时，中断向量转移到 Boot 区的起始地址。此时各个中断向量的
　　　　实际地址为表中地址与 Boot 区起始地址之和。

ATmega8A 典型的复位和中断设置汇编程序如下：

```
地址标号      汇编代码                        说明
0x000      rjmp  RESET                  ; 复位中断向量
0x001      rjmp  EXT_INT0               ; IRQ0 中断向量
0x002      rjmp  EXT_INT1               ; IRQ1 中断向量
0x003      rjmp  TIM2_COMP              ; Timer2 比较中断向量
0x004      rjmp  TIM2_OVF               ; Timer2 溢出中断向量
0x005      rjmp  TIM1_CAPT              ; Timer1 捕捉中断向量
0x006      rjmp  TIM1_COMPA             ; Timer1 比较 A 中断向量
0x007      rjmp  TIM1_COMPB             ; Timer1 比较 B 中断向量
```

```
0x008        rjmp  TIM1_OVF                    ; Timer1 溢出中断向量
0x009        rjmp  TIM0_OVF                    ; Timer0 溢出中断向量
0x00A        rjmp  SPI_STC                     ; SPI 传输结束中断向量
0x00B        rjmp  USART_RXC                   ; USART RX 结束中断向量
0x00C        rjmp  USART_UDRE                  ; UDR 空中断向量
0x00D        rjmp  USART_TXC                   ; USART TX 结束中断向量
0x00E        rjmp  ADC                         ; ADC 转换结束中断向量
0x00F        rjmp  EE_RDY                      ; EEPROM 就绪中断向量
0x010        rjmp  ANA_COMP                    ; 模拟比较器中断向量
0x011        rjmp  TWSI                        ; 两线串行接口中断向量
0x012        rjmp  SPM_RDY                     ; SPM 就绪中断向量
0x013 RESET: ldi   r16, high（RAMEND）         ; 主程序
0x014        out   SPH, r16                    ; 设置堆栈指针为 RAM 顶部
0x015        ldi   r16, low（RAMEND）
0x016        out   SPL, r16
0x017        sei                               ; 开全局中断允许
0x018 <instr> xxx
```

在程序执行过程中，任一中断发生后，全局中断使能位 I 都将由硬件自动清零，从而禁止了所有其他的中断发生。用户软件可以在中断服务程序里重置置位 I，来实现中断嵌套。此时，所有的中断都可以再次中断当前的中断服务程序。中断服务程序结束时，执行汇编指令"RETI，I"也将由硬件自动置位。

中断通常可以分为两种类型，第一种是由事件通过置位中断标志来触发。对于这些中断，程序计数器跳转到实际的中断向量，以执行中断处理程序，同时硬件将自动清除相应的中断标志位，中断标志位也可以通过对其写逻辑"1"的方式来清除。如果某一中断条件出现，即便相应的中断使能位被清零，其中断标志位也将被置位，并一直保持，直到此中断被使能，或者被软件清零。同样道理，如果一个或多个中断条件出现，而全局中断使能位被清零，则相应的中断标志位都将被置位，且一直保持，直到全局中断使能位 I 置位，然后按中断优先级顺序依次进行处理。第二种类型的中断，则是只要中断条件出现，就会被触发，这些中断没有中断标志位。若中断条件在中断使能之前就消失了，中断就不会被触发。AVR 退出某一中断后，总是回到主程序并至少执行完一条指令，才可以去执行其他被挂起的中断。要注意的是，进入中断服务程序时状态寄存器不会自动保存，中断返回时也不会自动恢复，这些工作必须由用户通过软件自己来完成。

对所有使能的 AVR 中断，中断执行响应时间最少为 4 个时钟周期。4 个时钟周期后，程序跳转到实际的中断处理例程。在这 4 个时钟周期期间，程序计数器 PC 自动被压入堆栈。在通常情况下，中断向量处为一个跳转指令，完成此跳转需要 3 个时钟周期。如果中断在一个多时钟周期的指令执行期间发生，则在此多周期指令执行完毕后 MCU 才会执行中断程序。若中断发生时 MCU 处于休眠模式，中断响应时间还需增加 4 个时钟周期，此外还要考虑到不同的休眠模式所需的启动时间。中断返回也需要 4 个时钟周期，在此期间，程序计数器 PC（两个字节）被从堆栈中弹出，同时堆栈指针加 2，状态寄存器 SREG 的 I 置位。

通用中断控制寄存器—GICR： 决定中断向量表的放置地址，其位定义如图 5.25 所示。

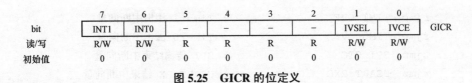

图 5.25　GICR 的位定义

（1）bit 1—IVSEL：中断向量表选择位。

（2）bit 0—IVCE：中断向量表修改使能位。

当 IVSEL 位为 "0" 时，中断向量表位于 Flash 存储器的起始地址；而当 IVSEL 位为 "1" 时，中断向量表被转移到 Boot 区的起始地址。实际的 Boot 区起始地址由熔丝位 BOOTSZ 确定。为了防止无意中改变中断向量表位置，修改 IVSEL 位时需要按照如下过程进行：

（1）置位中断向量表修改使能位 IVCE。

（2）在紧接的 4 个时钟周期里将需要的数据写入 IVSEL，同时对 IVCE 写 "0"。

第6章
I/O 端口与外部中断

6.1 I/O 端口

从这部分开始，将结合 C 语言编程练习和单片机外围元器件与电路，来详细了解 ATmega8A 单片机硬件的各种功能资源。首先要学习的是单片机中最简单但又很重要的 I/O 端口，即输入/输出端口，它们是单片机与外部设备进行数据交换或输出控制信号的通道。 ATmega8A 单片机有三组 I/O 端口，分别是 PORTB、PORTC（7 位）和 PORTD，共 21 路通用 I/O 接口，分别对应单片机芯片上的 21 个引脚。ATmega16A 单片机有 32 个 I/O 口，而 ATmega64A 有 48 个 I/O 口，ATmega128A 则有 53 个 I/O 口。它们的结构、原理与使用方法基本相同，可以根据实际应用的 I/O 口需要，选择不同型号 AVR 单片机。

ATmega8A 中所有这些 I/O 口都是两功能或三功能复用的。其第一功能都是作为通用数字 I/O 口使用，而复用功能则分别用于诸如外部中断、定时/计数器、SPI、USART、TWI 和 ADC 等应用。作为通用数字 I/O 口使用时，所有 AVR 单片机 I/O 端口都具有真正的读—修改—写功能。输出缓冲器具有对称的驱动能力，可以输出或吸收 20 mA 电流，能直接驱动 LED 等小功率外围器件。图 6.1 为 I/O 口引脚等效原理图。所有的端口引脚都有与电压无关的上拉电阻 R_{pu}，并有保护二极管与 V_{CC} 和地相连。

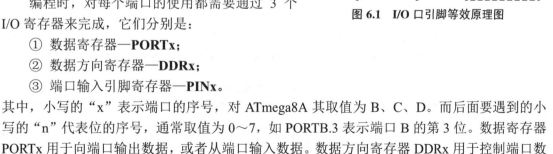

图 6.1 I/O 口引脚等效原理图

编程时，对每个端口的使用都需要通过 3 个 I/O 寄存器来完成，它们分别是：

① 数据寄存器—**PORTx**；

② 数据方向寄存器—**DDRx**；

③ 端口输入引脚寄存器—**PINx**。

其中，小写的 "x" 表示端口的序号，对 ATmega8A 其取值为 B、C、D。而后面要遇到的小写的 "n" 代表位的序号，通常取值为 0~7，如 PORTB.3 表示端口 B 的第 3 位。数据寄存器 PORTx 用于向端口输出数据，或者从端口输入数据。数据方向寄存器 DDRx 用于控制端口数据传输方向，I/O 端口在使用之前，要明确其是用于输入还是输出。端口输入引脚寄存器 PINx 用于输入实时的端口引脚电平。数据寄存器和数据方向寄存器为读/写寄存器，而端口输入引脚寄存器为只读寄存器。但是需要注意的是，对 PINx 寄存器某一位写入逻辑 "1" 将造成数据寄存器相应位的数据发生 "0" 与 "1" 的交替变化。当寄存器 **SFIOR** 的上拉禁止位 PUD

置位时，所有端口引脚的上拉电阻都被禁止。

端口引脚在使用之前都应按需要进行相应的配置，即要对 3 个 I/O 端口寄存器以及相应的寄存器位进行设置。单片机程序在执行时对所有寄存器的操作，都是通过引用其地址来实现的。但是，如果在编程时也引用寄存器地址，则很不方便，且程序的可读性也不好。所以，在 CVAVR 中事先已经把所有的寄存器地址通过宏定义赋予了一个有意义的名字，而编程时对寄存器的操作，直接引用这个名字即可。如 PORTB、DDRC 和 PIND 等，都是相应寄存器地址的宏定义名字。而寄存器中的某一位，则是通过 PORTB.n 这样的形式来引用的。DDRx 用来选择引脚的输入/输出方向，如果令 DDRx=0xFF，则对应的 PORTx 所有引脚均配置为输出；若 DDRx=0x00，则 PORTx 所有引脚均配置为输入。当然，也可以任意设置端口的某些位为输入，某些位为输出。如 DDRB.0=1，只是设置了 B 口的第 0 位为输出，而不管其他位如何。当端口设置为输出时，例如 DDRB=0xFF，并且有 PORTB=0xFF，则表示在端口 B 所有引脚都输出了高电平，若有 PORTB=0x00，则是在端口 B 所有引脚都输出了低电平。当端口设置为输入时（或输出时），可以通过读取 PINx 寄存器来获得引脚的实时电平。此外，当端口设置为输入状态时（DDRx=0x00），通过对应的 PORTx 的值，可控制使用或禁用端口内部的上拉电阻。有时为了不影响其他电路，需要把端口设置为高阻态，其设置方法为：{DDRx, PORTx}=0x00。表 6.1 为 I/O 口引脚配置情况。

表 6.1 I/O 端口引脚配置

DDRx.n	PORTx.n	PUD	I/O 方向	上拉电阻	说明
0	0	X	输入	禁用	三态（高阻）
0	1	0	输入	有效	引脚被拉低将输出电流
0	1	1	输入	禁用	三态（高阻）
1	0	X	输出	禁用	输出低电平（灌电流）
1	1	X	输出	禁用	输出高电平（拉电流）

除了通用数字 I/O 口功能之外，大多数端口引脚都具有第二功能。

1. 端口 B 的第二功能（见表 6.2）

（1）XTAL2/TOSC2—端口 B，bit 7。

使用外部晶振时，PB7 作为芯片时钟振荡器引脚 2。当作为时钟引脚时，不能同时再作为 I/O 引脚使用。若 PB7 作为时钟引脚使用，DDRB.7、PORTB.7 及 PINB.7 的读出值为 "0"。

表 6.2 端口 B 的第二功能

端口引脚	第二功能
PB7	XTAL2（时钟振荡器引脚 2） TOSC2（定时振荡器引脚 2）
PB6	XTAL1（时钟振荡器引脚 1 或外部时钟输入） TOSC1（定时振荡器引脚 1）
PB5	SCK（SPI 总线的主机时钟输出）

端口引脚	第二功能
PB4	MISO（SPI 总线的主机输入/从机输出信号）
PB3	MOSI（SPI 总线的主机输出/从机输入信号） OC2（T/C2 输出比较匹配输出）
PB2	SS（SPI 总线主从选择） OC1B（T/C1 输出比较匹配 B 输出）
PB1	OC1A（T/C1 输出比较匹配 A 输出）
PB0	ICP1（T/C1 输入捕获引脚）

（2）XTAL1/TOSC1—端口 B，bit 6。

PB6 可用作芯片时钟振荡器引脚 1，适用于所有芯片时钟源（片内标定 RC 振荡器除外）。当作为时钟引脚时，不能同时再作为 I/O 引脚使用。若 PB6 作为时钟引脚使用，DDRB.6、PORTB.6 及 PINB.6 的读出值为"0"。

（3）SCK—端口 B，bit 5。

PB5 可用作 SPI 接口的主机时钟输出引脚，从机时钟输入引脚。工作于从机模式时，不论 DDRB.5 如何设置，这个引脚都将作为输入。工作于主机模式时，这个引脚的数据方向由 DDRB.5 控制。设置为输入后，上拉电阻由 PORTB.5 控制。

（4）MISO—端口 B，bit 4。

PB4 可用作 SPI 通道的主机数据输入、从机数据输出引脚。工作于主机模式时，不论 DDRB.4 如何设置，这个引脚都将作为输入。工作于从机模式时，这个引脚的数据方向由 DDRB.4 控制。设置为输入后，上拉电阻由 PORTB.4 控制。

（5）MOSI/OC2—端口 B，bit 3。

MOSI：PB3 可作为 SPI 通道的主机数据输出、从机数据输入引脚。工作于从机模式时，不论 DDRB.3 如何设置，这个引脚都将作为输入。当工作于主机模式时，这个引脚的数据方向由 DDRB.3 控制。设置为输入后，上拉电阻由 PORTB.3 控制。

OC2：PB3 还可用作 T/C2 输出比较功能的匹配输出引脚。此时，PB3 引脚将设置为输出。OC2 在定时器 PWM 模式功能时作为输出引脚。

（6）SS/OC1B—端口 B，bit 2。

SS：PB2 可用作从机选中信号引脚。工作于从机模式时，不论 DDRB.2 如何设置，这个引脚都将作为输入。当此引脚变为低电平时 SPI 被激活。工作于主机模式时，这个引脚的数据方向由 DDRB.2 控制。设置为输入后，上拉电阻由 PORTB.2 控制。

OC1B：PB2 还可用作 T/C1 输出比较功能匹配时的外部输出 B 引脚。此时，PB2 引脚将设置为输出。OC1B 在定时器 PWM 模式功能时作为输出引脚。

（7）OC1A—端口 B，bit 1。

PB1 还可用作 T/C1 输出比较功能匹配时的外部输出 A 引脚。此时，PB1 引脚将设置为输出。OC1A 在定时器 PWM 模式功能时作为输出引脚。

（8）ICP1—端口 B，bit 0。

PB0 还可用作 T/C1 的输入捕捉引脚。

2. 端口 C 的第二功能（见表 6.3）

（1）RESET—端口 C，bit 6。

PC6 可作为外部复位引脚，当 RSTDISBL 熔丝位编程，该引脚作为普通 I/O 引脚使用时，系统只能依靠上电复位与掉电检测复位作为复位源。若 RSTDISBL 熔丝位未编程，复位电路与该引脚连接时，该引脚不能作为普通 I/O 引脚使用。

表 6.3　端口 C 的第二功能

引脚	第二功能
PC5	ADC5（ADC 输入通道 5） SCL（两线串行总线时钟线）
PC4	ADC4（ADC 输入通道 4） SDA（两线串行总线数据输入/输出线）
PC3	ADC3（ADC 输入通道 3）
PC2	ADC2（ADC 输入通道 2）
PC1	ADC1（ADC 输入通道 1）
PC0	ADC0（ADC 输入通道 0）

（2）SCL/ADC5—端口 C，bit 5。

SCL：PC5 可作为两线串行接口时钟引脚。当 TWCR 寄存器的 TWEN 位置"1"，使能两线串行接口，引脚 PC5 不与 I/O 端口寄存器相连，而是成为两线串行接口的串行时钟引脚。

ADC5：PC5 还可用作 ADC 的输入通道 5。注意，ADC 输入通道 5 使用数字电源。

（3）SDA/ADC4—端口 C，bit 4。

SDA：PC4 可作为两线串行接口数据引脚。当 TWCR 寄存器的 TWEN 位置"1"，使能两线串行接口，引脚 PC4 不与 I/O 寄存器相连，而是成为两线串行接口的串行数据引脚。

ADC4：PC4 还可用作 ADC 输入通道 4。注意，ADC 输入通道 4 使用数字电源。

（4）ADC3—端口 C，bit 3。

PC3 可用作 ADC 输入通道 3。注意，ADC 输入通道 3 使用模拟电源。

（5）ADC2—端口 C，bit 2。

PC2 可用作 ADC 输入通道 2。注意，ADC 输入通道 2 使用模拟电源。

（6）ADC1—端口 C，bit 1。

PC1 可用作 ADC 输入通道 1。注意，ADC 输入通道 1 使用模拟电源。

（7）ADC0—端口 C，bit 0。

PC0 可用作 ADC 输入通道 0。注意，ADC 输入通道 0 使用模拟电源。

3. 端口 D 的第二功能（见表 6.4）

（1）AIN1—端口 D，bit 7。

PD7 可作为模拟比较器的负输入端。将引脚配置为输入端口，并关闭内部上拉电阻，可避免模拟比较器干扰数字端口功能。

表 6.4　端口 D 的第二功能

引脚	第二功能
PD7	AIN1（模拟比较器负输入）
PD6	AIN0（模拟比较器正输入）
PD5	T1（T/C1 外部计数器输入）
PD4	XCK（USART 外部时钟输入/ 输出） T0（T/C0 外部计数器输入）
PD3	INT1（外部中断 1 输入）
PD2	INT0（外部中断 0 输入）
PD1	TXD（USART 输出引脚）
PD0	RXD（USART 输入引脚）

（2）AIN0—端口 D，bit 6。

PD6 可作为模拟比较器的正输入端。将引脚配置为输入端口，并关闭内部上拉电阻，可避免模拟比较器干扰数字端口功能。

（3）T1—端口 D，bit 5。

PD5 可作为 T/C1 计数器外部计数脉冲输入引脚。

（4）XCK/T0—端口 D，bit 4。

XCK：PD4 可作为 USART 外部时钟引脚。

T0：PD4 还可作为 T/C0 计数器外部计数脉冲输入引脚。

（5）INT1—端口 D，bit 3。

PD3 可作为外部中断 1 输入引脚。

（6）INT0—端口 D，bit 2。

PD2 引脚可作为外部中断 0 输入引脚。

（7）TXD—端口 D，bit 1。

PD1 可作为 USART 的数据发送引脚。当使能了 USART 的发送器后，这个引脚被强制设置为输出，此时 DDRD.1 不起作用。

（8）RXD—端口 D，bit 0。

PD0 可作为 USART 的数据接收引脚。当使能了 USART 的接收器后，这个引脚被强制设置为输入，此时 DDRD.0 不起作用，但是 PORTD.0 仍然可以控制上拉电阻。

各个 I/O 端口寄存器的结构与说明如图 6.2～图 6.5。

bit	7	6	5	4	3	2	1	0	
	PORTB7	PORTB6	PORTB5	PORTB4	PORTB3	PORTB2	PORTB1	PORTB0	PORTB
读/写	R/W	R/W	R/W	R/W	R/W	R/W	R/W	R/W	
初始值	0	0	0	0	0	0	0	0	

图 6.2　端口 B 数据寄存器—PORTB

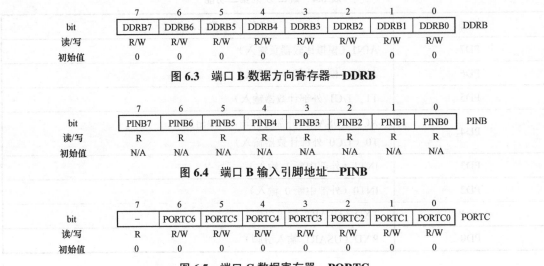

bit	7	6	5	4	3	2	1	0	
	DDRB7	DDRB6	DDRB5	DDRB4	DDRB3	DDRB2	DDRB1	DDRB0	DDRB
读/写	R/W	R/W	R/W	R/W	R/W	R/W	R/W	R/W	
初始值	0	0	0	0	0	0	0	0	

图 6.3 端口 B 数据方向寄存器—DDRB

bit	7	6	5	4	3	2	1	0	
	PINB7	PINB6	PINB5	PINB4	PINB3	PINB2	PINB1	PINB0	PINB
读/写	R	R	R	R	R	R	R	R	
初始值	N/A	N/A	N/A	N/A	N/A	N/A	N/A	N/A	

图 6.4 端口 B 输入引脚地址—PINB

bit	7	6	5	4	3	2	1	0	
	–	PORTC6	PORTC5	PORTC4	PORTC3	PORTC2	PORTC1	PORTC0	PORTC
读/写	R	R/W	R/W	R/W	R/W	R/W	R/W	R/W	
初始值	0	0	0	0	0	0	0	0	

图 6.5 端口 C 数据寄存器—PORTC

端口 C 数据寄存器—**PORTC**，端口 C 是 7 位，其余同端口 B。

端口 C 数据方向寄存器—**DDRC**，端口 C 是 7 位，其余同端口 B；

端口 C 输入引脚地址—**PINC**，端口 C 是 7 位，其余同端口 B；

端口 D 数据寄存器—**PORTD**，结构同端口 B；

端口 D 数据方向寄存器—**DDRD**，结构同端口 B；

端口 D 输入引脚地址—**PIND**，结构同端口 B。

这 9 个端口寄存器名字在 C 语言编程时经常要用到，需要记住。

6.2 外部中断

前面介绍过，中断是指单片机临时停止当前正在执行的程序，转去处理一些非常紧急，且必须及时处理的事情，处理完毕后，再转回去继续执行中断前的程序。中断，是计算机编程的一个非常重要而有用的技术。不同的紧急事情，AVR 对应有不同的中断源，并用相应的中断服务程序去处理。中断的触发源可以来自单片机内部（如定时器溢出、A/D 转换结束、数据传输结束等），也可以是来自单片机外部的事件。外部中断通过引脚 INT0、INT1 引入触发信号。当我们使能了中断，即使引脚 INT0、INT1 配置为输出，只要电平发生了合适的变化，中断也会被触发。这个特点可以用来产生软件中断。通过设置 MCU 控制寄存器 **MCUCR** 的值，外部中断可以由 INT0、INT1 引脚电平的下降沿、上升沿，或者是低电平触发。当外部中断使能并且配置为低电平触发（INT0/INT1）时，只要引脚电平为低，中断就会产生。若要求 INT0 与 INT1 在信号下降沿或上升沿触发，I/O 时钟必须工作。INT0/INT1 的低电平中断检测是异步的，也就是说，这低电平中断可以用来将器件从睡眠模式唤醒。在睡眠过程（除了空闲模式）中 I/O 时钟是停止的。

1. MCU 控制寄存器—MCUCR

MCUCR 包含外部中断触发控制位与通用 MCU 功能，其位定义如图 6.6 所示。

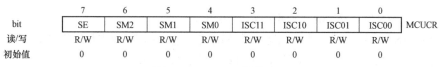

bit	7	6	5	4	3	2	1	0	
	SE	SM2	SM1	SM0	ISC11	ISC10	ISC01	ISC00	MCUCR
读/写	R/W	R/W	R/W	R/W	R/W	R/W	R/W	R/W	
初始值	0	0	0	0	0	0	0	0	

图 6.6　MCUCR 的位定义

（1）bit 3、bit 2—ISC11、ISC10：外部中断 1 触发方式控制位。

如果状态寄存器**SREG**的全局中断使能位 I 和通用中断控制寄存器**GICR**中外部中断 1 使能位置位，外部中断 1 将由引脚 INT1 上的信号触发。触发方式如表 6.5 所示。在检测边沿到来之前，INT1 引脚上的电平被一直采样。如果选择了边沿触发方式或电平变化触发方式，那么持续时间大于一个时钟周期的脉冲将触发中断，过短的脉冲则不能保证触发中断。如果选择低电平触发方式，那么低电平必须保持到当前指令执行完成。

表 6.5　外部中断 1 触发方式控制

ISC11	ISC10	说　　明
0	0	INT1 为低电平时产生中断请求
0	1	INT1 电平任意变化都触发中断
1	0	INT1 为下降沿时产生中断请求
1	1	INT1 为上升沿时产生中断请求

（2）bit 1、bit 0—ISC01、ISC00：外部中断 0 触发方式控制位。

如果状态寄存器 **SREG** 的全局中断使能位 I 和通用中断控制寄存器 **GICR** 的外部中断 0 使能位置位，外部中断 0 由引脚 INT0 上的信号触发。触发方式如表 6.6 所示。在检测边沿到来前，INT0 引脚上的电平被一直采样。如果选择了边沿触发方式或电平变化触发方式，那么持续时间大于一个时钟周期的脉冲将触发中断，过短的脉冲不能保证触发中断。如果选择低电平触发方式，那么低电平必须保持到当前指令执行完成。

表 6.6　外部中断 0 触发方式控制

ISC01	ISC00	说　　明
0	0	INT0 为低电平时产生中断请求
0	1	INT0 电平任意变化都触发中断
1	0	INT0 为下降沿时产生中断请求
1	1	INT0 为上升沿时产生中断请求

2. 通用中断控制寄存器—GICR

GICR 的位定义如图 6.7 所示。

bit	7	6	5	4	3	2	1	0	
	INT1	INT0	—	—	—	—	IVSEL	IVCE	GICR
读/写	R/W	R/W	R	R	R	R	R/W	R/W	
初始值	0	0	0	0	0	0	0	0	

图 6.7　GICR 的位定义

bit 7、bit 6—INT1、INT0：外部中断 1、0 开关。

当 INT1、INT0 为 "1"，且状态寄存器 SREG 的全局中断标志位 I 置位，相应的外部引脚中断就使能了。MCU 控制寄存器 MCUCR 中的触发方式决定中断是由上升沿、下降沿，还是电平触发的。如果使能了外部中断，即使 INT 引脚被配置为输出，当引脚电平发生了相应的变化时，中断就会产生。

3. 通用中断标志寄存器—GIFR

GIFR 的位定义如图 6.8 所示。

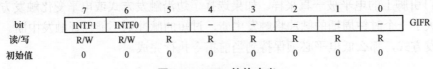

图 6.8　GIFR 的位定义

bit 7、bit 6—INTF1、INTF0：外部中断标志位 1、0。

当 INT1、INT0 引脚上的事件触发了中断请求时，INTF1、INTF0 将置位。此时，如果 SREG 的位 I 以及 GICR 寄存器相应的 INT1、INT0 位为 "1"，MCU 即跳转到相应的中断向量。进入中断服务程序之后该标志自动清零。此外，标志位也可以通过写入 "1" 来清零。

I/O 口与外部中断的编程练习见第 4 章。

第 7 章
定时/计数器

定时/计数器是现在的单片机最基本的功能资源之一，它具有广泛的用途，如定时、计数，测量周期、频率等。ATmega8A 单片机有 3 个定时/计数器，分别是两个 8 位的 T/C0 和 T/C2，以及一个 16 位的 T/C1。这里所说的 8 位和 16 位，是指存储计数值的寄存器中二进制数字的最大位数。AVR 单片机的定时/计数器可以利用内部时钟产生比较精确的定时时间，也可以对外部数字脉冲计数，在实际应用中用于测量速度、位移/距离、周期/频率、流量等。此外，它还提供了更为强大的功能，即与比较寄存器配合实现脉冲宽度调制（PWM），以用于数/模转换、开关电源、变频控制等。

7.1 8 位定时/计数器 T/C0

从 51 单片机开始，一般都会在单片机内部集成有专门硬件电路构成的可编程定时/计数器。它可以在 CPU 的控制下，自行工作在不同的模式。定时/计数器最基本的功能就是计数，如果计数脉冲的频率或周期已知，则可以实现定时。输入到定时/计数器的脉冲信号源，既可以来自单片机内部系统时钟，也可以由单片机引脚从外部输入。单片机系统时钟的频率或周期通常已知并且准确、稳定，所以多用于定时，而外部输入的脉冲多用于计数。此外，计数器通常进行加计数，但有些计数器也可以实现减计数。如果是加计数，计数到最大值后将产生溢出，然后从 0 开始重新计数。如果是减计数，计数到 0 后，也会产生溢出，然后从最大值开始重新计数。溢出信号可用于产生中断，以通知 CPU 对溢出事件进行处理。

ATmega8A 中有两个 8 位通用多功能定时/计数器，即 T/C0 和 T/C2，我们主要学习 T/C0 的原理与使用，其特点如下：

（1）可作为单通道计数器使用；

（2）可作为频率发生器使用；

（3）可作为外部事件计数器使用；

（4）具有 10 位的时钟预分频器。

T/C0 的结构如图 7.1 所示，与数据总线相连接的两个寄存器 TCCR0 和 TCNT0（图中下标 n=0）可通过数据总线与 CPU 交换数据。计数脉冲的来源有两个：一个是通过预分频器来的内部系统时钟源，另一个是通过 T0 引脚输入的外部时钟源。可编程控制的时钟选择逻辑模块决定用哪一个时钟源以及什么边沿来计数。如果没有选择计数时钟源，定时/计数器不工作。时钟选择逻辑是由位于 T/C0 控制寄存器 TCCR0 的时钟选择位 CS02:0 决定的。时钟选择模块的输出被称作定时/计数器时钟 clk_{T0}，经由二选一复用开关输出计数时钟脉冲 clk_{T0}，在逻辑控制模块的控制下送给计数寄存器 TCNT0。定时/计数寄存器（TCNT0）为 8 位寄存器，它在计满溢出后可以产生中断请求信号，此信号在定时器中断标志寄存器 TIFR 中有反应。通过定时器中断屏蔽寄存器 TIMSK，所有定时/计数器中断都可以单独被打开或关闭。T/C0 的寄存器 TIFR 和 TIMSK 与其他定时器单元共享。

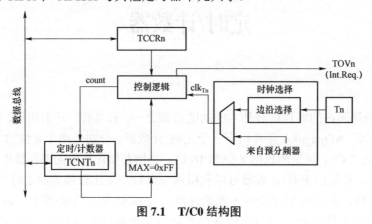

图 7.1　T/C0 结构图

当设置好 T/C0 控制寄存器 TCCR0 的时钟选择位 CS02:0，确定了计数时钟脉冲 clk_{T0} 是来自单片机内部还是外部后，计数器就针对每一个时钟脉冲 clk_{T0} 实现加 1 操作。如果没有选择时钟源时（CS02:0=0），定时/计数器即停止工作。但是不管有没有 clk_{T0}，CPU 都可以访问寄存器 TCNT0，CPU 写操作比计数器其他操作（如清零、计数操作）的优先级要高。

计数器向上计数超过 8 位寄存器所能允许的最大二进制数值（MAX=0xFF）时，重新由 0x00 开始计数。正常工作时，通常当 TCNT0 变为 0 时，定时/计数器溢出标志（TOV0）置位。如果进入了定时/计数器溢出中断服务程序，TOV0 标志会由定时器溢出中断硬件自动清零。在实际应用中，有时为了得到一个整数或特定的定时或计数值，可以不让定时/计数器从 0 开始计数。此时，需要在程序初始化时，给寄存器 TCNT0 赋一个初值，并在每次溢出中断服务程序中，都要给 TCNT0 重赋这个初值。给 TCNT0 赋新的计数初值可随时进行。

定时/计数器是一种同步工作电路，其时序如图 7.2 和图 7.3 所示，计数时钟脉冲 clk_{T0} 作为计数使能信号。图 7.2 中，对系统时钟 $clk_{I/O}$ 没有分频，即每来一个系统时钟脉冲 $clk_{I/O}$，计数寄存器 TCNT0 都要加 1。而图 7.3 中，对系统时钟 $clk_{I/O}$ 进行了 8 分频，即每来 8 个系统时钟脉冲 $clk_{I/O}$，才会产生一个 clk_{T0} 脉冲，计数寄存器 TCNT0 才会加 1。根据需要，可以对系统时钟进行不同分频。不管哪种情况，TCNT0 在计到最大值后，都会重新从最小值开始计数。在 TCNT0 的值由最大变为最小的同时，会产生 T/C0 的溢出信号 TOV0。

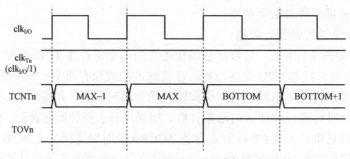

图 7.2　无分频时 T/C0 时序图

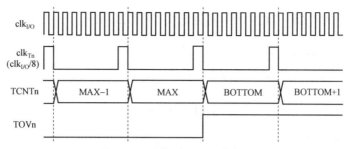

图 7.3 8 分频时 T/C0 时序图

1. 定时/计数器 T/C0 寄存器说明

我们学习并了解了定时/计数器的硬件原理之后，在实际当中要使用 T/C0，要用 C 语言对其编程，就需要对 T/C0 进行工作设置，对计数器赋初值或取回计数值，溢出后进行中断处理等。这些操作都需要通过与 T/C0 寄存器打交道来完成，因此，应尽量了解和熟悉各个寄存器，尤其是控制寄存器各个位的控制功能。涉及 T/C0 编程的寄存器主要有 4 个，分别是：

T/C0 控制寄存器—TCCR0；

T/C0 计数寄存器—TCNT0；

T/C0 中断屏蔽寄存器—TIMSK（与其他定时/计数器共用）；

T/C0 中断标志寄存器—TIFR（与其他定时/计数器共用）。

（1） T/C0 控制寄存器—TCCR0，其位定义如图 7.4 所示。

bit	7	6	5	4	3	2	1	0	
bit	–	–	–	–	–	CS02	CS01	CS00	TCCR0
读/写	R	R	R	R	R	R/W	R/W	R/W	
初始值	0	0	0	0	0	0	0	0	

图 7.4 TCCR0 的位定义

bit 2:0—CS02:0：时钟源选择。

定时/计数器工作之前，必须进行时钟源设置。T/C0 的时钟源设置通过 T/C0 的控制寄存器 TCCR0 的最后三位来实现，如表 7.1 所示，一共有 8 种选择。第一种情况，没有计数时钟源，T/C0 停止工作；之后的 5 种设置，时钟源来自单片机内部系统时钟，区别在于分频比不同；最后两种设置，计数脉冲来自 T0 引脚，区别在于是上升沿还是下降沿计数。

表 7.1 T/C0 时钟选择位说明

CS02	CS01	CS00	说　明
0	0	0	无时钟，T/C0 不工作
0	0	1	$clk_{I/O}/1$（没有预分频）
0	1	0	$clk_{I/O}/8$（来自预分频器）
0	1	1	$clk_{I/O}/64$（来自预分频器）
1	0	0	$clk_{I/O}/256$（来自预分频器）
1	0	1	$clk_{I/O}/1\,024$（来自预分频器）
1	1	0	时钟由 T0 引脚输入，下降沿触发
1	1	1	时钟由 T0 引脚输入，上升沿触发

（2）T/C0 计数寄存器—TCNT0，其位定义如图 7.5 所示。

bit	7	6	5	4	3	2	1	0	
	TCNT0 [7:0]								TCNT0
读/写	R/W	R/W	R/W	R/W	R/W	R/W	R/W	R/W	
初始值	0	0	0	0	0	0	0	0	

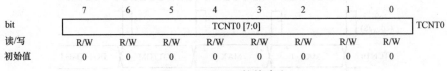

图 7.5　TCNT0 的位定义

寄存器 **TCNT0** 中的数值可以随计数脉冲由硬件改变，也可以在程序中由软件读写。

（3）T/C0 中断屏蔽寄存器—TIMSK，其位定义如图 7.6 所示。

bit	7	6	5	4	3	2	1	0	
	OCIE2	TOIE2	TICIE1	OCIE1A	OCIE1B	TOIE1	–	TOIE0	TIMSK
读/写	R/W	R/W	R/W	R/W	R/W	R/W	R/W	R/W	
初始值	0	0	0	0	0	0	0	0	

图 7.6　TIMSK 的位定义

bit 0—TOIE0：T/C0 溢出中断使能。

这个寄存器由 3 个定时/计数器共用，用于 3 个定时/计数器的中断开关控制。其最低位是 T/C0 溢出中断使能位。当 TOIE0 位和 CPU 状态寄存器 **SREG** 的全局中断使能位 I 都为“1”时，T/C0 的溢出中断将打开。在这种情况下，若 T/C0 发生溢出，则 TIFR 寄存器中 TOV0 位置位，CPU 将中断当前正在执行的程序，转而跳入执行 T/C0 的中断服务程序。

（4）T/C0 中断标志寄存器—TIFR，其位定义如图 7.7 所示。

bit	7	6	5	4	3	2	1	0	
	OCF2	TOV2	ICF1	OCF1A	OCF1B	TOV1	–	TOV0	TIFR
读/写	R/W	R/W	R/W	R/W	R/W	R/W	R/W	R/W	
初始值	0	0	0	0	0	0	0	0	

图 7.7　TIFR 的位定义

bit 0—TOV0：T/C0 溢出标志。

这个寄存器也由 3 个定时/计数器共用，和中断控制寄存器 **TIMSK** 相对应，其最低位 TOV0 是 T/C0 溢出中断标志位。当 T/C0 发生溢出时，不管中断是否打开，TOV0 都将置位。当 CPU 状态寄存器 SREG 中的位 I，以及 TOIE0 和 TOV0 都置位时，将执行中断服务程序，TOV0 由硬件自动清零，TOV0 也可以通过软件向其写“1”来清零。

2. T/C0 与 T/C1 的预分频器

由于定时/计数器位数都是固定的，为了更方便地得到不同的定时时间，必须对系统时钟进行分频，以得到不同的计数时钟频率和周期。T/C0 与 T/C1 共用一个预分频模块，此模块可以对系统时钟产生不同的分频比时钟信号，供 T/C0 与 T/C1 各选择其中一路分频比信号作为计数时钟源。T/C0 与 T/C1 有各自的控制寄存器 **TCCR0** 和 **TCCR1**，可以有各自不同的分频比设置。下面关于分频比设置，对于 T/C0 与 T/C1 来说都是一样的。当分频比设置为 CSn2:0=1 时，系统内部时钟直接作为定时/计数器的时钟源，这也是 T/C 最高频率的时钟源 f_{CLK}，与系统时钟频率相同。当分频比设置为 CSn2:0=2、3、4、5 时，就分别选择了经预分频器后输出的 4 种不同时钟信号：$f_{CLK}/8$、$f_{CLK}/64$、$f_{CLK}/256$ 或 $f_{CLK}/1\,024$，即对系统时钟的 8 分频、64 分频、256 分频和 1 024 分频。

外部时钟源可以通过单片机的 T1 和 T0 两个引脚输入，用作 T/C 计数时钟 clk_{T1}/clk_{T0}。

在每个系统时钟周期，引脚同步逻辑电路对引脚 T1/T0 电平进行采样，然后将同步（采样）信号送到边沿检测器。当 CSn2:0=7 时，边沿检测器每检测到一个信号上升沿，就会产生一个 clk_{T1} 或 clk_{T0} 计数脉冲；而 CSn2:0=6 时，边沿检测器每检测到一个信号下降沿，就会产生一个 clk_{T1} 或 clk_{T0} 计数脉冲。外部时钟源不送入预分频器。

7.2　16 位定时/计数器 T/C1

ATmega8A 的定时/计数器 T/C1，是一个增强型的 16 位定时/计数器，其功能复杂、强大。由于它是 16 位的定时/计数器，所以其定时/计数范围要比 T/C0 大得多。除此之外，它还可以用于精确定时，脉冲宽度调制（PWM）和信号周期或频率测量。其主要特点如下：

（1）真正的 16 位设计（允许 16 位的 PWM）；

（2）两个独立的输出比较单元；

（3）双缓冲的输出比较寄存器；

（4）一个输入捕捉单元（具有输入捕捉噪声抑制器）；

（5）比较匹配时清零计数器（自动重载）；

（6）可产生无毛刺、相位正确、周期可变的脉冲宽度调制（PWM）；

（7）可作为频率信号发生器、外部事件计数器；

（8）具有 4 个独立的中断源（TOV1、OCF1A、OCF1B 与 ICF1）。

7.2.1　T/C1 的结构

T/C1 的结构如图 7.8 所示，按功能从上到下主要分为 3 部分：

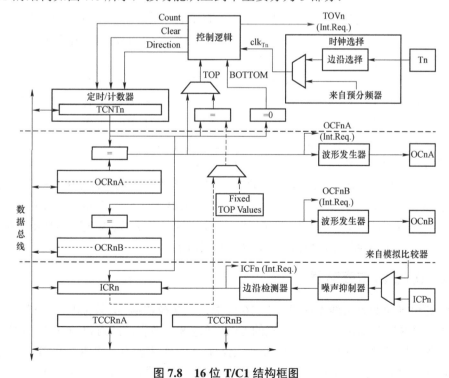

图 7.8　16 位 T/C1 结构框图

- 计数器模块；
- 输出比较模块；
- 输入捕捉模块。

1. 计数器模块

计数器模块的功能与 T/C0 类似，区别在于 T/C1 是 16 位的定时/计数器。T/C1 同样可以由内部系统时钟通过预分频器或由 T1 引脚输入的外部脉冲驱动，计数时钟来源及其触发边沿由时钟选择逻辑模块决定。如果没有选择时钟源，T/C1 也将停止工作。

T/C1 在工作过程中经常涉及以下 3 个特定的计数值：

BOTTOM：计数器计到 0x0000 时，即为 BOTTOM 值；

MAX：计数器计到 0xFFFF（十进制 65 535）时，达到 MAX 值；

TOP：计数的最大值为 TOP 值（0~65 535），根据工作模式，TOP 值可以为特定的 3 个固定值 0x00FF、0x01FF 或 0x03FF，或是存储于寄存器 OCR1A 或 ICR1 里的数值。

2. 输出比较模块

输出比较模块中包含有两个双缓冲输出比较寄存器 OCR1A/B。T/C1 工作于输出比较模式时，需先设置好输出比较寄存器 OCR1A/B 中的被比较的数值，然后在 T/C1 计数寄存器 TCNT1 的计数值增加或减少的过程中，一直和输出比较寄存器 OCR1A/B 中的数值进行比较。一旦比较结果相等或 TCNT1 计数值溢出，就会产生相应的事件。波形发生器用比较结果产生 PWM 或在输出比较引脚 OC1A/B 输出可变频率的信号。比较匹配结果还可置位比较匹配标志位 OCF1A/B，用来产生输出比较中断请求。在不同的输出比较工作模式下，TOP 值或 T/C1 的最大值可由 OCR1A 寄存器、ICR1 寄存器中的数值，或一些固定数值来决定。在 PWM 模式下用 OCR1A 中数值作为 TOP 值时，OCR1A 寄存器就不能再用于生成 PWM 输出了。但此时 OCR1A 寄存器仍然是双缓冲的，这使得 TOP 值可在工作过程中得到改变。当只需要一个固定的 TOP 值时，可以使用 ICR1 寄存器，从而释放 OCR1A 来用作 PWM 的输出。

3. 输入捕捉模块

输入捕捉模块中包含有一个输入捕捉寄存器 ICR1，还有一个数字滤波单元（噪声抑制器）以减小干扰。T/C1 工作于输入捕捉模式时，首先要清零输入捕捉寄存器 ICR1，同时启动 T/C1 开始对内部系统时钟计数（计时），然后等待输入捕捉引脚 ICP1 上的电平发生预期的变化。一旦 ICP1 引脚电平发生变化，则立刻将 T/C1 的计数值，即 T/C1 计数寄存器 TCNT1 中的数值复制到 ICR1 中保存，至此一次输入捕捉过程结束。

定时/计数器 T/C1 的计数寄存器 TCNT1、输出比较寄存器 OCR1A/B 与输入捕捉寄存器 ICR1 均为 16 位寄存器。而 T/C1 控制寄存器 TCCR1A/B 为 8 位寄存器，没有 CPU 访问的限制。定时/计数器 T/C1 涉及多个中断，所有中断请求信号在中断标志寄存器 TIFR 中都有反映，所有中断也都可以由中断屏蔽寄存器 TIMSK 单独控制。

7.2.2 访问 16 位寄存器

通常，通过 8 位数据总线不能直接与 16 位寄存器交换数据，必须采取一定措施。TCNT1、OCR1A/B 与 ICR1 是 ATmega8A 单片机的 CPU 通过 8 位数据总线可以访问的 16 位寄存器。它采用的方法是，读写 16 位寄存器时分两次操作。T/C1 中含有一个 8 位的临时寄存器，用来存放高 8 位数据，与 16 位定时器有关的所有 16 位寄存器共用这个临时寄存器。芯片设计的读写规则是，只有访问 16 位寄存器的低字节时，才会真正触发对 16 位寄存器的读或写操作。所以，当向 16 位寄存器中写入数据时，必须先写入高字节的 8 位数据，此时的数据并没有真正写入 16 位寄存器，而是写入了 8 位的临时寄存器。然后当 CPU 随后写入低字节的 8 位数据时，后写入的低 8 位数据与存放在临时寄存器中的高 8 位数据组成一个 16 位数据，同步写入到 16 位寄存器中。当从 16 位寄存器中读取数据时，必须先读低字节的 8 位数据。当 CPU 从 16 位寄存器中将低字节读取出来的同时，高字节的 8 位数据同时也被读取出来，并放置于临时寄存器中。所以，写 16 位寄存器时，应先写入该寄存器的高位字节，而读 16 位寄存器时应先读取该寄存器的低位字节。这样做的主要目的是保证一次性写入 16 位寄存器的高字节和低字节数据。如果分两次分别读或写高字节和低字节数据，将有可能在两次读写中间被中断服务程序打断，从而造成数据读写的不确定性。不是所有的 16 位寄存器的访问都涉及临时寄存器，例如对 OCR1A/B 寄存器的读操作就不涉及临时寄存器。

汇编语言编程时，要严格按照上面的读写规则操作 16 位的寄存器。而在 CVAVR 编译器中，用 C 语言可以按照上述规则来编程，也可以让编译器来做这些事情，从而简化编程。

C 语言读写 16 位寄存器举例：

```
unsigned char  i, j;          // i 和 j 为 8 位二进制，单字节无符号字符型变量
...
TCNT1H = 0x01;                 // 先写高字节数据，TCNT1H 是高 8 位寄存器地址的宏定义
TCNT1L = 0xFF;                 // 后写低字节数据，TCNT1L 是低 8 位寄存器地址的宏定义
i = TCNT1L;                    // 先读低字节数据
j = TCNT1H;                    // 后读高字节数据
```

也可以这样来做：

```
unsigned int i;               // 此处 i 定义为 16 位，双字节无符号整型变量
...
TCNT1 = 0x1FF;                // 编译器编译时，会把此语句拆成上面的两行语句
i = TCNT1;                    //  TCNT1 是 16 位寄存器地址的宏定义
```

7.2.3　T/C1 时钟源与计数器单元

定时/计数器 T/C1 的计数脉冲源既可以来自系统内部时钟，也可以由芯片引脚从外部引入，具体选择由 T/C1 控制寄存器 TCCR1B 的时钟选择位 CS12:0 决定。T/C1 的主要部分是一个可编程的 16 位双向计数器单元，其结构如图 7.9 所示，由时钟源选择模块、控制逻辑和计数寄存器三部分构成，其内部信号说明如下：

Count：对 TCNT1 加 1 或减 1；

Direction：选择计数方向：加或减；

Clear：对 TCNT1 清零；

clk_{T1}：定时/计数器时钟信号；

TOP：表示 TCNT1 已经计数到最大值；

BOTTOM：TCNT1 已计数到最小值 0。

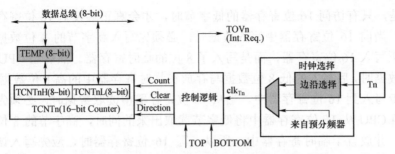

图 7.9　16 位 T/C1 结构框图

16 位定时/计数器被映射为两个 8 位的 I/O 寄存器：TCNT1H 为高 8 位，TCNT1L 为低 8 位。CPU 只能间接访问高 8 位的 TCNT1H 寄存器，CPU 在访问 TCNT1H 时，实际访问的是临时寄存器。读取低 8 位寄存器 TCNT1L 的同时，高 8 位寄存器 TCNT1H 的数值也被更新到临时寄存器中；在向 TCNT1L 写入数据时，临时寄存器中的数据也同时写入到 TCNT1H 中。这样的操作，使得 CPU 可以在一个时钟周期里通过 8 位数据总线完成对 16 位定时/计数器的读、写操作。如果用汇编语言来编程，这个 16 位寄存器的读写规则必须要严格遵守，而如果用 C 语言编程，可以直接把 TCNT1 当作无符号整数（16 位）来读写，编译器会按照上述规则编译成机器码。

定时/计数器工作在不同的模式时，随着每一个计数时钟脉冲 clk_{T1} 的到来，定时/计数器会进行清零、加 1 或减 1 操作。clk_{T1} 由时钟选择位 CS12:0 设定，当 CS12:0=0 时，没有时钟源，定时/计数器停止计数。CPU 对寄存器 TCNT1 的读写与计数脉冲 clk_{T1} 无关，并且 CPU 对寄存器的写操作比清零和计数操作的优先级要高。定时/计数器的计数序列由控制寄存器 TCCR1A 和 TCCR1B 中控制位 WGM13:0 的设置决定。通过 WGM13:0 确定工作模式之后，定时/计数器溢出标志位 TOV1 的置位方式也与之对应，TOV1 可用于产生 CPU 中断。

7.2.4　输入捕捉单元

定时/计数器 T/C1 内部设置有一个输入捕捉硬件电路，T/C1 与之相配合，可以用来捕获外部事件，并为其赋予时间标记以记录此事件的发生时刻。单个或多个外部事件的触发信号可由单片机引脚 ICP1 输入，也可通过模拟比较器单元来实现。时间标记可以用来计算频率、占空比或信号的一些其他特征，以及为事件创建日志等。输入捕捉单元方框图如图 7.10 所示，图中阴影表示的部分为不直接属于输入捕捉单元。寄存器/位名字中的小写"n"表示定时/计数器编号，这里就是 1。

输入捕捉的基本原理，就是从计时零点开始，等待一个事件的发生，并记录这个事件发生的时刻。这一过程在 AVR 单片机中是由硬件电路自动完成的，不需要软件参与，所以对事件的时间标记是非常及时与准确的。软件只需要设置好初始状态，然后等待事件发生后，取出事件发生的时间值即可。当 T/C1 工作在输入捕捉方式时，首先清零 TCNT1，并让其对一个准确的时钟源从零开始计数。当单片机引脚 ICP1 上的逻辑电平（事件）发生了变化，或模拟比较器输出的 ACO 电平发生了变化，而且这个电平变化被边沿检测器所确认，输入捕捉事件即被触发。这一事件触发瞬时的 16 位 TCNT1 中的计数值被复制到输入捕捉寄存器 **ICR1** 中保存，同时输入捕捉标志位 ICF1 置位。如果此时输入捕捉中断开关位 ICIE1 置"1"，

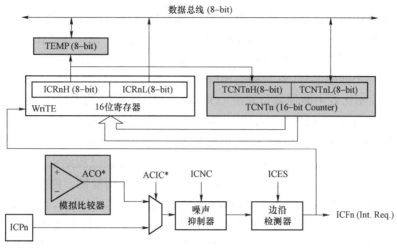

图 7.10 输入捕捉单元方框图

输入捕捉中断将被触发。中断执行时 ICF1 自动清零，也可通过软件对其写入逻辑"1"清零。读取 **ICR1** 中的时间时，要先读低字节 **ICR1L**，然后再读高字节 **ICR1H**。读低字节时，高字节数据被复制到高字节临时寄存器 TEMP 中，CPU 读取 **ICR1H** 时将实际读取 TEMP 寄存器中的数据。

对输入捕捉寄存器 **ICR1** 的写访问只存在于 TC1 的波形产生工作模式，此时 **ICR1** 被用来存储计数器要达到的 TOP 值。写 **ICR1** 之前首先要设置 WGM13:0 以允许这个操作，对 **ICR1** 寄存器进行写操作时必须先将高字节写入 ICR1H（实际写入临时寄存器），然后再将低字节写入 ICR1L。

输入捕捉单元的主要触发源来自芯片引脚 ICP1，有时也可用模拟比较器的输出作为输入捕捉单元的触发源。此时，用户必须通过设置模拟比较控制与状态寄存器 ACSR 的模拟比较输入捕捉位 ACIC，来做到这一点。要注意的是，改变触发源有可能造成一次输入捕捉的发生。因此，改变触发源后，必须对输入捕捉标志执行一次清零操作以避免出现错误的结果。

ICP1 与 ACO 的硬件电路采样方式与 T1 引脚是相同的，使用的边沿检测器也一样。但是使能输入捕捉噪声抑制器后，在边沿检测器前会加入额外的逻辑电路，并引入了 4 个系统时钟周期的延迟。要注意的是，除去使用 ICR1 来定义 TOP 值的波形产生模式外，T/C1 中的噪声抑制器与边沿检测器总是有效的。输入捕捉也可以通过软件来控制引脚 ICP1 上的电平变化来触发。

7.2.5 输出比较单元与工作模式

定时/计数器 T/C1 内部还设置有一套比较复杂的输出比较模块的硬件电路，T/C1 与之相配合，可以产生不同频率和占空比的矩形波信号输出。它具有多种工作模式，功能比较复杂且强大。计数器的作用和输入捕捉一样，都是对一个准确的时钟脉冲源进行计数，因此其计数值即代表时间值。和输入捕捉不同的是，它要事先定义一个计数的 TOP 值和一个比较值。在计数器从零进行加计数的过程中，计数值一直和这两个事先定义好的数值进行比较，一旦相等就改变输出比较引脚的电平。计数超过 TOP 值时，重新从零开始计数。这样，只要改变 TOP 值就可以改变输出频率，而改变比较值则可以改变矩形波的占空比。

　　输出比较单元结构如图 7.11 所示，TCNT1 中是连续变化的计数值，比较值存储在 OCR1A 和 OCR1B 两个 16 位比较寄存器中，TOP 值根据工作模式的不同，存储在不同地方。在计数过程中，16 位比较器持续比较 TCNT1 与 OCR1A 或 OCR1B 中的内容，一旦发现它们相等，比较器立即产生一个匹配信号，然后输出比较匹配中断标志位 OCF1x 在下一个计数时钟脉冲置位。如果此时输出比较中断使能位置位（OCIE1x=1），OCF1x 的置位将触发输出比较中断。中断执行时 OCF1x 标志由硬件自动清零，也可以通过软件对此标志位写入逻辑"1"清零。计数值在继续增加过程中，如果和 TOP 值相等，就会产生一个溢出信号，并可以触发定时/计数器溢出中断。计数器计数到 TOP 值溢出后，一次计数比较过程结束，然后计数器又重新从 BOTTOM 值（0）开始下一个计数和比较的过程，如此周而复始。根据波形产生模式控制位 **WGM13:0** 和比较输出模式控制位 **COM1x1:0** 设置的不同工作模式，波形发生器用匹配信号和溢出信号可以生成不同的波形。在某些工作模式下，输出比较单元 A 还有一个作用是它可以存储定时/计数器的 TOP 值（即计数器的分辨率），TOP 值决定了波形发生器产生的信号周期。

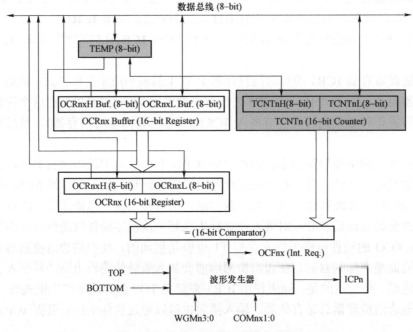

图 7.11　输出比较单元结构方框图

　　图 7.11 中寄存器/位上的小写"n"表示设备编号（n=1 表示 T/C1），"x"表示输出比较单元（A/B）。框图中非输出比较单元部分用阴影表示。

　　T/C1 有 12 种脉冲宽度调制（PWM）工作模式，当 T/C1 工作在 PWM 模式之一时，OCR1x 寄存器为双缓冲寄存器。而在正常工作模式和匹配清零模式（CTC）时，OCR1x 寄存器双缓冲功能是禁止的。双缓冲可以使得 OCR1x 寄存器对 TOP 或 BOTTOM 值的同步更新，可防止产生不对称的 PWM 波形和消除毛刺。使能双缓冲功能时，CPU 直接访问的是 OCR1x 缓冲寄存器，而禁止双缓冲功能时，CPU 访问的则是 OCR1x 本身。硬件电路不会像对 TCNT1 或 ICR1 那样自动更新 OCR1x 的内容，只有写操作才能将寄存器 OCR1x（缓冲或本身）的内容改变，所以 OCR1x 不用通过高字节临时寄存器（TEMP）来读取。但是如同操作其他 16 位寄存器一样，AVR 单片机编程时最好先读取其低字节。但由于比较是连续进行的，因此在写 OCR1x 时，却是必须通过 TEMP 寄存器来实现的。写入时，首先需要将高字节数据写入 OCR1xH，此时，实际上是写入了 TEMP 寄存器。接下来再将低字节数据写入 OCR1xL，而位于 TEMP 寄存器中的高字节数据也同时被自动复制到 OCR1x 缓冲器或 OCR1x 比较寄存器。

输出比较，就是让计数器中连续变化的计数值跟事先确定的参考值或 TOP 值持续不断地比较，一旦相等，就可得到一个匹配信号，一旦溢出，则可得到一个溢出信号。利用这两个信号可以产生不同的 PWM 信号。显然，得到匹配信号和溢出信号的早晚与事先确定的参考值和 TOP 值的大小有关：参考值越大，得到的越晚；数值越小，得到的越早。这可以用来产生信号不同的占空比。而 TOP 值越大，则 PWM 信号的周期越大，TOP 值越小，则 PWM 信号的周期越小。

图 7.12 为比较匹配输出单元方框图。在得到匹配信号和溢出信号时，系统对比较匹配输出引脚状态的设置是通过比较输出模式位 COM1x1:0 控制的。COM1x1:0 具有双重控制功能，首先波形发生器（Waveform Generator）通过 COM1x1:0 位确定下一次比较匹配时的输出比较（OC1x）状态；其次 COM1x1:0 位还控制输出引脚 OC1x 输出的来源。图 7.12 为受 COM1x1:0 位设置影响的简化逻辑概略图，通用 I/O 端口控制寄存器（DDR 和 PORT）都受 COM1x1:0 位影响，只要 COM1x1:0 不全为零，波形发生器的输出比较（OC1x）就将占用通用 I/O 口功能。

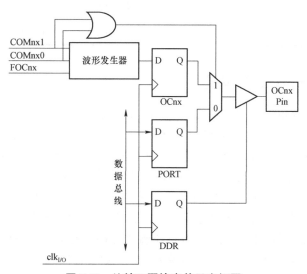

图 7.12　比较匹配输出单元方框图

工作模式是指定时/计数器和输出比较引脚的工作状态与行为，它由波形发生模式控制位 WGM13:0 及比较输出模式控制位 COM1x1:0 决定。T/C1 共有 16 种工作模式，如表 7.2 所示。输出模式位 COM1x1:0 对计数过程没有影响，它控制 PWM 输出是否为反极性。非 PWM 模式时，COM1x1:0 位用来控制输出是否应该在比较匹配发生时置位、清零，或是电平取反。

表 7.2　T/C1 波形模式设置位描述

模式	WGM13	WGM12 (CTC1)	WGM11 (PWM11)	WGM10 (PWM10)	定时/计数器 工作模式	TOP	OCR1x 更新时刻	TOV1 置位时刻
0	0	0	0	0	普通模式	0xFFFF	立即更新	MAX
1	0	0	0	1	8 位相位修正 PWM	0x00FF	TOP	BOTTOM
2	0	0	1	0	9 位相位修正 PWM	0x01FF	TOP	BOTTOM
3	0	0	1	1	10 位相位修正 PWM	0x03FF	TOP	BOTTOM
4	0	1	0	0	CTC	OCR1A	立即更新	MAX
5	0	1	0	1	8 位快速 PWM	0x00FF	TOP	TOP
6	0	1	1	0	9 位快速 PWM	0x01FF	TOP	TOP
7	0	1	1	1	10 位快速 PWM	0x03FF	TOP	TOP
8	1	0	0	0	相位与频率修正 PWM	ICR1	BOTTOM	BOTTOM
9	1	0	0	1	相位与频率修正 PWM	OCR1A	BOTTOM	BOTTOM
10	1	0	1	0	相位修正 PWM	ICR1	TOP	BOTTOM
11	1	0	1	1	相位修正 PWM	OCR1A	TOP	BOTTOM
12	1	1	0	0	CTC	ICR1	立即更新	MAX
13	1	1	0	1	保留	—	—	—
14	1	1	1	0	快速 PWM	ICR1	TOP	TOP
15	1	1	1	1	快速 PWM	OCR1A	TOP	TOP

7.2.6　普通模式与 CTC 模式

普通模式（WGM13:0=0）是定时/计数器 T/C1 最简单的工作模式。在此工作模式下，计数器不停地连续累加，直到最大值（TOP 0xFFFF）后寄存器溢出，计数器又简单地返回到最小值 0x0000 重新开始。在 TCNT1 由最大值变为零的同一个计数时钟脉冲期间，T/C1 溢出标志位 TOV1 置位。此时 TOV1 可以理解为计数器的第 17 位，不过只能置位，不会清零。但由于定时/计数器中断服务程序能够自动清零 TOV1，因此可以通过软件提高定时/计数器的分辨率。如同 T/C0 一样，T/C1 在普通模式下没有什么需要特殊考虑，用户软件可以随时向 TCNT1 中写入新的计数器数值。在普通模式下输入捕捉单元也很容易使用，要注意的是，外部事件的最大时间间隔不能超过计数器的最大值。如果事件间隔太长，应该使用定时器溢出中断或预分频器来扩展输入捕捉模块的时间分辨率。有些时候，输出比较单元也可以用来产生中断，但是最好不要在普通模式下利用输出比较来产生波形，因为这会占用 CPU 太多的时间。

CTC 模式（WGM13:0=4，12），即"比较匹配时清零计数器"模式，和普通模式的共同点也是让计数器不停地连续累加。不同点则是 CTC 模式不是计数到 0xFFFF，而是人为地定义了一个可以被改变的 TOP 值。当 TCNT1 里的计数值等于 TOP 值时，计数器清零，又从头开始，这就是 CTC 模式名字的来源。CTC 模式又分为两种，即 WGM13:0=4 和 WGM13:0=12，这两种模式的区别就在于计数最大值存储位置的不同。WGM13:0=4 时，TOP 值存储在寄存器 OCR1A 中，当计数器 TCNT1 的数值等于 OCR1A 中的数值时，计数器清零；WGM13:0=12 时，TOP 值存储在寄存器 ICR1 中，当计数器 TCNT1 的数值等于 ICR1 中的数值时，计数器清零。

CTC 模式的时序图如图 7.13 所示，OCR1A 或 ICR1 中的数值定义了计数器的 TOP 值，也就是定时的分辨率，计数器 TCNT1 中数值一直累加到与 OCR1A 或 ICR1 匹配，然后 TCNT1 清零。这种工作模式使得用户可以很容易地控制比较匹配输出的频率，也简化了对外部事件计数的操作。

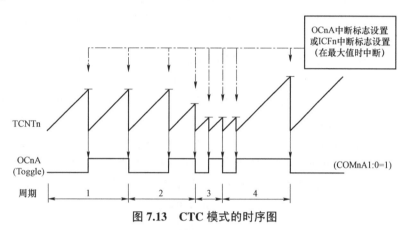

图 7.13　CTC 模式的时序图

利用 OCF1A 或 ICF1 两个中断标志可以在计数值达到 TOP 值时产生中断，并且可以在中断服务程序里更改 TOP 值的大小，即改变定时时间。在 CTC 模式下，寄存器没有双缓冲功能。因此在计数器以无预分频或很低的预分频工作时，在中断服务程序中将 TOP 值改为接近 BOTTOM 值时要小心。如果写入的寄存器 OCR1A 或 ICR1 的数值小于当前 TCNT1 中的计数值，计数器会丢失一次比较匹配。并且在下一次比较匹配发生之前，计数器必须先计数到最大值 0xFFFF，然后再从 0x0000 开始计数到 OCR1A 或 ICR1。在通常情况下，这一过程不是我们所希望得到的。可供解决的方法是使用快速 PWM 模式，快速 PWM 模式使用 OCR1A 定义 TOP 值（WGM13:0=15），并且此时的 OCR1A 为双缓冲，TOP 值的更改和数值的比较不是针对同一个寄存器。

为了在 CTC 模式下得到相关的波形输出，可以在每次比较匹配发生时，设置引脚 OC1A 改变逻辑电平。这可以通过设置比较输出模式位 COM1A1:0=1 来完成。在期望得到引脚 OC1A 比较输出之前，首先要将其端口方向控制位设置为输出（DDR_OC1A=1）。CTC 模式下，波形发生器能够产生的最大输出频率为：

$$f_{OC1A} = f_{clk\_I/O}/2 \quad (OCR1A=0x0000)。$$

可变的输出频率由如下公式确定：

$$f_{OC1A} = \frac{f_{clk\_I/O}}{2 \cdot N \cdot (1+OCR1A)}$$

式中，N 代表预分频因子（1、8、64、256 或 1 024）。

7.2.7 快速 PWM 模式

快速脉冲宽度调制（Pulse Width Modulation，PWM）模式，和 CTC 模式一样，也属于输出比较工作模式。它又可分为 5 种情况，分别对应 WGM13:0=5、6、7、14 或 15，主要用来产生高频的 PWM 波形。快速 PWM 模式与其他 PWM 模式的不同之处是其单斜率的工作方式。其基本原理是，计数器从 BOTTOM 值计数到 TOP 值，然后立即回到 BOTTOM 值重新开始。在这期间会有两个事件发生，一个是 TCNT1 中的计数值与比较寄存器 OCR1x 中的数值相等，另一个是 TCNT1 中的计数值与 TOP 值相等。利用这两个事件，就可以周期性地改变比较输出引脚的状态。对于同相比较输出模式，比较输出引脚 OC1x 在 TCNT1 与 OCR1x 值匹配时清零，在 TOP 值时置位；对于反相比较输出模式，比较输出引脚 OC1x 在 TCNT1 与 OCR1x 值匹配时置位，在 TOP 值时清零。由于使用了单斜率工作方式，快速 PWM 模式的输出频率比使用双斜率的相位修正 PWM 模式高一倍。这种较高的频率特性使得快速 PWM 模式十分适合于实际应用中的功率调节、整流和 DAC 等。频率变高可以减小外部元器件（电感、电容）的物理尺寸，从而降低系统成本。T/C1 工作在快速 PWM 模式时，PWM 定时分辨率，即计数的 TOP 值，可为固定的 8、9 或 10 位二进制数值，也可以在寄存器 ICR1 或 OCR1A 中根据需要给定。快速 PWM 五种工作方式的主要区别就在于计数最大值及其存储位置的不同。快速 PWM 输出信号的最小时间分辨率为 2 bit（ICR1 或 OCR1A 设为 0x0003），最大分辨率为 16 bit（ICR1 或 OCR1A 设为 0xFFFF）。PWM 分辨率位数可用下式计算：

$$R_{\mathrm{FPWM}} = \frac{\lg(\mathrm{TOP}+1)}{\lg 2}$$

T/C1 工作于快速 PWM 模式时，根据工作模式的不同，计数器的数值一直累加到下列值之一：固定数值 0x00FF、0x01FF、0x03FF（WGM13:0=5、6 或 7）、ICR1（WGM13:0=14）或 OCR1A（WGM13:0=15），然后在紧接着的下一个时钟周期清零。具体的时序如图 7.14 所示。图中给出的是使用 OCR1A 或 ICR1 来定义 TOP 值的快速 PWM 模式，锯齿波状显示的 TCNT1 值表示它随时间单斜率线性增加。图中同时包含了同相 PWM 输出以及反相 PWM 输出，TCNT1 斜线上的短横线表示 TCNT1 中计数值与 OCR1x 中数值比较相等的时刻，比较匹配后中断标志位 OC1x 置位。

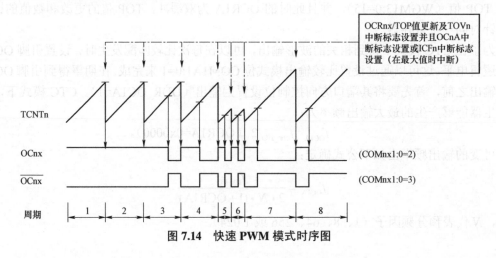

图 7.14　快速 PWM 模式时序图

计时器计数值达到 TOP 时，T/C1 溢出标志 TOV1 将置位，另外若 TOP 值是由 OCR1A 或 ICR1 定义的，则输出比较匹配标志位 OC1A 或输入捕捉标志位 ICF1 也将与 TOV1 在同一个时钟周期置位。如果对应的中断使能，则可以在中断服务程序里来改变 TOP 值和被比较的数值。更改 TOP 值时必须保证新的 TOP 值要大于或等于所有比较寄存器中的数值，否则 TCNT1 与 OCR1x 比较不会出现匹配。如果使用固定的 TOP 值，向任意 OCR1x 寄存器写入比较数值时，未使用的位要屏蔽为"0"。作为存储 TOP 值使用时的 ICR1，其数值改变与 OCR1A 改变的步骤不同。ICR1 寄存器没有双缓冲寄存器，因此，当计数器以无预分频或很低的预分频工作时，给 ICR1 赋予一个小的数值，存在着新写入的 ICR1 数值比 TCNT1 当前值还小的危险。其后果是计数器将丢失一次比较匹配，并且计数器将不得不先计数到最大值 0xFFFF，然后再从 0x0000 开始计数，直到下一次比较匹配出现。而 OCR1A 寄存器是双缓冲寄存器，这一特性决定 OCR1A 可以随时写入。新写入的数据被放入 OCR1A 缓冲寄存器，在 TCNT1 计数到 TOP 值后的下一个时钟周期，OCR1A 比较寄存器的内容被其缓冲寄存器的数值所替换，与此同时，TCNT1 被清零，而溢出标志位 TOV1 被置位。

如果要使用某一确定的 TOP 值（程序运行过程中不更改），因为不涉及缓存问题，此时最好使用 ICR1 寄存器存储 TOP 值，这样 OCR1A 就可以用于在 OC1A 输出 PWM 波。但是，如果需要 PWM 频率不断变化（通过改变 TOP 值实现），在这种情况下，OCR1A 的双缓冲特性使其更适合存储 TOP 值。

T/C1 工作于快速 PWM 模式时，比较单元可以在 OC1A/B 引脚上输出 PWM 波形。设置比较输出模式控制位 COM1x1:0 等于 2，可以产生同相的 PWM 波形，等于 3 则可以产生反相的 PWM 波形。此外，要真正从引脚上输出波形信号，还必须将引脚 OC1A/B 的数据方向位 DDR_OC1A/B 设置为输出。产生 PWM 波形的原理是，OC1A/B 寄存器在 OCR1A/B 数值与 TCNT1 计数值匹配时置位（或清零），然后在计数器清零（从 TOP 变为 BOTTOM）的那一个计数时钟周期清零（或置位）。

OC1A/B 引脚上输出的 PWM 频率可以通过如下公式计算得到：

$$f_{\text{OC1APWM}} = \frac{f_{\text{clk\_I/O}}}{N \cdot (\text{TOP}+1)}$$

式中，变量 N 代表分频因子（1、8、64、256 或 1 024）。

比较寄存器 OCR1A/B 数值为极大或极小值时，代表了快速 PWM 模式的两种特殊情况。若 OCR1A/B 值等于 BOTTOM（0x0000），输出波形为出现在第 TOP+1 个计数时钟周期的很窄的脉冲；而 OCR1A/B 值为 TOP 值时，根据控制位 COM1x1:0 的设定，输出恒为高电平或低电平。如果用 OCR1A 来定义 TOP 值（WGM13:0=15），通过设定 OC1A 在比较匹配时进行逻辑电平取反（COM1A1:0=1），可以得到占空比为 50% 的方波信号。让 OCR1A 等于 0（0x0000），输出信号可得到最高频率：$f_{\text{OC1A}}=f_{\text{clk\_I/O}}/2$。这个特性类似于 CTC 模式下的 OC1A 取反操作，不同之处在于快速 PWM 模式具有双缓冲。

7.2.8　相位修正 PWM 模式

相位修正 PWM 模式和快速 PWM 模式的主要区别，在于相位修正 PWM 模式工作于双斜率计数过程。计数寄存器 TCNT1 周期性地从 BOTTOM 值加计数到 TOP 值，然后改变计数方向，又从 TOP 值减计数倒退回到 BOTTOM 值。在加减计数过程中，如果计数寄存器 TCNT1 中数值与 OCR1x 相等，则将触发比较匹配事件，并改变输出比较引脚的电平状态。在同相比较输出模式下，当计数器向 TOP 值加计数时，若 TCNT1 与 OCR1x 匹配，引脚 OC1x 将清零为低电平；而当计数器向 BOTTOM 值减计数时，若 TCNT1 与 OCR1x 匹配，引脚 OC1x 将置位为高电平。工作于反相比较输出模式时则正好相反。与单斜率的 PWM 工作模式相比，双斜率工作为用户提供了一个获得高精度的、相位准确的 PWM 波形的方法，可获得的最大输出频率要减小，但其对称的双斜率特性则十分适合于电机控制等应用。

相位修正 PWM 模式也分为 5 种方式，分别对应波形发生模式位 WGM13:0=1、2、3、10 或 11。5 种方式的主要区别在于 PWM 定时分辨率，即计数的 TOP 值。它可为固定的 8、9 或 10 位二进制数值，也可在寄存器 ICR1 或 OCR1A 中定义。最小时间分辨率为 2 位（ICR1 或 OCR1A 设为 0x0003），最大分辨率为 16 位（ICR1 或 OCR1A 设为 0xFFFF）。

T/C1 工作于相位修正 PWM 模式时，其时序如图 7.15 所示。计数器的数值从 BOTTOM 一直累加到固定值 0x00FF、0x01FF、0x03FF（WGM13:0=1、2 或 3）、ICR1（WGM13:0=10）或 OCR1A（WGM13:0=11），然后改变计数方向。TCNT1 斜线上的短横线表示 OCR1x 和 TCNT1 相等的时刻，比较匹配后 OC1x 中断标志位置位。计时器计数值达到 BOTTOM 时 T/C1 溢出标志位 TOV1 置位。改变 TOP 值时必须保证新的 TOP 值不小于所有比较寄存器中的数值，否则 TCNT1 与 OCR1x 将不会再出现比较匹配。使用固定的 TOP 值时，向任意 OCR1x 寄存器写入数据，未使用的位将被屏蔽为"0"。

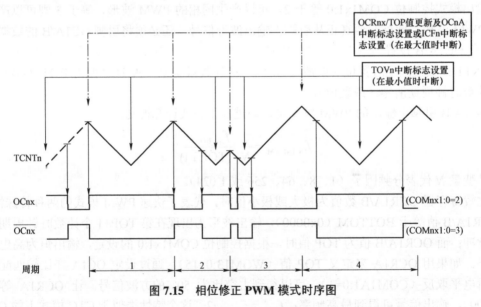

图 7.15　相位修正 PWM 模式时序图

工作于相位修正模式时，OC1x 引脚上 PWM 输出频率可由如下公式获得：

$$f_{OC1PCPWM} = \frac{f_{clk\_I/O}}{2 \cdot N \cdot TOP}$$

式中，变量 N 代表分频因子（1、8、64、256 或 1 024）。

T/C1 还有两种相位与频率修正 PWM 工作模式，它们与相位修正 PWM 模式的主要区别，在于 TOP 值只能在 BOTTOM 值时更改。这使得相位与频率修正 PWM 模式生成的输出波形在所有周期中均为对称信号，确保了频率是正确的。除此之外，其他的工作原理与相位修正 PWM 模式基本相同。

7.2.9　定时/计数器 T/C1 的寄存器说明

定时/计数器 T/C1 的功能比较复杂和强大，在了解、学习了定时/计数器的硬件原理之后，实际当中要使用定时/计数器，要用 C 语言对其编程，就需要对 T/C1 进行设置，对计数器赋初值或取回计数值，溢出后进行中断处理等，这些操作都需要通过与 T/C1 相关的各个寄存器打交道来完成。由于 T/C1 是 16 位的定时/计数器，所以与 T/C1 编程相关的计数寄存器是 16 位，而控制寄存器是 8 位的，涉及的寄存器共有 8 个，分别是：

T/C1 控制寄存器 A—**TCCR1A**：8 位，设置输出模式、工作模式；

T/C1 控制寄存器 B—**TCCR1B**：8 位，设置工作模式，时钟选择；

T/C1 计数寄存器—**TCNT1**：16 位，也可写成两个 8 位，即 TCNT1H 与 TCNT1L；

输出比较寄存器 A—**OCR1A**：16 位，也可写成两个 8 位，即 OCR1AH 与 OCR1AL；

输出比较寄存器 B—**OCR1B**：16 位，也可写成两个 8 位，即 OCR1BH 与 OCR1BL；

输入捕捉寄存器—**ICR1**：16 位，也可写成两个 8 位，即 ICR1H 与 ICR1L；

T/C1 中断屏蔽寄存器—**TIMSK**（与其他定时/计数器共用）；

T/C1 中断标志寄存器—**TIFR**（与其他定时/计数器共用）。

1. T/C1 控制寄存器 A—TCCR1A

T/C1 控制寄存器 A—TCCR1A，其位定义如图 7.16 所示。

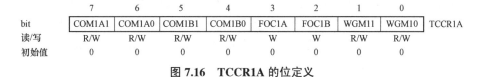

bit	COM1A1	COM1A0	COM1B1	COM1B0	FOC1A	FOC1B	WGM11	WGM10	TCCR1A
读/写	R/W	R/W	R/W	R/W	W	W	R/W	R/W	
初始值	0	0	0	0	0	0	0	0	

图 7.16　TCCR1A 的位定义

（1）bit 7:6—COM1A1:0：T/C1 输出比较通道 A 的模式控制位；

（2）bit 5:4—COM1B1:0：T/C1 输出比较通道 B 的模式控制位；

（3）bit 3—FOC1A：T/C1 输出比较通道 A 的"强制输出比较"位；

（4）bit 2—FOC1B：T/C1 输出比较通道 B 的"强制输出比较"位；

（5）bit 1:0—WGM11:0：T/C1 输出比较"波形发生模式"位，4 位中的后 2 位。

强制输出比较：工作于非 PWM 模式时，可以通过软件对强制输出比较位 FOC1x 写"1"的方式来强制产生比较匹配。强制比较匹配不会置位 OCF1x 标志，也不会重载/清零计数器，但是 OC1x 引脚将被更新，好像真的发生了比较匹配一样（COMx1:0 决定 OC1x 是置位、清零，还是交替变化）。

COM1A1:0 与 COM1B1:0 分别控制 OC1A 与 OC1B 的输出状态以及如何变化。如果 COM1A1:0 或 COM1B1:0 的一位或两位为"1"，则 OC1A 或 OC1B 的输出功能将取代 I/O 端口功能。此时 OC1A 或 OC1B 相应的引脚"数据方向控制位"必须置位，以使能输出驱动器。OC1A 或 OC1B 与物理引脚相连时，COM1x1:0 位的控制功能与 WGM13:0 这 4 位"波形发生控制位"的设置相关。表 7.3 给出了当 WGM13:0 设置为普通模式与 CTC 模式（非 PWM）时 COM1x1:0 位的功能定义。表 7.4 给出当 WGM13:0 设置为快速 PWM 模式时，COM1x1:0

位的功能定义。

表 7.3　比较输出模式（非 PWM 模式）

COM1A1/ COM1B1	COM1A0/ COM1B0	说　明
0	0	普通端口操作，OC1A/OC1B 未连接
0	1	比较匹配时 OC1A/OC1B 电平取反
1	0	比较匹配清零时 OC1A/OC1B 输出低电平
1	1	比较匹配置位时 OC1A/OC1B 输出高电平

表 7.4　比较输出模式（快速 PWM 模式）

COM1A1/ COM1B1	COM1A0/ COM1B0	说　明
0	0	普通端口操作，OC1A/OC1B 未连接
0	1	WGM13:0=15，比较匹配时 OC1A 取反，OC1B 未连接。WGM13:0 为其他值时为普通端口操作，OC1A/OC1B 未连接
1	0	比较匹配时清零 OC1A/OC1B，在 TOP 值时置位 OC1A/OC1B
1	1	比较匹配时置位 OC1A/OC1B，在 TOP 值时清零 OC1A/OC1B

波形发生模式位 WGM11:0，这两个控制位与位于 TCCR1B 寄存器中的两个控制位
WGM13:2 相结合，用于控制计数器的计数序列、计数的 TOP 值及来源和波形发生器的工作
模式，如表 7.2 所示。T/C1 支持的工作模式有：普通模式（计数器）、比较匹配清零计数器
（CTC）模式以及三大类脉宽调制（PWM）模式。

2. T/C1 控制寄存器 B—TCCR1B

T/C1 控制寄存器 B—TCCR1B，其位定义如图 7.17 所示。

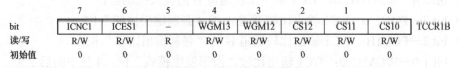

bit	7	6	5	4	3	2	1	0	
	ICNC1	ICES1	–	WGM13	WGM12	CS12	CS11	CS10	TCCR1B
读/写	R/W	R/W	R	R/W	R/W	R/W	R/W	R/W	
初始值	0	0	0	0	0	0	0	0	

图 7.17　TCCR1B 的位定义

（1）bit 7—ICNC1：T/C1 输入捕捉噪声抑制器。

置位 ICNC1 将使能输入捕捉噪声抑制功能，此时从输入捕捉引脚 ICP1 的输入信号被滤
波。滤波原理是对 ICP1 引脚进行连续 4 次等值采样，才能作为滤波器输出。因此开启噪声
抑制功能会使得输入捕捉被延迟 4 个系统时钟周期。

（2）bit 6—ICES1：输入捕捉触发沿选择。

该控制位用于选择输入捕捉引脚 ICP1 上的哪个边沿来触发输入捕捉事件。ICES1 为"0"
时，选择的是逻辑电平的下降沿触发输入捕捉；ICES1 为"1"时，选择的是上升沿触发输入
捕捉。按照 ICES1 的设置，捕获到一个事件后，计数器的计数值被复制到 ICR1 寄存器，同
时，输入捕捉事件还会置位 ICF1。如果此时输入捕捉中断使能，输入捕捉事件中断即被触发。

当寄存器 ICR1 用作存储计数 TOP 值时，引脚 ICP1 与输入捕捉功能断开，从而输入捕捉功能被禁用。

（3）bit 5—保留位。

（4）bit 4:3—WGM13:2：T/C1 输出比较"波形发生模式"位，4 位中的前 2 位。

（5）bit 2:0—CS12:0：T/C1 时钟选择，这 3 位用于选择 T/C1 的时钟源，见表 7.5。

表 7.5　时钟选择位说明

CS12	CS11	CS10	说　　明
0	0	0	无时钟源（T/C 停止）
0	0	1	$clk_{I/O}$/1（无预分频）
0	1	0	$clk_{I/O}$/8（来自预分频器）
0	1	1	$clk_{I/O}$/64（来自预分频器）
1	0	0	$clk_{I/O}$/256（来自预分频器）
1	0	1	$clk_{I/O}$/1 024（来自预分频器）
1	1	0	外部 T1 引脚，下降沿驱动
1	1	1	外部 T1 引脚，上升沿驱动

3. T/C1 计数寄存器 TCNT1—TCNT1H 与 TCNT1L

T/C1 的 16 位计数寄存器 TCNT1 可以写成两个 8 位寄存器的形式，即 TCNT1H 与 TCNT1L。通过它们可以直接对定时/计数器单元的 16 位计数器进行读写访问。为保证 CPU 对高字节与低字节的同时读写，必须使用一个 8 位临时寄存器 TEMP 来对高字节进行访问，TEMP 是所有的 16 位寄存器共用的。在计数器运行期间修改 TCNT1 的内容有可能丢失 TCNT1 与 OCR1x 的比较匹配操作，这是因为写 TCNT1 寄存器操作优先级较高，所以会在下一个计数时钟周期阻塞比较匹配。

4. 输出比较寄存器 A—OCR1A（OCR1AH 与 OCR1AL）和输出比较寄存器 B—OCR1B（OCR1BH 与 OCR1BL）

这两个寄存器中的 16 位数值需要事先设定好，在工作过程中，它们中的数值与寄存器 TCNT1 的计数值进行连续的比较，一旦数据匹配，将产生一个输出比较中断，或改变引脚 OC1x 的输出逻辑电平。寄存器 **OCR1A** 还有第二功能，可用来存储计数的 TOP 值，但此时，它就不能用来存储被比较的数值了，从而使得输出比较只剩下 **OCR1B** 这一路了。

5. 输入捕捉寄存器—ICR1（ICR1H 与 ICR1L）

当输入捕捉引脚 ICP1（或 T/C1 的模拟比较器）有输入捕捉触发信号产生时，计数器 TCNT1 中的计数值立刻被复制到 ICR1 中保存。ICR1 也有第二功能，可用来存储计数的 TOP 值。

6. T/C1 中断屏蔽寄存器—TIMSK

T/C1 中断屏蔽寄存器—TIMSK，其位定义如图 7.18 所示。

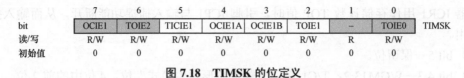

bit	7	6	5	4	3	2	1	0	
bit	OCIE1	TOIE2	TICIE1	OCIE1A	OCIE1B	TOIE1	–	TOIE0	TIMSK
读/写	R/W	R/W	R/W	R/W	R/W	R/W	R	R/W	
初始值	0	0	0	0	0	0	0	0	

图 7.18 TIMSK 的位定义

（1）bit 5—TICIE1：T/C1 输入捕捉中断使能位。当该位被设为"1"，且 CPU 状态寄存器 SREG 中的位 I 被设为"1"时，T/C1 的输入捕捉中断使能。一旦 TIFR 的 ICF1 置位，CPU 即开始执行 T/C1 输入捕捉中断程序。

（2）bit 4—OCIE1A：T/C1 输出比较 A 匹配中断使能位，原理同 TICIE1。

（3）bit 3—OCIE1B：T/C1 输出比较 B 匹配中断使能位，原理同 TICIE1。

（4）bit 2—TOIE1：T/C1 溢出中断使能位，原理同 TICIE1。

7. T/C1 中断标志寄存器—TIFR

T/C1 中断标志寄存器—TIFR。其位定义如图 7.19 所示。

bit	7	6	5	4	3	2	1	0	
bit	OCF2	TOV2	ICF1	OCF1A	OCF1B	TOV1	–	TOV0	TIFR
读/写	R/W	R/W	R/W	R/W	R/W	R/W	R	R/W	
初始值	0	0	0	0	0	0	0	0	

图 7.19 TIFR 的位定义

（1）bit 5—ICF1：T/C1 输入捕捉标志位。

外部引脚 ICP1 出现捕捉事件时 ICF1 置位。此外，当 ICR1 作为计数器的 TOP 值时，一旦计数器值达到 TOP，ICF1 也置位。执行输入捕捉中断服务程序时 ICF1 自动清零。也可以对其写入逻辑"1"来清除该标志位。

（2）bit 4—OCF1A：T/C1 输出比较 A 匹配标志位。

当 TCNT1 与 OCR1A 匹配成功时，该位被置"1"。强制输出比较（FOC1A）不会置位 OCF1A。执行输出比较匹配 A 中断服务程序时 OCF1A 自动清零。也可以对其写入逻辑"1"来清除该标志位。

（3）bit 3—OCF1B：T/C1 输出比较 B 匹配标志位。

当 TCNT1 与 OCR1B 匹配成功时，该位被置"1"。强制输出比较（FOC1B）不会置位 OCF1B。执行输出比较匹配 B 中断服务程序时 OCF1B 自动清零。也可以对其写入逻辑"1"来清除该标志位。

（4）bit 2—TOV1：T/C1 溢出标志位。

该位的设置与 T/C1 的工作方式有关。工作于普通模式和 CTC 模式时，T/C1 溢出时 TOV1 置位，执行溢出中断服务程序时 TOV1 自动清零。也可以对其写入逻辑"1"来清除该标志位。

7.3 带 PWM 与异步工作的 8 位定时/计数器 T/C2

T/C2 是一个通用单通道 8 位定时/计数器，其主要特点如下：

（1）单通道计数器；

（2）比较匹配时定时器清零（自动重载）；

（3）无干扰脉冲，相位修正的脉宽调制器（PWM）；

（4）频率发生器；

（5）10 位时钟预分频器；

（6）溢出与比较匹配中断源（TOV2 与 OCF2）；

（7）允许使用外部的 32 kHz 手表晶振作为独立的 I/O 时钟源。

T/C2 的工作原理与 T/C0 和 T/C1 相似，这里不再详细分析了。

定时/计数器 T/C0 和 T/C1 的编程练习见第 4 章。

第 8 章
串行接口 SPI 与 USART

ATmega8A 单片机中有 3 个不同类型的串行数据接口，用于和外部设备进行数据交换。它们分别是串行外设接口（Serial Peripheral Interface，SPI）、通用同步/异步串行接收/发送器（Universal Synchronous and Asynchronous serial Receiver and Transmitter，USART）以及两线串行接口（Two – wire Serial Interface，TWI）。虽然都是串行接口，但它们各自有不同的特点、技术来源和合适的应用场合。本章主要学习 SPI 和 USART 两种接口，它们的特点比较接近，而 TWI 与它们区别较大，单独在下一章介绍。

8.1 串行外设接口

SPI 主要用于高速串行通信，它可以用简单的连线，允许在两个 ATmega8A 单片机或单片机与其他设备之间进行高速的串行同步数据传输。

ATmega8A SPI 的特点如下：

（1）全双工，三线同步数据传输；

（2）可主机或从机操作；

（3）可低位（LSB）先发或高位（MSB）先发；

（4）7 种可编程的比特率；

（5）有传输结束中断标志位；

（6）有写冲突标志检测；

（7）可以从闲置模式唤醒；

（8）作为主机时具有倍速模式（SCK/2）。

双工，是指两个设备之间可以双向数据传输。全双工，是指两个设备之间可以**同时**进行双向数据传输。SPI 在两个设备之间进行数据传输时，要分主机和从机。主机和从机之间的 SPI 连接如图 8.1 所示。主机和从机合在一起的数据传输系统包括两个移位寄存器和一个主机时钟发生器。两条虚线中间为 SPI 连线，虚线左面为主机，右面为从机。主机通过将需要通信的从机 $\overline{SS}$ 引脚拉低，启动一次数据传输过程。主机和从机同时将需要发送的数据放入相应的移位寄存器，主机产生并在 SCK 引脚上输出时钟脉冲以同步每一位的数据交换。**主机的数据从主机的 MOSI 引脚移出，在从机的 MOSI 引脚移入；从机的数据由其 MISO 移出，从主机的 MISO 移入**。主机通过将从机的 $\overline{SS}$ 引脚拉高结束数据传输。

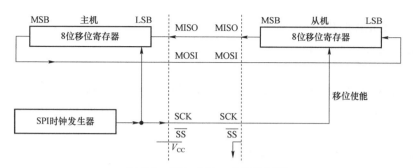

图 8.1　SPI 主机—从机的互连

单片机被配置为 SPI 主机时，SPI 接口并不自动控制 $\overline{SS}$ 引脚，只能由用户软件来进行高低电平的输出控制。通信时，对 SPI 数据寄存器写入数据即启动 SPI 时钟。在主机时钟的同步下，主机移位寄存器中的 8 位二进制数据移入从机，同时，从机移位寄存器中的 8 位二进制数据也移入主机。传输结束后 SPI 时钟停止，传输结束标志 SPIF 置位。如果此时 SPI 控制寄存器 SPCR 的中断使能位 SPIE 置位，中断就会发生。一个字节，8 位二进制数据传输结束后，主机可以继续往 SPDR 写入数据以移位到从机中去，或者是将从机的 $\overline{SS}$ 拉高以通知数据包发送完成。最后移位进来的 8 位数据将一直保存于缓冲寄存器里。如果单片机被配置为从机，只要 $\overline{SS}$ 引脚为高，SPI 接口将一直保持睡眠状态，并保持 MISO 引脚为三态（高阻态）。在这个状态下，软件可以更新 SPI 数据寄存器 SPDR 中的内容。即使此时 SCK 引脚有输入时钟，SPDR 的数据也不会移出，直至 $\overline{SS}$ 被拉低。一个字节完全移出之后，传输结束标志 SPIF 置位。如果此时 SPCR 寄存器的 SPI 中断使能位 SPIE 置位，就会产生中断请求。在读取移入的数据之前，从机仍然可以继续往 SPDR 中写入要发送的数据，最后进来的数据将一直保存于缓冲寄存器里。

ATmega8A 单片机 SPI 接口在发送方向只有一个缓冲器，而在接收方向则有两个。发送数据时一定要等到移位过程全部结束后才能对 SPI 数据寄存器再次执行写操作。而在接收数据时，需要在下一个字节移位过程结束之前，读取 SPI 数据寄存器当前接收到的一个字节数据，否则当前一个字节将丢失。单片机工作于 SPI 从机模式时，从机控制逻辑对 SCK 引脚的输入信号进行采样。为了保证对时钟信号的正确采样，SPI 时钟不能超过从机的 $f_{osc}/4$。SPI 使能后，MOSI、MISO、SCK 和 $\overline{SS}$ 引脚的数据方向将按照表 8.1 所示自动进行配置。

表 8.1　SPI 引脚重载

引脚	方向，SPI 主机	方向，SPI 从机
MOSI	用户定义	输入
MISO	输入	用户定义
SCK	用户定义	输入
$\overline{SS}$	用户定义	输入

下面用 C 语言例程来说明如何将 SPI 初始化为主机，以及如何进行简单的数据发送。例子中 DDR_SPI 必须由实际的端口数据方向寄存器代替。DD_MOSI、DD_MISO 和 DD_SCK 必须由实际的数据方向代替。比如说，MOSI 为 PB5 引脚，则 DD_MOSI 要用 DDB5 取代，

DDR_SPI 则用 DDRB 取代。

```
void SPI_MasterInit(void)
{
  DDR_SPI=(1<<DD_MOSI)|(1<<DD_SCK); //设置 MOSI 和 SCK 为输出，其他为输入
  SPCR=(1<<SPE)|(1<<MSTR)|(1<<SPR0); //使能 SPI 主机模式，时钟速率为 f_ck/16
}
void SPI_MasterTransmit(char cData)
{
  SPDR=cData; // 启动数据传输
  while(!(SPSR & (1<<SPIF))) // 等待传输结束
   ;
}
```

下面的例子说明如何将 SPI 初始化为从机，以及如何进行简单的数据接收。

```
void SPI_SlaveInit(void)
{
  DDR_SPI=(1<<DD_MISO); // 设置 MISO 为输出，其他为输入
  SPCR=(1<<SPE); // 使能 SPI，从机（未设置位为 0）
}
char SPI_SlaveReceive(void)
{
  while(!(SPSR & (1<<SPIF))) // 等待接收结束
   ;
  return SPDR; // 返回数据
}
```

$\overline{SS}$ 引脚的功能：

（1）**从机模式**：当 SPI 被配置为从机时，从机选择引脚 $\overline{SS}$ 总是为输入。$\overline{SS}$ 变低时将激活 SPI 接口，MISO 成为输出引脚（由用户进行相应的端口配置），其他引脚成为输入引脚。当 $\overline{SS}$ 为高时所有的引脚成为输入，SPI 逻辑复位，不再接收数据。$\overline{SS}$ 引脚对于数据包/字节的同步非常有用，可以使从机的位计数器与主机的时钟发生器同步。当 $\overline{SS}$ 拉高时，SPI 从机立即复位自己的接收和发送逻辑电路，并丢弃移位寄存器里不完整的数据。

（2）**主机模式**：当 SPI 被配置为主机时，用户可以决定 $\overline{SS}$ 引脚的方向。若 $\overline{SS}$ 配置为输出时，则此引脚可以用作普通的 I/O 口而不影响 SPI 系统，但典型应用是用来驱动从机的 $\overline{SS}$ 引脚。如果 $\overline{SS}$ 配置为输入时，必须保持为高电平以保证 SPI 的正常工作。若系统配置为主机，$\overline{SS}$ 为输入，但被外设拉低，则 SPI 系统会将此低电平解释为有一个外部主机将自己选择为从机。

为了防止总线冲突，SPI 系统将实现如下动作：

（1）清零寄存器 SPCR 的 MSTR 位，使 SPI 成为从机，从而 MOSI 和 SCK 变为输入。

（2）寄存器 SPSR 的 SPIF 位置位。若 SPI 中断和全局中断打开，则中断服务程序将被执行。

因此，若使用中断方式处理 SPI 主机的数据传输，并且 $\overline{\text{SS}}$ 可能被拉低时，中断服务程序应该检查 MSTR 位是否为 "1"。若被清零，用户必须将其置位，以重新使能 SPI 主机模式。

1. SPI 控制寄存器—SPCR

SPI 控制寄存器—SPCR，其位定义如图 8.2 所示。

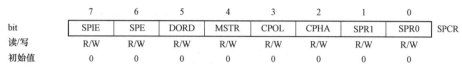

bit	7	6	5	4	3	2	1	0	
	SPIE	SPE	DORD	MSTR	CPOL	CPHA	SPR1	SPR0	SPCR
读/写	R/W	R/W	R/W	R/W	R/W	R/W	R/W	R/W	
初始值	0	0	0	0	0	0	0	0	

图 8.2　SPCR 的位定义

（1）bit 7—SPIE：SPI 中断使能。

置位后，只要寄存器 SPSR 的 SPIF 位和寄存器 SREG 全局中断置位，就会触发 SPI 中断。

（2）bit 6—SPE：SPI 通信使能。

SPE 置位将使能 SPI 接口，进行任何 SPI 数据传输之前必须先置位 SPE。

（3）bit 5—DORD：二进制数据位发送顺序。

DORD 位置 "1" 时，低位（LSB）先发；置 "0" 时，高位（MSB）先发。

（4）bit 4—MSTR：主/从选择。

MSTR 置位时为主机模式，置 "0" 时为从机模式。如果 MSTR 位为 "1"，且 $\overline{\text{SS}}$ 配置为输入，若 $\overline{\text{SS}}$ 被外电路拉低，则 MSTR 位将被清零，同时，寄存器 SPSR 的 SPIF 位置位。用户必须重新设置 MSTR 位为 "1"，进入主机模式。

（5）bit 3—CPOL：时钟极性。

CPOL 置 "1" 时，表示 SCK 引脚空闲时为高电平；置 "0" 时，表示 SCK 空闲时为低电平。

CPOL 功能总结如表 8.2 所示。

表 8.2　CPOL 时钟极性

CPOL	起始沿	结束沿
0	上升沿	下降沿
1	下降沿	上升沿
CPHA 时钟相位		
CPHA	起始沿	结束沿
0	采样	设置
1	设置	采样

（6）bit 2—CPHA：时钟相位。

CPHA 位决定数据是在 SCK 的起始沿采样还是在 SCK 的结束沿采样，如表 8.2 所示。

（7）bit 1:0—SPR1:0：SPI 时钟速率选择。

确定主机的时钟脉冲 SCK 速率。SCK 和系统振荡器的时钟频率 f_{osc} 关系如表 8.3 所示。

表 8.3　SPI 时钟速率选择

SPI2x	SPR1	SPR0	SCK 频率
0	0	0	$f_{osc}/4$
0	0	1	$f_{osc}/16$
0	1	0	$f_{osc}/64$
0	1	1	$f_{osc}/128$
1	0	0	$f_{osc}/2$
1	0	1	$f_{osc}/8$
1	1	0	$f_{osc}/32$
1	1	1	$f_{osc}/64$

2. SPI 状态寄存器—SPSR

SPI 状态寄存器—SPSR，其位定义如图 8.3 所示。

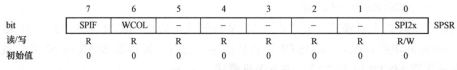

图 8.3　SPSR 的位定义

（1）bit 7—SPIF：SPI 中断标志。

串行传送结束后，SPIF 置位。若此时寄存器 SPCR 的 SPIE 和全局中断置位，SPI 中断即产生。如果 SPI 为主机，$\overline{SS}$ 配置为输入，且被拉低，SPIF 也将置位。进入中断服务程序后 SPIF 自动清零。或者可以通过先读 SPSR，紧接着访问 SPDR 来对 SPIF 清零。

（2）bit 6—WCOL：写冲突标志。

若在 SPI 当前二进制数据发送还没有结束时，对数据寄存器 SPDR 写入新数据，将引起写冲突，此时 WCOL 置位。WCOL 可以通过先读 SPSR，紧接着访问 SPDR 来清零。

（3）bit 5:1—Res：保留。

保留位，读操作返回值为"0"。

（4）bit 0—SPI2x：SPI 倍速控制位。

置位后 SPI 传输速率加倍。若为主机（见表 8.3），则 SCK 频率可达 CPU 频率的一半。若为从机，须低于 $f_{osc}/4$。ATmega8A 单片机的 SPI 接口同时还可用来实现程序和 EEPROM 的下载和上传，参见 SPI 串行编程和校验。

3. SPI 数据寄存器—SPDR

SPI 数据寄存器—SPDR，其位定义如图 8.4 所示。

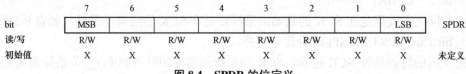

图 8.4　SPDR 的位定义

SPI 数据寄存器为读/写寄存器，用来在通用工作寄存器组和 SPI 移位寄存器之间交换数据。写此寄存器将启动数据传输，读寄存器将读取寄存器的接收缓冲器。

数据模式：

SPI 是同步串行通信，每一位二进制数据传输都是在一个个时钟脉冲同步控制下进行的。同步传输时，发送方和接收方都要以时钟脉冲的上升沿或下降沿作为数据输出和输入的触发信号。若 CPOL=1，SCK 引脚空闲时为高电平，那么时钟线在由空闲转为工作的第一个边沿信号就是下降沿，则以后每个时钟周期开始的边沿信号都是下降沿，而每个时钟周期结束的边沿信号则是上升沿；若 CPOL=0，SCK 引脚空闲时为低电平，那么时钟线在由空闲转为工作的第一个边沿信号就是上升沿，则以后每个时钟周期的起始沿都是上升沿，而结束沿则是下降沿。若 CPHA=1，二进制数据在时钟脉冲的起始沿出现在数据线上，接收方在时钟脉冲的结束沿接收数据；若 CPHA=0，二进制数据在时钟脉冲的结束沿出现在数据线上，接收方在时钟脉冲的起始沿接收数据。数据的移出和移入发生于 SCK 不同的电平跳变沿，以保证有足够的时间使数据稳定。起始沿是上升沿还是下降沿，由 CPOL 定义。

SCK 的相位和极性有 4 种组合，由控制位 CPHA 和 CPOL 决定，如表 8.4 所示。SPI 数据传输格式如图 8.5 和图 8.6 所示。收发双方 SCK 的相位和极性必须事先根据需要设定一致。

表 8.4　CPOL 与 CPHA 的功能

功能	起始沿	结束沿	SPI 模式
CPOL=0，CPHA=0	采样（上升沿）	设置（下降沿）	0
CPOL=0，CPHA=1	设置（上升沿）	采样（下降沿）	1
CPOL=1，CPHA=0	采样（下降沿）	设置（上升沿）	2
CPOL=1，CPHA=1	设置（下降沿）	采样（上升沿）	3

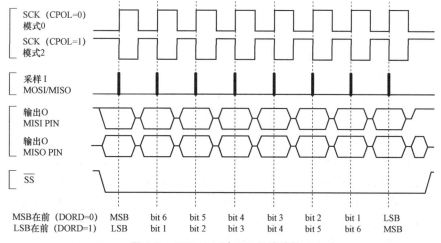

图 8.5　CPHA=0 时 SPI 的传输格式

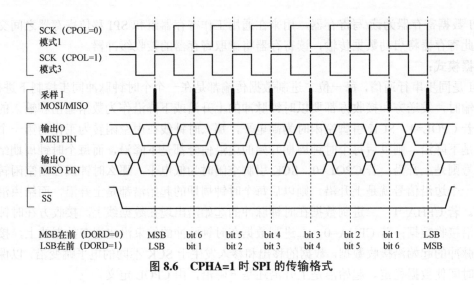

MSB在前（DORD=0）   MSB   bit 6   bit 5   bit 4   bit 3   bit 2   bit 1   LSB
LSB在前（DORD=1）   LSB   bit 1   bit 2   bit 3   bit 4   bit 5   bit 6   MSB

图 8.6   CPHA=1 时 SPI 的传输格式

SPI 的编程练习见第 4 章。

8.2   通用同步/异步串行接收/发送器 USART

通用同步/异步串行接收/发送器（USART）是一个高度灵活的串行通信设备。它是早期的单片机以及计算机配置的标准串行接口，至今仍然有一定的应用场合。计算机的异步串口遵循 RS-232 标准，数据线上的高低电平是±（3～15）V，而单片机的 USART 数据线上的高低电平为 TTL 电平。所以，单片机和计算机通过 USART 通信时，要用专门的芯片来进行电平转换。USART 可以工作在同步通信方式，也可以工作在异步通信方式，但异步通信是它的主要特色和应用。ATmega8A 的 USART 的主要特点为：

（1）全双工操作（独立的串行接收和发送寄存器）；

（2）异步或同步工作方式；

（3）同步工作时，可以由主机或从机提供时钟；

（4）内部具有高精度的波特率发生器；

（5）支持 5、6、7、8 或 9 个数据位和 1 或 2 个停止位；

（6）硬件支持的奇偶校验操作；

（7）数据过速检测，帧错误检测；

（8）噪声滤波，包括错误的起始位检测，以及数字低通滤波器；

（9）3 个独立的中断：发送结束中断、发送数据寄存器空中断，以及接收结束中断；

（10）具有多处理器通信模式、倍速异步通信模式。

ATmega8A 单片机 USART 的内部结构如图 8.7 所示。虚线框将 USART 分为了 3 个主要部分：时钟发生模块、数据发送模块和数据接收模块，最下面的控制寄存器由以上 3 个单元共享。时钟发生模块包括一个波特率发生器和一个从机同步工作所需要的外部输入时钟同步逻辑电路。XCK（发送器时钟）引脚只在同步传输时才使用。数据发送模块包括一个写缓冲数据寄存器（UDR）、串行移位寄存器、奇偶发生器以及处理不同帧格式所需的控制逻辑。写缓冲器可以保持数据连续发送而不会在数据帧之间产生延迟。由于数据接收模块具有时钟和数据恢复单元，因此它是 USART 模块中最复杂的部分，恢复单元主要用于异步数据的接收。除了恢复单元，接收模块还包括奇偶校验、控制逻辑、移位寄存器和一个两级接收数据缓冲器 UDR。接收器要支持与发送器相同的帧格式，并且可以检测帧错误、数据溢出和奇偶校验错误。

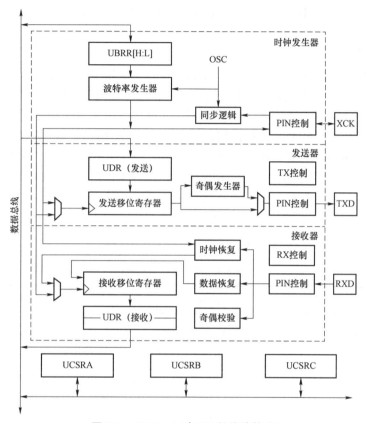

图 8.7　CPHA=1 时 SPI 的传输格式

AVR USART 在以下几个方面与 AVR UART 完全兼容：所有 USART 寄存器位定义、波特率发生器、发送器工作、发送缓冲器功能、接收器工作。不过，接收缓冲器有两个方面的改进，在某些特殊情况下会影响兼容性。首先，在接收方增加了一个缓冲寄存器。两个缓冲器以先入先出（FIFO）循环方式工作。因此对于每个接收到的数据只能读 UDR 一次。尤为重要的是，错误标志位（FE 和 DOR），以及第 9 个数据位 RxB8 与数据一起存放于接收缓冲器，因此必须在读取 UDR 寄存器之前访问状态标志位。否则由于缓冲状态丢失，错误状态也将丢失。其次，接收移位寄存器还可以作为接收方的第三级缓冲。在检测到新的异步传输起始位之前，如果两个接收缓冲器都没有空，数据可以暂时保存在串行移位寄存器中。因此 USART 可以更有效防止数据溢出（DOR）。

下面的控制位名称做了改动，但其功能和在寄存器中的位置并没有改变：CHR9 改为 UCSZ2，OR 改为 DOR。

时钟产生：

USART 的发送模块和接收模块工作时都需要基本时钟，此时钟来源于时钟产生逻辑模块。USART 支持 4 种模式的工作时钟：正常异步模式、倍速异步模式、主机同步模式，以及从机同步模式。USART 工作在异步模式还是同步模式，取决于控制与状态寄存器 C（UCSRC）中的 UMSEL 位。倍速模式（只适用于异步模式）由 UCSRA 寄存器中的位 U2x 来控制。工作在同步模式（UMSEL=1）时，时钟源是来自系统内部（主机模式）还是外部（从机模式），由 XCK 引脚的数据方向寄存器（DDR_XCK）决定。XCK 引脚只在同步模式下有用，异步模式下无用。

波特率发生器：

单片机的内部系统时钟通过波特率发生器，可以生成用于异步通信和同步通信主机所需要的时钟。USART 的波特率发生器主要包括一个波特率寄存器 UBRR 和一个减计数器，二者相连接构成一个可编程的预分频器。波特率发生器工作时，首先需要软件给波特率寄存器 UBRR 赋值，然后减计数器载入 UBRR 值，之后减计数器从 UBRR 值开始对系统时钟减计数，当其计数到零或 UBRRL 寄存器被写入新值时，会自动载入 UBRR 寄存器的值。每当减计数器计数到零时产生一个时钟脉冲，该时钟即为波特率发生器的输出时钟，输出时钟的频率为 $f_{osc}/$（UBRR+1）。波特率发生器的输出直接用于接收器的时钟与数据恢复单元。根据工作模式的不同，USART 发送器对波特率发生器的输出时钟会进行 2、8 或 16 的分频。波特率和 UBRR 值以及对应的计算公式如表 8.5 所示。

表 8.5　波特率计算公式

工作模式	波特率计算公式	UBRR 值计算公式
异步正常模式（U2x=0）	$BAUD = \dfrac{f_{osc}}{16(UBRR+1)}$	$UBRR = \dfrac{f_{osc}}{16BAUD} - 1$
异步倍速模式（U2x=1）	$BAUD = \dfrac{f_{osc}}{8(UBRR+1)}$	$UBRR = \dfrac{f_{osc}}{8BAUD} - 1$
同步主机模式	$BAUD = \dfrac{f_{osc}}{2(UBRR+1)}$	$UBRR = \dfrac{f_{osc}}{2BAUD} - 1$
BAUD：波特率（bps）；f_{osc}：系统时钟频率；UBRR：UBRRH 与 UBRRL 的数值（0～4 095）。		

倍速工作模式（U2x）：

当 UCSRA 寄存器的 U2x 位被设置为"1"时，可以使传输速率加倍。该位的设置只对异步工作模式有效，在同步模式下，该位应设置为"0"。该位置"1"可把波特率分频器的分频比从 16 降到 8，从而使异步通信的传输速率加倍。此时，接收器只使用一半的采样率对数据进行采样及时钟恢复，因此，在该模式下需要更精准的系统时钟与更精确的波特率设置。

同步时钟：

同步模式下，从机由外部时钟驱动。外部 XCK 的最大时钟频率不能超过本机 $f_{osc}/4$。在同步模式下（UMSEL=1）XCK 引脚用于时钟输入（从机模式），或时钟输出（主机模式）。时钟边沿与数据采样或数据输出之间的依赖关系是一样的。如图 8.8 所示，其基本原则就是，在 TXD 端数据输出时对应的 XCK 时钟边沿的相反边沿，对 RXD 端输入数据进行采样。

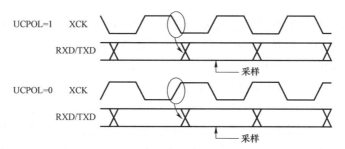

图 8.8 同步模式时的 XCK 时序

UCSRC 寄存器的 UCPOL 位用来确定使用 XCK 时钟的哪个边沿对数据进行采样和输出数据。如图 8.8 所示，当 UCPOL=0 时，在 XCK 上升沿输出数据，在 XCK 下降沿进行数据采样。而当 UCPOL=1 时，在 XCK 的下降沿输出数据，在 XCK 的上升沿进行数据采样。

异步串行通信帧格式：

USART 异步串行通信时，没有时钟信号进行同步。收发双方之所以仍能正确地进行数据交换，是因为收发双方事先约定好了相同的数据传输格式和传输速率。USART 异步串行通信时，数据以帧的格式进行传输。一帧数据由数据位、同步位（开始位与停止位）以及用于纠错的奇偶校验位构成，USART 可以由以下条件形成 30 种不同组合的数据帧格式：

（1）1 个起始位；

（2）5、6、7、8 或 9 个数据位；

（3）无校验位、奇校验或偶校验位；

（4）1 或 2 个停止位。

以上每一个控制位或数据位在数据线上均表现为单位时间上的高低电平。USART 异步串行通信的数据线空闲时必须为高电平，当发送方开始发送数据时，首先要把数据线拉低一个时钟周期，作为起始位信号。数据帧必须以起始位开始，紧接着是数据位的最低位，数据位最多可以有 9 位，以数据的最高位结束。一个数据位可能是一个时钟周期的高电平，也可能是一个时钟周期的低电平。如果使能了校验位，校验位将紧接着数据位，最后是以一个或两个时钟周期的高电平作为停止位。当一个完整的数据帧传输结束后，可以立即启动传输下一个新的数据帧，也可以使传输线处于空闲状态。如图 8.9 所示为可能的数据帧结构组合，括号中的位是可选的。

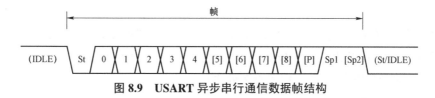

图 8.9 USART 异步串行通信数据帧结构

St：起始位，总是为低电平；

0~8：最少 5 个，最多 9 个的数据位；

P：校验位，可以为奇校验或偶校验，或无校验；

Sp：停止位，总是为高电平；

IDLE：数据线（RXD 或 TXD）上没有数据传输，线路空闲时必须为高电平。

以上每一个控制位或数据位的持续时间均为一个时钟周期，所以，USART 异步串行通信虽然没有同步时钟脉冲，但是在数据传输过程中是隐含了时钟信号的。所谓奇偶校验，就是收发双方比对所传输的二进制数据中"1"的个数是奇数还是偶数，这是最简单的一种数据传输正确与否的检验方式。在 USART 中，如果采用奇校验，并且传输的二进制数据中"1"的个数为偶数个，则校验位为"1"，否则为"0"；如果采用偶校验，并且传输的二进制数据中"1"的个数为奇数个，则校验位为"1"，否则为"0"。也就是说，数据位加上校验位，奇校验要让"1"的个数凑成奇数，偶校验要让"1"的个数凑成偶数，以方便接收方进行检查比对。

数据帧的结构由 UCSRB 和 UCSRC 寄存器中的控制位 UCSZ2:0、UPM1:0、USBS 来设定。接收方与发送方必须使用相同的帧设置，设置的任何改变都可能破坏正在进行的数据传送与接收。

USART 的初始化：

USART 通信之前首先要对其进行初始化，初始化工作通常包括**波特率**、**帧结构**的设定，并根据需要使能接收器或发送器。对于中断驱动的 USART 操作，在初始化时首先要清零全局中断标志位（关闭全局中断）。C 语言对 USART 初始化举例如下：

```
void USART_Init (unsigned int baud)
{
  UBRRH= (unsigned char)(baud>>8); //设置波特率
  UBRRL= (unsigned char) baud;
  UCSRB= (1<<RXEN) | (1<<TXEN); //接收器与发送器使能
  UCSRC= (1<<URSEL) | (1<<USBS) | (3<<UCSZ0); //帧格式：8 个数据位，2 个停止位
}
```

数据发送：

寄存器 UCSRB 的发送允许控制位 TXEN 置"1"将使能 USART 数据发送。发送使能后 TXD 引脚的通用 I/O 功能即被 USART 功能所取代，成为发送器的串行输出引脚。发送数据之前要设置好波特率、工作模式与帧结构。如果使用同步发送模式，施加于 XCK 引脚上的时钟信号即为数据发送的时钟。将需要发送的数据加载到发送缓存器将启动数据发送，加载过程即为 CPU 对 UDR 寄存器的写操作，也就是执行对 UDR 的赋值指令。当移位寄存器可以发送新一帧数据时，缓冲的数据将转移到移位寄存器。当移位寄存器处于空闲状态（没有正在进行的数据传输），或前一帧数据的最后一个停止位传送结束，它将加载新的数据。一旦移位寄存器加载了新的数据，就会按照设定的波特率完成数据的发送。

发送 5~8 位数据帧的 C 语言程序示例如下：

```
void USART_Transmit (unsigned char data)
{
    while (!(UCSRA & (1<<UDRE)))      // 等待发送缓冲器为空
    ;                                  // 分号前为空，表示一个 nop 操作
    UDR=data;                          // 将数据放入缓冲器，发送数据
}
```

发送标志位与中断：

USART 发送器有两个中断标志位：USART 数据寄存器空标志 UDRE 及发送结束标志 TXC，这两个标志位都可以用于产生中断。数据寄存器空标志位 UDRE 用来表示发送缓冲器是否能够接收一个新的数据，该位在发送缓冲器为空时被置为"1"。当发送缓冲器中包含有需要发送的数据时此位被清零。为与将来的器件兼容，写 UCSRA 寄存器时该位要写"0"。当 UCSRB 寄存器中的数据寄存器空中断使能位 UDRIE 为"1"时，只要 UDRE 被置位（且全局中断使能），就将产生 USART 数据寄存器空中断请求，此时，可以在其中断服务程序中进行数据发送。对数据寄存器 UDR 执行写操作时将清零 UDRE。当采用中断方式传输数据时，在数据寄存器空中断服务程序中必须写一个新的数据到 UDR 中，以清零 UDRE；或者是禁止数据寄存器空中断。否则一旦该中断程序结束，一个新的中断将再次产生。当整个数据帧移出发送移位寄存器，同时发送缓冲器中又没有新的数据时，发送结束标志位 TXC 置位。TXC 位在传送结束中断服务程序执行时自动清零，也可对该位写"1"来清零。TXC 标志位对于采用如 RS-485 标准的半双工通信接口十分有用，因为在这些应用里，一旦传送结束，应用程序必须释放通信总线并进入接收状态。当 UCSRB 上的发送结束中断使能位 TXCIE 与全局中断使能位均被置为"1"时，随着 TXC 标志位的置位，USART 发送结束中断服务程序将被执行。一旦进入中断服务程序，TXC 标志位即被自动清零，中断处理程序不必执行 TXC 清零操作。

数据接收：

将控制寄存器 UCSRB 的接收允许位 RXEN 置位，即可启动 USART 接收器。接收器使能后，RXD 的普通引脚功能被 USART 功能所取代，成为接收器的串行输入口。进行数据接收之前首先要设置好波特率、工作模式及帧格式。如果使用同步操作，XCK 引脚上的时钟被作为传输时钟。一旦接收器检测到一个有效的起始位，便开始接收数据。起始位后的每一位数据都将以所设定的波特率或 XCK 时钟进行接收，直到收到一帧数据的第一个停止位。接收到的数据被送入接收移位寄存器。第二个停止位会被接收器忽略。接收到第一个停止位后，接收移位寄存器中就包含了一个完整的数据帧。这时移位寄存器中的内容将被转移到接收缓冲器中。通过读取 UDR 就可以获得接收缓冲器中的数据。

接收 5~8 位数据位的帧的 C 语言程序示例如下：

```
unsigned char USART_Receive (void)
{
 while (! (UCSRA & (1<<RXC)))            // 等待接收数据
 ;
 return UDR;                            //从缓冲器中获取并返回数据
}
```

接收结束标志及中断：

USART 接收器有一个标志位用来指明接收器的状态，接收结束标志 RXC 用来说明接收缓冲器中是否有未读出的数据。当接收缓冲器中有未读出的数据时，此位为"1"，当接收缓冲器空时为"0"（即不包含未读出的数据）。如果接收器被禁止（RXEN=0），接收缓冲器会被刷新，从而使 RXC 清零。置位 UCSRB 的接收结束中断使能位（RXCIE）后，只要 RXC 标志置位（且全局中断使能）就会产生 USART 接收结束中断。使用中断方式进行数据接收时，数据接收结束中断服务程序必须从 UDR 中读取数据以清 RXC 标志，否则只要中断处理程序一结束，一个新的中断就会产生。

接收器错误标志：

数据在传输过程中很有可能出错，AVR 单片机的 USART 硬件针对常见的 3 种错误能够进行检测，并设置有相应的错误标志位：帧错误（FE）、数据溢出（DOR）及奇偶校验错（UPE）。这 3 个标志位都位于寄存器 UCSRA 中。错误标志位与数据帧一起保存在接收缓冲器中，由于读取 UDR 会改变缓冲器读取地址，所以 UCSRA 的内容必须在读接收缓冲器（UDR）之前读入。3 个错误标志都不能通过软件写操作来修改，也都不能产生中断。

帧错误标志（FE）用于指明存储在接收缓冲器中的下一个可读帧的第一个停止位的状态。停止位正确（为 "1"）则 FE 标志为 "0"，否则 FE 标志为 "1"。这个标志可用来检测同步丢失、传输中断，也可用于协议处理等。为了与以后的器件相兼容，写 UCSRA 时这一位必须置 "0"。

数据溢出标志（DOR）用于指明是否因为接收缓冲器满而造成了数据丢失。当接收缓冲器满（包含了两个数据），接收移位寄存器又有数据，若此时检测到一个新的起始位，数据溢出就产生了。DOR 标志位置位即表明在最近一次读取 UDR 和下一次读取 UDR 之间丢失了一个或更多的数据帧。当数据帧成功地从移位寄存器转入接收缓冲器后，DOR 标志被清零。为了与以后的器件相兼容，写 UCSRA 时这一位必须置 "0"。

奇偶校验错标志（UPE）用于指明接收缓冲器中的下一帧数据在接收过程中是否有奇偶校验错误。如果不使能奇偶校验，那么 UPE 位应被清零。为了与以后的器件相兼容，写 UCSRA 时这一位必须置 "0"。

异步数据接收：

异步通信虽然没有时钟线，但发送方和接收方都有自己的时钟。发送方用数据位和控制位来调制自己的时钟信号，从而形成异步数据传输的信号输出。USART 接收方则有一个时钟恢复单元和数据恢复单元，用来处理异步数据接收。时钟恢复逻辑用于将内部的波特率时钟和 RXD 引脚输入的异步串行数据（隐含的时钟）同步。当异步串行接收被启用后，时钟恢复逻辑就开始对 RXD 引脚进行高速采样，如果是普通工作模式，而采样率是波特率的 16 倍，倍速工作模式下则为波特率的 8 倍。当 RXD 线空闲时，采到的一直是高电平。而当采集到一次从高电平向低电平的跳变后，即作为 16（或 8）个时钟同步序列的开始。然后用这 16（或 8）个采集数据中间的 3 个值，取平均后作为起始位的依据。如果检测到一个有效的起始位，时钟即被同步并开始接收数据。数据恢复逻辑采集数据，并通过一低通滤波器过滤所输入的每一位数据，从而提高接收器的抗干扰性能。数据恢复逻辑也用像时钟恢复逻辑一样的频率对 RXD 采样，然后用这 16（或 8）个采集数据中间的 3 个值，用少数服从多数的方式决定采集到的数据位。异步接收的工作范围依赖于内部波特率时钟的精度、帧输入的速率及一帧所包含的位数。

访问 UBRRH/ UCSRC 寄存器：

在 ATmega8A 单片机中，寄存器 UBRRH 与 UCSRC 被赋予了同一个 I/O 地址。因此访问该地址时需注意以下问题：

当在该地址执行写访问时，被写入数值的最高位，即 USART 寄存器选择位（URSEL）用于决定要被写入的寄存器。若 URSEL 位为 "0"，表示是对 **UBRRH** 值更新；若 URSEL 为

"1"，表示是对 **UCSRC** 值更新。也就是写入数据时，只有 7 位是有用数据，最高位决定写入哪个寄存器。对 **UBRRH** 或 **UCSRC** 寄存器的读访问则较为复杂，但在大多数应用中，基本不需要读这些寄存器。

USART 寄存器描述：

USART I/O 数据寄存器—UDR，其位定义如图 **8.10** 所示。

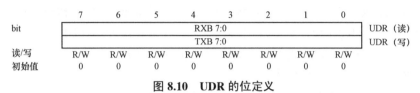

图 8.10　UDR 的位定义

USART 发送数据缓冲寄存器和 USART 接收数据缓冲寄存器也被赋予了同一个 I/O 地址，称为 USART 数据寄存器或 UDR，它们是通过读写操作加以区分的。将数据写入 UDR 时，实际操作的是发送数据缓冲寄存器（TXB），读 UDR 时实际返回的是接收数据缓冲寄存器（RXB）的内容。在 5、6、7 位字长模式下，未使用的高位被发送器忽略，而接收器则将它们设置为"0"。工作时，只有当 UCSRA 寄存器的异步串行使能位 UDRE 置位后才可以对发送缓冲器进行写操作。如果 UDRE 没有置位，那么写入 UDR 的数据会被 USART 发送器忽略。当数据写入发送缓冲器后，若移位寄存器为空，发送器将把数据加载到发送移位寄存器，然后数据串行地从 TXD 引脚移出。

接收缓冲器包括一个两级 FIFO，一旦接收缓冲器被寻址，FIFO 就会改变它的状态。因此不要对这一存储单元使用读—修改—写指令（SBI 和 CBI）。使用位查询指令（SBIC 和 SBIS）时也要小心，因为这也有可能改变 FIFO 的状态。

USART 控制和状态寄存器 A—UCSRA，其位定义如图 **8.11** 所示。

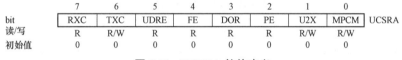

图 8.11　UCSRA 的位定义

● bit 7—RXC：USART 接收结束标志位。

接收缓冲器中若有未读出的数据时 RXC 置位，否则清零。接收器禁止时，接收缓冲器被刷新，导致 RXC 清零。RXC 标志可用来产生接收结束中断，并可在其中断服务程序中实现尽快读取接收到的数据。

● bit 6—TXC：USART 发送结束标志位。

发送移位缓冲器中的数据被全部移出，且当发送缓冲器（UDR）为空时，TXC 置位。进入发送结束中断时，TXC 标志将自动清零，也可以通过写"1"进行清除操作。TXC 标志可用来产生发送结束中断。

● bit 5—UDRE：USART 数据寄存器空标志位。

UDRE 标志用于指出发送缓冲器（UDR）是否准备好接收新数据。UDRE 为"1"说明缓冲器为空，已准备好进行数据接收。UDRE 标志可用来产生数据寄存器空中断。复位后UDRE 置位，表明发送器已经就绪。

● bit 4—FE：帧错误标志位。

如果接收缓冲器接收到的下一帧数据有帧错误，即接收缓冲器中下一帧数据的第一个停止位为"0"，那么 FE 置位。在接收缓冲器（UDR）被读取之前，这一标志位一直有效。当接收到的停止位为"1"时，FE 标志为"0"。对 UCSRA 进行写入时，这一位要写"0"。

● bit 3—DOR：数据溢出标志位。

数据溢出时 DOR 置位。当接收缓冲器满（包含了两个数据），接收移位寄存器又有数据，若此时检测到一个新的起始位，数据溢出就产生了。在接收缓冲器（UDR）被读取之前，这一标志位一直有效。对 UCSRA 进行写入时，这一位要写"0"。

● bit 2—PE：奇偶校验错误标志位。

当奇偶校验使能（UPM1=1），且接收缓冲器中所接收到的下一帧数据有奇偶校验错误时 PE 置位。在接收缓冲器（UDR）被读取之前，这一标志位一直有效。对 UCSRA 进行写入时，这一位要写"0"。

● bit 1—U2X：倍速发送。

这一位仅对异步操作有影响，使用同步操作时将此位清零。此位若置"1"，可将波特率分频因子从 16 降到 8，从而有效地将异步通信模式的传输速率加倍。

● bit 0—MPCM：多处理器通信模式。

设置此位将启动多处理器通信模式。MPCM 置位后，USART 接收器接收到的那些不包含地址信息的输入帧都将被忽略。发送器不受 MPCM 设置的影响。

USART 控制和状态寄存器 B—UCSRB，其位定义如图 8.12 所示。

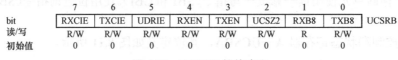

bit	7	6	5	4	3	2	1	0	
	RXCIE	TXCIE	UDRIE	RXEN	TXEN	UCSZ2	RXB8	TXB8	UCSRB
读/写	R/W	R/W	R/W	R/W	R/W	R/W	R	R/W	
初始值	0	0	0	0	0	0	0	0	

图 8.12　UCSRB 的位定义

● bit 7—RXCIE：接收结束中断使能位。

产生 USART 接收结束中断的 3 个条件为：RXCIE 为"1"，SREG 全局中断使能位置位，UCSRA 寄存器的 RXC 为"1"。

● bit 6—TXCIE：发送结束中断使能位。

产生 USART 发送结束中断的 3 个条件为：TXCIE 为"1"，SREG 全局中断使能位置位，UCSRA 寄存器的 TXC 为"1"。

● bit 5—UDRIE：USART 数据寄存器空中断使能位。

当 UDRIE 为"1"，并且 SREG 全局中断使能位置位，UCSRA 寄存器的 UDRE 亦为"1"时，可以产生 USART 数据寄存器空中断。

● bit 4—RXEN：接收使能位。

此位置位后，将启动 USART 接收器。RXD 引脚的通用端口功能被 USART 功能所取代。此位置"0"，将禁止接收器并刷新接收缓冲器，同时使 FE、DOR 及 PE 标志无效。

● bit 3—TXEN：发送使能位。

此位置位后，将启动 USART 发送器。TXD 引脚的通用端口功能被 USART 功能所取代。TXEN 清零后，只有等到所有的数据发送完成后发送器才能够真正禁止。

● bit 2—UCSZ2：字符长度。

UCSZ2 与 UCSRC 寄存器的 UCSZ1:0 共同用于设置数据帧所包含的数据位数（字符长度）。

● bit 1—RXB8：接收数据位 8。

对 9 位串行帧进行操作时，RXB8 是第 9 个数据位。读取 UDR 包含的低位数据之前首先要读取 RXB8。

● bit 0—TXB8：发送数据位 8。

对 9 位串行帧进行操作时，TXB8 是第 9 个数据位。写 UDR 之前首先要对它进行写操作。

USART 控制和状态寄存器 C—UCSRC，其位定义如图 8.13 所示。

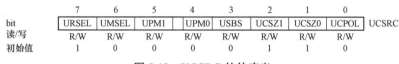

图 8.13　UCSRC 的位定义

● bit 7—URSEL：寄存器选择位。

寄存器 UCSRC 与 UBRRH 共用一个 I/O 地址，因此访问该地址时用 URSEL 位来决定访问哪一个寄存器。当对该地址执行写操作时，若 URSEL=0，寄存器 UBRRH 的值被更新；相反，若 URSEL=1，寄存器 UCSRC 的值被更新。

● bit 6—UMSEL：USART 模式选择位。

通过这一位来选择同步或异步工作模式。0：异步通信；1：同步通信。

● bit 5:4—UPM1:0：奇偶校验模式位。

设置奇偶校验模式，并使能奇偶校验。如果使能了奇偶校验，发送器都会自动产生并发送奇偶校验位。对每一个接收到的数据，接收器都会产生一奇偶值，并与 UPM0 所设置的值进行比较。如果不匹配，那么就将 UCSRA 中的 PE 置位。具体设置如表 8.6 所示。

表 8.6　奇偶校验位设置

UPM1	UPM0	奇偶模式
0	0	禁止
0	1	保留
1	0	偶校验
1	1	奇校验

● bit 3—USBS：停止位选择。

设置停止位的位数。接收器忽略这一位的设置。0：1 位；1：2 位。

● bit 2:1—UCSZ1:0：字符长度。

UCSZ1:0 与 UCSRB 寄存器的 UCSZ2 共同设置数据帧包含的数据位数（字符长度），如表 8.7 所示。

表 8.7 数据位的设置

UCSZ2	UCSZ1	UCSZ0	字符长度
0	0	0	5 位
0	0	1	6 位
0	1	0	7 位
0	1	1	8 位
1	0	0	保留
1	0	1	保留
1	1	0	保留
1	1	1	9 位

● bit 0—UCPOL：时钟极性。

仅用于同步模式。异步模式时清零。UCPOL 决定数据输出和接收数据采样，以及同步时钟 XCK 之间的关系，如表 8.8 所示。

表 8.8 同步时钟极性

UCPOL	数据输出（TXD 引脚输出）	接收数据采样（RXD 引脚输入）
0	XCK 上升沿	XCK 下降沿
1	XCK 下降沿	XCK 上升沿

USART 波特率寄存器—UBRRL 和 UBRRH，其位定义如图 8.14 所示。

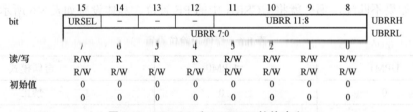

图 8.14 UBRRL 和 UBRRH 的位定义

UCSRC 寄存器与 UBRRH 寄存器共用一个 I/O 地址。

● bit 15—URSEL：寄存器选择。

决定访问 UCSRC 寄存器或 UBRRH 寄存器。UCSRC 最高位也为 URSEL。

● bit 14:12—保留。

● bit 11:0—UBRR11:0：USART 波特率设置位。

这 12 位包含了 USART 的波特率信息。其中 UBRRH 包含了 USART 波特率高 4 位，UBRRL 包含了低 8 位。波特率的改变将造成正在进行的数据传输受到破坏。写 UBRRL 将立即更新波特率分频器。

波特率设置举例：

对单片机所用的标准晶振及谐振器频率来说，异步模式下最常用的波特率可通过表 8.9 中 UBRR 的设置来产生，手册中给出了不同晶振下、不同波特率时，UBRR 寄存器的参考数值。表中的粗体数据表示由此产生的波特率与目标波特率的偏差不超过 0.5%。更高的误差也可使用，但数据传输的抗噪性会降低，特别是需要传输大量数据时。

表 8.9　通用振荡器频率下设置 UBRR

波特率/ bps	f_{osc}=1.000 0 MHz				f_{osc}=1.843 2 MHz				f_{osc}=2.000 0 MHz			
	U2x = 0		U2x = 1		U2x = 0		U2x = 1		U2x = 0		U2x = 1	
	UBRR	误差	UBRR	误差	UBRR	误差	UBRR	误差	UBRR	误差	UBRR	误差
2 400	**25**	**0.2%**	51	0.2%	**47**	**0.0%**	95	0.0%	51	0.2%	103	0.2%
4 800	**12**	**0.2%**	25	0.2%	23	0.0%	47	0.0%	25	0.2%	51	0.2%
9 600	6	−7.0%	12	0.2%	11	0.0%	23	0.0%	12	0.2%	25	0.2%
14.4 K	3	8.5%	8	−3.5%	7	0.0%	15	0.0%	8	−3.5%	16	2.1%
19.2 K	2	8.5%	6	−7.0%	5	0.0%	11	0.0%	6	−7.0%	**12**	**0.2%**
28.8 K	1	8.5%	3	8.5%	3	0.0%	7	0.0%	3	8.5%	8	−3.5%
38.4 K	1	−18.6%	2	8.5%	2	0.0%	5	0.0%	2	8.5%	6	−7.0%
57.6 K	0	8.5%	1	8.5%	1	0.0%	3	0.0%	1	8.5%	3	8.5%
76.8 K	—	—	1	−18.6%	1	−25.0%	2	0.0%	1	−18.6%	2	8.5%
115.2 K	—	—	0	8.5%	0	0.0%	1	0.0%	0	8.5%	1	8.5%
230.4 K	—	—	—	—	—	—	0	0.0%	—	—	—	—
250 K	—	—	—	—	—	—	—	—	—	—	0	0.0%
最大[1]	62.5 Kbps		125 Kbps		115.2 Kbps		230.4 Kbps		125 Kbps		250 Kbps	
注（1）：UBRR=0，误差=0.0%。												

USART 的编程练习见第 4 章。

第9章
两线串行接口 TWI

I²C 是一个应用非常普遍的双线双向通信接口协议，1982 年由菲利浦公司创建，用于连接微控制器和外围设备。由于名称受到保护，其他厂商对此协议常使用不同的名字。Atmel 公司在 AVR 单片机中实现的 I²C 被称为 TWI，并且，由于和单片机相结合，使得 TWI 应用起来更简便。通常，计算机或手机主板上都有一个 I²C 总线来读取温度、风扇转速等硬件设备的信息。

9.1　TWI 接口特点及总线定义

1. TWI 接口的特点
（1）只需要两根线，即可实现简单、强大而灵活的通信接口；
（2）支持主机和从机操作；
（3）器件可以工作于发送器模式或接收器模式；
（4）7 位地址空间，最多允许有 128 个从机；
（5）支持多主机仲裁；
（6）高达 400 kHz 的数据传输率；
（7）具有噪声抑制器，可抑制总线毛刺信号；
（8）具有公共广播地址及可自由编程的从机地址；
（9）睡眠时地址匹配可以唤醒 AVR。

两线串行接口 TWI 很适合于一个中央处理器与多个外部设备进行通信的应用。TWI 协议可以让系统设计者只使用两根双向传输线，就可以将 128 个不同的外部设备互连到一起。这两根线一根是时钟线 SCL，另一根是数据线 SDA。外部硬件只需要两个上拉电阻，每根线上一个。所有连接到总线上的设备都要有自己的地址。TWI 协议解决了总线仲裁的问题。

2. 电气连接
如图 9.1 所示，两根传输线都通过上拉电阻与正电源连接。所有 TWI 兼容设备的总线驱动都是漏极开路或集电极开路，这样可以实现对接口操作非常关键的"线与"功能：任一个 TWI 器件输出为"0"时，TWI 总线即为低电平"0"。"线与"功能对 TWI 协议非常重要，主机仲裁与时钟同步都需要依靠它来实现。当所有的 TWI 器件输出为三态时，总线会输出高电平，允许上拉电阻将电压拉高。工作时，为保证所有的总线操作，凡是与 TWI 总线连接的 AVR 器件必须上电。

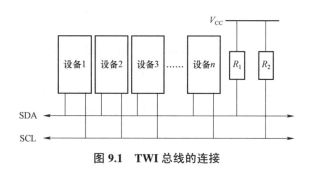

图 9.1　TWI 总线的连接

9.2　数据传输与帧格式

TWI 是同步串行通信协议,所有的数据位和控制位的传输都要在时钟信号的同步下进行。总线上数据位的传送与时钟脉冲同步,如图 9.2 所示。TWI 对数据位和控制位有着明确、严格的定义。**时钟线 SCL 为高电平期间,数据线 SDA 电平保持高电平或低电平稳定不变,表明传输的是数据,否则表明传输的是开始或结束等控制信号。**

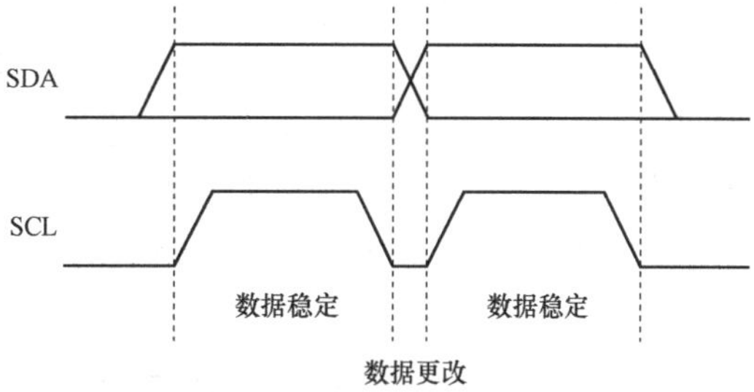

1. START/STOP 停止信号

任何时候,数据传输总是由主机启动和结束。主机需要在总线空闲时发出 START 信号以

图 9.2　TWI 总线的数据位传输

启动数据传输,最后在总线上发出 STOP 信号,以结束数据传输。在 START 与 STOP 信号之间,总线被认定为"忙"的状态,此时不允许其他主机控制总线。有一种特殊情况是,在 START 与 STOP 信号之间,可以由已经控制总线的主机发出一个新的 START 信号,这被称为 REPEATED START 信号。这适用于主机在不放弃总线控制的情况下,启动新的传送。在 REPEATED START 之后,直到下一个 STOP,总线仍被认定处于"忙"的状态。如果没有特殊说明,START 与 REPEATED START 均用 START 表述。如图 9.3 所示,START 与 STOP 信号的定义为:在时钟线 SCL 为高电平期间,数据线 SDA 电平发生改变。

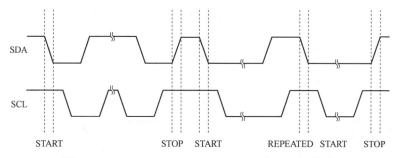

图 9.3　START、REPEATED START 与 STOP 信号

数据线 SDA 电平在时钟线 SCL 高电平期间发生变换,表明这要么是一个 START/REPEATED START 信号,要么是一个 STOP 信号。

2. 地址包格式

所有并联在 TWI 总线上的设备之所以能正常相互通信，是因为它们都有自己的固定地址。每次通信开始，主机都要对待访问的从机进行寻址，即主从设备建立联系。主机寻址时，要在总线上发送从机的地址包，所有在 TWI 总线上传送的地址包均为 9 位，包括 7 位地址位、1 位 READ/WRITE 控制位与 1 位应答位。如果 READ/WRITE 控制位为"1"，则执行读操作；如果 READ/WRITE 控制位为"0"，则执行写操作。从机被寻址后，必须在第 9 个 SCL 周期（ACK 周期）通过拉低 SDA 作出应答（ACK），也就是说，地址包的第 9 位，即应答位是由从机给出的。若该从机忙或有其他原因无法响应主机，则应该在 ACK 周期保持 SDA 为高电平。然后，主机可以发出 STOP 信号，或 REPEATED START 信号重新开始。地址包的内容包括从机地址与分别称为 SLA+R 或 SLA+W 的 READ 或 WRITE 位。如图 9.4 所示，地址字节的 MSB 首先被发送。从机地址由设计者自由分配，但需要保留地址 0000 000 作为所有设备的公共广播地址。

当主机需要发送相同的信息给多个从机时可以使用广播功能。当发送广播呼叫时，所有的从机应在 ACK 周期通过拉低 SDA 作出应答。当 WRITE 位紧跟广播呼叫地址在总线上发送后，所有的从机通过在 ACK 周期通过拉低 SDA 作出响应。所有应答的从机将接收紧跟的数据包。注意在整体访问中发送 READ 位没有意义，因为如果几个从机发送不同的数据会带来总线冲突。所有形如 1111 xxx 格式的地址都需要保留，以便将来使用。

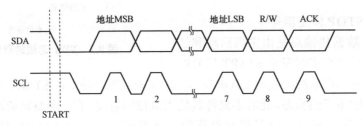

图 9.4　地址包格式

3. 数据包格式

地址包之后，就要发送数据包。数据包有可能由主机发出，也有可能由从机发出。所有在 TWI 总线上传送的数据包均为 9 位，包括 8 位数据位及 1 位应答位，如图 9.5 所示。在数据传送中，主机产生时钟及 START 与 STOP 信号，而接收方要对接收进行应答。应答是由从机或接收方在第 9 个 SCL 周期拉低 SDA 来实现的。如果接收方在第 9 个 SCL 周期使 SDA

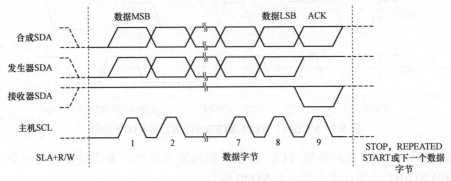

图 9.5　数据包格式

为高电平，则发出的是无应答/NACK 信号。接收方完成接收，或者由于某些原因无法接收更多的数据，应该在收到最后的字节后发出 NACK 来告知发送方。同地址包一样，数据的 MSB 位也首先发送。

4. 将地址包和数据包合成为一次传输过程

一次数据传输主要由 START 信号、SLA+R/W、至少一个数据包及 STOP 信号组成。只有 START 与 STOP 信号的空信息是非法的。通常，由于收发双方都有些准备工作要处理，在地址包之后，数据包不会在紧接着的第 10 个时钟脉冲立刻输出。收发双方准备工作所需要的时间可能不一样，那怎么让二者协调一致呢？这需要用到 SCL 的"线与"功能，来实现主机与从机的握手与同步。从机可通过拉低 SCL 来延长 SCL 低电平的时间。当主机设定的时钟速度相对于从机太快，或从机需要额外的时间来处理数据时，这一特性是非常有用的。从机延长 SCL 低电平的时间不会影响 SCL 高电平的时间，因为 SCL 高电平时间是由主机决定的。由上述可知，通过改变 SCL 的占空比可降低 TWI 数据传送速度。图 9.6 说明了典型的数据传送。注意 SLA+R/W 与 STOP 之间传送的字节数由应用程序的协议决定。

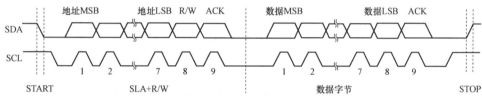

图 9.6　典型的数据传送

从机可以拉低 SCL 以延长低电平时间，此时 SDA 线上数据可以先出现，然后等待时钟。

9.3　多主机总线系统的仲裁和同步

TWI 协议允许总线上有多个主机，但不能同时有多个主机存在。如果某一时刻，有多个主机要同时开始发送数据，TWI 协议要保证发送能正常进行，需解决两个问题：

（1）必须制定规则来只允许一个主机实现传送，其余主机发现自己失去选择权后应停止传送。这个选择过程称为仲裁。当竞争中的主机发现其仲裁失败，应立即转换到从机模式，并检测是否被获得总线控制权的主机寻址。事实上多主机同时传送时不应该让从机检测到，即不许破坏数据在总线上的传送。

（2）不同的主机可能使用不同的 SCL 时钟频率。为保证传送的一致性，必须设计一种同步主机时钟的方案，这会简化仲裁过程。

总线的"线与"功能可以用来解决上述问题。将所有的主机输出时钟脉冲进行"与"操作，会生成组合的时钟脉冲。其高电平时间等于所有主机中最短的一个；低电平时间则等于所有主机中最长的一个。所有的主机都监听时钟线 SCL，当组合 SCL 电平高低变化时，它们可以有效地开始计算自己的 SCL 高/低电平的扣除时间。多主机时钟同步如图 9.7 所示。

输出数据之后，所有的主机都持续监听数据线 SDA 来实现主机仲裁。如果从 SDA 读回的数值与主机本身输出的数值不匹配，该主机即失去仲裁。要注意只有当一个主机输出高电平的 SDA，而其他主机输出为低，该主机才会仲裁失败。仲裁失败主机立即转为从机模式，并检测是否被赢得仲裁的主机寻址。失去仲裁的主机必须将 SDA 置高，但在当前的数据或地址包结束之前还可以产生时钟信号。仲裁过程将会持续到系统只剩余一个主机，这可能会占用许多位。如果几个主机对相同的从机寻址，仲裁将会持续到数据包。主机仲裁过程如图 9.8 所示。

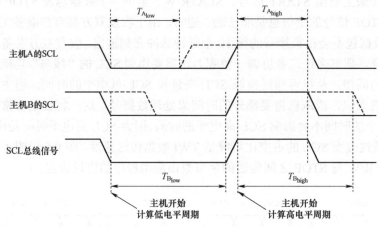

图 9.7　多主机时钟同步

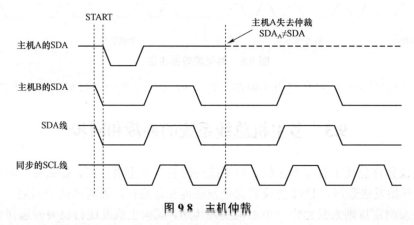

图 9.8　主机仲裁

两主机之间的仲裁，注意不允许在以下情况进行：

（1）一个 REPEATED START 信号与一个数据位。

（2）一个 STOP 信号与一个数据位。

（3）一个 REPEATED START 信号与一个 STOP 信号。

应用软件应考虑上述情况，保证不会出现这些非法仲裁状态。这意味着在多主机系统中，所有的数据传输必须由相同的 SLA+R/W 与数据包组合组成。换句话说：所有的传送必须包含相同数目的数据包，否则仲裁结果无法定义。

9.4　TWI 模块综述

TWI 模块由几个子模块组成，如图 9.9 所示。所有位于粗线之中的寄存器都可以通过 AVR 数据总线进行访问。

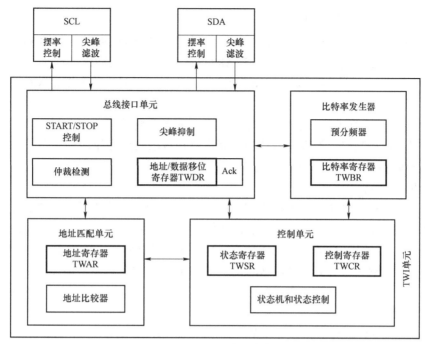

图 9.9　TWI 模块结构

1. SCL 和 SDA

引脚 SCL 与 SDA 为 MCU 的 TWI 接口引脚，应用时需要分别接到 TWI 总线上的时钟线 SCL 和数据线 SDA。引脚的输出驱动器包含一个摆率限制器，以满足 TWI 规范。引脚的输入部分包括尖峰抑制单元以去除小于 50 ns 的毛刺。当相应的端口设置为 SCL 与 SDA 引脚时，可以使能 I/O 口内部的上拉电阻，这样可省掉外部的上拉电阻。

2. 比特率发生器单元

TWI 工作于主机模式时，比特率发生器控制时钟信号 SCL 的周期。具体由 TWI 状态寄存器 TWSR 定义的预分频系数以及比特率寄存器 TWBR 的值设定。当 TWI 工作在从机模式时，不需要对比特率或预分频进行设定，但从机的 CPU 时钟频率必须大于 TWI 时钟线 SCL 频率的 16 倍。注意，从机可能会延长 SCL 低电平的时间，从而降低 TWI 总线的平均时钟周期。

SCL 的频率 f_{SCL} 根据以下的公式产生：

$$f_{\text{SCL}} = \frac{f_{\text{CPU}}}{16 + 2(TWBR) \cdot 4^{TWPS}}$$

式中，$TWBR$ 为 TWI 比特率寄存器 TWBR 中的数值；$TWPS$ 为 TWI 状态寄存器 TWSR 中的预分频数值；f_{CPU} 为 CPU 时钟频率。

3. 总线接口单元

该单元包括数据与地址移位寄存器 TWDR、START/STOP 控制器和总线仲裁检测电路。TWDR 寄存器用于存放发送或接收的数据或地址。除了 8 位的 TWDR，总线接口单元还有一个寄存器，包含了用于发送或接收应答的（N）ACK。这个（N）ACK 寄存器不能由程序直接访问。当接收数据时，它可以通过 TWI 控制寄存器 TWCR 来置位或清零；在发送数据时，

（N）ACK 值由 TWCR 的设置决定。

START/STOP 控制器负责产生和检测 TWI 总线上的 START、REPEATED START 与 STOP 信号。即使在 MCU 处于休眠状态时，START/STOP 控制器仍然能够检测 TWI 总线上的 START/STOP 信号，当检测到自己被 TWI 总线上的主机寻址时，还可以将 MCU 从休眠状态唤醒。

如果 TWI 以主机模式启动了数据传输，仲裁检测电路将持续监听总线，以确定是否可以通过仲裁获得总线控制权。如果总线仲裁单元检测到自己在总线仲裁过程中丢失了总线控制权，则通知 TWI 控制单元执行正确的动作，并产生合适的状态码。

4. 地址匹配单元

地址匹配单元将检测从总线上接收到的地址是否与 TWAR 寄存器中的 7 位地址相匹配。如果 TWAR 寄存器的 TWI 广播应答识别使能位 TWGCE 为 "1"，从总线接收到的地址也会与广播地址进行比较。一旦地址匹配成功，控制单元将得到通知以进行正确的响应。TWI 可以响应，也可以不响应主机的寻址，这取决于 TWCR 寄存器的设置。即使 MCU 处于休眠状态时，地址匹配单元仍可继续工作。一旦主机寻址到自己，就可以将 MCU 从休眠状态唤醒。

5. 控制单元

控制单元监听 TWI 总线，并根据 TWI 控制寄存器 TWCR 的设置作出相应的响应。当 TWI 总线上产生需要应用程序干预处理的事件时，TWI 中断标志位 TWINT 置位。在下一个时钟周期，TWI 状态寄存器 TWSR 被表示这个事件的状态码所更新。在其他时间里，TWSR 的内容为一个表示无事件发生的特殊状态字。不管主机还是从机，一旦 TWINT 标志位置 "1"，即把时钟线 SCL 拉低，暂停 TWI 总线上的数据传输，让用户程序有时间去处理刚发生的事件。用户程序处理完事件，并安排好接下来 TWI 总线上要做的操作后，清除 TWINT 标志位。一旦清除 TWINT 标志位，本机 SCL 线输出就被拉高。SCL 总线被拉高后，接下来的操作就可以在 TWI 总线上进行了。但 SCL 总线是否为高电平，还取决于另一方是否也清除了 TWINT 标志位。任何一方没有清除 TWINT 标志位，SCL 总线就为低电平，另一方就需要等待。

在下列事件发生时，TWINT 标志位将置位：

（1）在 TWI 传送完 START/REPEATED START 信号之后；

（2）在 TWI 传送完 SLA+R/W 数据之后；

（3）在 TWI 总线仲裁失败之后；

（4）在 TWI 被主机寻址之后（广播方式或从机地址匹配）；

（5）在 TWI 接收到一个数据字节之后；

（6）作为从机工作时，TWI 接收到 STOP 或 REPEATED START 信号之后；

（7）由于非法的 START 或 STOP 信号造成总线错误时。

9.5　TWI 寄存器说明

要对 TWI 编程，就必定要频繁地使用与 TWI 相关的各个寄存器，因此，也就需要详细了解各个寄存器的名称与作用。与 TWI 相关的主要寄存器如下。

1. TWI 比特率寄存器—TWBR

TWI 比特率寄存器—TWBR，其位定义如图 9.10 所示。

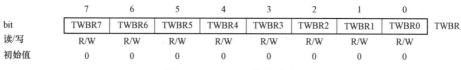

图 9.10　TWBR 的位定义

bit 7:0—TWI 比特率设置位。

TWBR 为比特率发生器分频因子。比特率发生器是一个分频器，在主机模式下产生 SCL 时钟。比特率计算公式请见比特率发生器单元。

2. TWI 控制寄存器—TWCR

TWI 控制寄存器—TWCR，其位定义如图 9.11 所示。

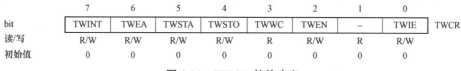

图 9.11　TWCR 的位定义

TWCR 寄存器是 TWI 编程时打交道最为频繁的寄存器，AVR 单片机的 TWI 通信主要是通过控制它来实现的。其作用主要包括：使能 TWI、通过在总线上生成 START 信号启动主机访问、产生接收应答、产生 STOP 信号，以及在写入数据到 TWDR 寄存器时控制总线的暂停等。这个寄存器还可以给出在 TWDR 无法访问期间，试图将数据写入 TWDR 而引起的写入冲突信息。其每一位的名称与作用都需详尽了解。

（1）bit 7—TWINT：TWI 中断标志。

当 TWI 硬件完成当前工作，希望应用程序介入时，TWINT 由硬件置位。若 SREG 的全局中断标志 I 以及 TWCR 寄存器的 TWI 中断允许位 TWIE 也置位，则 MCU 将执行 TWI 中断例程。当 TWINT 置位同时，SCL 信号被硬件自动拉为低电平。TWINT 标志的清零必须通过软件写"1"来完成，进入中断时硬件不会自动将其改写为"0"。要注意的是，只要这一位被清零，TWI 总线立即开始工作。因此，在清零 TWINT 之前一定要首先完成对地址寄存器 TWAR、状态寄存器 TWSR，以及数据寄存器 TWDR 的访问与设置。

在下列状况出现时，TWINT 标志位将置位：

① 在 TWI 传送完 START/REPEATED START 信号之后；

② 在 TWI 传送完 SLA+R/W 数据之后；

③ 在 TWI 总线仲裁失败之后；

④ 在 TWI 被主机寻址之后（广播方式或从机地址匹配）；

⑤ 在 TWI 接收到一个数据字节之后；

⑥ 作为从机工作时，TWI 接收到 STOP 或 REPEATED START 信号之后；

⑦ 由于非法的 START 或 STOP 信号造成总线错误时。

（2）bit 6—TWEA：TWI 应答使能位。

TWEA 标志控制应答脉冲产生。若 TWEA 置位，出现如下条件时接口发出 ACK 脉冲：

① 芯片的从机地址与主机发出的地址相符合；

② TWAR 的 TWGCE 置位时接收到广播呼叫；

③ 在主机/从机接收模式下接收到一个字节的数据。

进入从机模式待机时，必须将 TWEA 置位。将 TWEA 清零可以使器件暂时脱离总线。置位后器件重新恢复地址识别。

（3）bit 5—TWSTA：TWI START 信号位。

当程序希望自己的 CPU 成为总线上的主机时，需要置位 TWSTA。一旦 TWSTA 置位，TWI 硬件检测总线是否可用。若总线空闲，接口就在总线上产生 START 信号。若总线忙，接口就一直等待，直到检测到一个 STOP 信号，然后产生 START 信号以声明自己希望成为主机。发送 START 信号之后，软件必须清零 TWSTA。

（4）bit 4—TWSTO：TWI STOP 信号位。

在主机模式下，如果置位 TWSTO，TWI 接口将在总线上产生 STOP 信号，然后 TWSTO 自动清零。在从机模式下，置位 TWSTO 可以使接口从错误状态恢复到未被寻址的状态，并且总线上不会有 STOP 信号产生，但 TWI 返回一个定义好的未被寻址的从机模式且释放 SCL 与 SDA 为高阻态。

（5）bit 3—TWWC：TWI 写冲突标志。

当 TWINT 为"0"时写数据寄存器 TWDR 将产生写冲突，并置位 TWWC。当 TWINT 为"1"时，写 TWDR 将清零此标志位。

（6）bit 2—TWEN：TWI 使能。

TWEN 位用于使能 TWI 操作与激活 TWI 接口。当 TWEN 位被写为"1"时，TWI 引脚将 I/O 引脚切换到 SCL 与 SDA 引脚，使能波形斜率限制器与尖峰滤波器。如果该位清零，TWI 接口模块将被关闭，所有 TWI 传输将被终止。

（7）bit 1—Res：保留。

保留，读返回值为"0"。

（8）bit 0—TWIE：TWI 中断使能。

当 SREG 的 I 以及 TWIE 置位时，只要 TWINT 为"1"，TWI 中断就被激活。

3. TWI 状态寄存器—TWSR

TWI 状态寄存器—TWSR，其位定义如图 9.12 所示。

bit	7	6	5	4	3	2	1	0	
	TWS7	TWS6	TWS5	TWS4	TWS3	–	TWPS1	TWPS0	TWSR
读/写	R	R	R	R	R	R	R/W	R/W	
初始值	1	1	1	1	1	0	0	0	

图 9.12 TWSR 的位定义

（1）bit 7:3—TWS：TWI 状态位。

这 5 位用来反映 TWI 逻辑和总线的状态。不同的状态代码将会在后面的部分描述。注意从 TWSR 读出的值包括 5 位状态值与 2 位预分频值。检测状态位时，设计者应屏蔽预分频位为"0"，这使状态检测独立于预分频器设置。

（2）bit 2—Res：保留。

保留，读返回值为"0"。

（3）bit 1:0—TWPS1:0：TWI 预分频位。

这两位可读/写，用于控制比特率预分频因子，如表 9.1 所示，其值作为比特率公式的分母中 4 的方次。

表 9.1　预分频设置

TWPS1	TWPS0	预分频器值
0	0	1
0	1	4
1	0	16
1	1	64

4. TWI 数据寄存器—TWDR

TWI 数据寄存器—TWDR，其位定义如图 9.13 所示。

bit	7	6	5	4	3	2	1	0	
	TWD7	TWD6	TWD5	TWD4	TWD3	TWD2	TWD1	TWD0	TWDR
读/写	R/W	R/W	R/W	R/W	R/W	R/W	R/W	R/W	
初始值	1	1	1	1	1	1	1	1	

图 9.13　TWDR 的位定义

在发送模式，TWDR 包含了要发送的字节；在接收模式，TWDR 包含了接收到的数据。当 TWI 接口没有进行移位工作（TWINT 置位）时这个寄存器是可写的。在第一次中断发生之前用户不能够初始化数据寄存器，这是因为第一次中断是由 START 信号产生的。只要 TWINT 置位，TWDR 的数据就是稳定的。在数据由寄存器移出时，总线上的数据同时也移入寄存器。TWDR 总是包含了总线上出现的最后一个字节，除非 MCU 是从掉电或省电模式被 TWI 中断唤醒，此时 TWDR 的内容没有定义。总线仲裁失败时，主机将切换为从机，但总线上出现的数据不会丢失。应答信号 ACK 的处理由 TWI 逻辑自动管理，CPU 不能直接访问 ACK。

bit 7:0—TWI 数据寄存器的数据位。

根据状态的不同，其内容为要发送的下一个字节，或是接收到的数据。

5. TWI（从机）地址寄存器—TWAR

TWI（从机）地址寄存器—TWAR，其位定义如图 9.14 所示。

bit	7	6	5	4	3	2	1	0	
	TWA6	TWA5	TWA4	TWA3	TWA2	TWA1	TWA0	TWGCE	TWAR
读/写	R/W	R/W	R/W	R/W	R/W	R/W	R/W	R/W	
初始值	1	1	1	1	1	1	1	0	

图 9.14　TWAR 的位定义

TWAR 的**高 7 位**为从机地址。工作于从机模式时，TWI 将根据这个地址进行响应。主机模式不需要此地址。在多主机系统中，TWAR 需要进行设置以便其他主机访问自己。TWAR 的 LSB 用于识别广播地址（0x00）。芯片内有一个地址比较器。一旦接收到的地址和本机地址寄存器 TWAR 中数值一致，芯片就设置 TWINT 置位，并请求中断。

（1）bit 7:1—TWI 从机地址寄存器的数据位。

其值为从机地址。

（2）bit 0—TWGCE：TWI 广播识别使能位。

置位后 MCU 可以识别 TWI 总线广播。

9.6 使 用 TWI

AVR 单片机的 TWI 接口工作时是面向字节和基于中断的。所有的总线事件，如接收到一个字节或发送了一个 START 信号等，都会产生一个 TWI 中断。由于 TWI 接口是基于中断的，因此 TWI 接口在字节发送和接收过程中，不需要应用程序干预。寄存器 TWCR 的 TWI 中断使能 TWIE 位和 SREG 的全局中断使能位一起，决定了应用程序是否响应 TWINT 标志位产生的中断请求。如果 TWIE 被清零，应用程序只能采用查询 TWINT 标志位的方法来检测 TWI 总线状态。

当 TWINT 标志位置"1"时，表示 TWI 接口完成了当前的操作，等待应用程序的响应。在这种情况下，TWI 状态寄存器 TWSR 包含了表明当前 TWI 总线状态的值。应用程序通过操作 TWCR 与 TWDR 寄存器，决定在下一个 TWI 总线周期过程中，TWI 接口应该如何工作。

1. 应用程序与 TWI 接口

图 9.15 给出了应用程序与 TWI 接口连接的例子。该例子要完成的主要功能，是主机发送一个字节数据给从机。图中上面一行为应用程序做的工作，中间一行为 TWI 总线上发生的事件，下面一行为 TWI 硬件自动完成的工作。这里只是简述，本节的后面会有更多的解释，还有简单的代码例程。

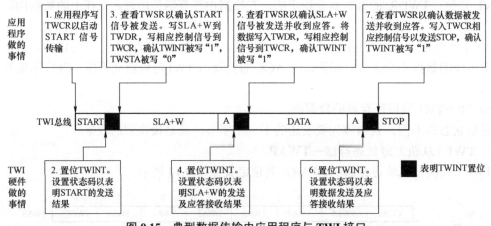

图 9.15 典型数据传输中应用程序与 TWI 接口

（1）TWI 传输的第一步是向 TWI 总线上发送 START 信号。编程人员通过对 TWCR 写入特定值，指示 TWI 硬件发送 START 信号，写入的值在后面说明。特别注意在写入值时，TWINT 要已经置位。TWINT 置位期间 TWI 不会启动任何操作。然后对 TWINT 写"1"清零，一旦 TWINT 清零，TWI 硬件将启动 START 信号的发送。

（2）START 信号被发送后，TWCR 寄存器的 TWINT 标志位由硬件置位，TWSR 也由硬件自动更新为新的状态码，表示 START 信号成功发送。

（3）此时应用程序应查看 TWSR，确定 START 信号是否已成功发送。如果 TWSR 中状态码为非成功发送值，应用程序可能需要执行一些特定操作，比如调用错误处理程序。如果状态码与预期一致，应用程序必须将 SLA+W 载入 TWDR。TWDR 可用于地址或数据输出。TWDR 载入 SLA+W 后，TWCR 必须写入特定值指示 TWI 硬件发送 SLA+W 信号。特别注意，在写入 TWDR 值时，TWINT 必须已经置位。TWCR 寄存器中的 TWINT 置位期间 TWI 不会启动任何操作。然后对 TWINT 写"1"清零。一旦 TWINT 清零，TWI 将启动地址包的传送。

（4）地址包发送后，TWCR 寄存器的 TWINT 标志位置位，TWSR 更新为新的状态码，表示地址包是否成功发送。状态代码还会反映从机是否已对地址包应答。

（5）此时应用程序应查看 TWSR，确定地址包是否已成功发送，应答位 ACK 是否正确。如果 TWSR 显示非正确值，应用程序可能需要执行一些特定操作，比如调用错误处理程序。如果状态码与预期一致，应用程序必须将数据包载入 TWDR。随后，TWCR 必须写入特定值指示 TWI 硬件发送 TWDR 中的数据包。特别注意，在写入 TWDR 值时，TWINT 必须已经置位。TWINT 置位期间 TWI 不会启动任何操作。一旦 TWINT 清零，TWI 将启动数据包的传输。

（6）数据包发送后，TWCR 寄存器的 TWINT 标志位置位，TWSR 更新为新的状态码，表示数据包是否成功发送。状态代码还会反映从机是否已对数据包应答。

（7）此时应用程序应查看 TWSR，确定数据包是否已成功发送，ACK 位是否正确。如果 TWSR 显示为非正确值，应用程序可能执行一些特定操作，比如调用错误处理程序。如果状态码与预期一致，TWCR 必须写入特定值指示 TWI 硬件发送 STOP 信号。然后对 TWINT 写"1"清零。一旦 TWINT 清零，TWI 启动 STOP 信号的传送。注意，TWINT 在 STOP 状态发送后不会置位。

尽管此示例比较简单，但它包含了 TWI 数据传输过程中的所有规则。总结如下：

① 当 TWI 完成一次操作并等待响应时，TWINT 标志位置位。在 TWINT 清零之前，时钟线 SCL 将一直被拉低。

② TWINT 标志位置位时，用户应根据下一个 TWI 总线周期的操作，更新所有 TWI 寄存器。例如，TWDR 寄存器必须载入下一个总线周期中要发送的值。

③ 当所有的 TWI 寄存器得到更新，而且其他挂起的应用程序也已经结束时，TWCR 被写入数据。写 TWCR 时，TWINT 位应已经置位。然后对 TWINT 写"1"清零。TWI 将开始执行由 TWCR 设定的操作。

表 9.2 给出了 C 语言例程，假设下面代码均已给出定义。

表 9.2　C 语言例程

	C 语言例程	说明
1	TWCR = (1<<TWINT)|(1<<TWSTA)|(1<<TWEN);	发出 START 信号
2	while(!(TWCR&(1<<TWINT)));	等待 TWINT 置位，TWINT 置位表示 START 信号已发出
3	if((TWSR & 0xF8)!= START) ERROR();	检验 TWI 状态寄存器，屏蔽预分频位，若状态码不是 START，转出错处理
	TWDR = SLA_W; TWCR = (1<<TWINT)|(1<<TWEN);	将 SLA_W 载入 TWDR 寄存器，TWINT 位清零，启动地址发送

	C 语言例程	说明
4	while (!(TWCR & (1<<TWINT)));	等待 TWINT 置位，以确认 SLA+W 已发出，及收到应答信号 ACK/NACK
5	if ((TWSR & 0xF8) != MT_SLA_ACK) ERROR();	检验 TWI 状态寄存器，屏蔽预分频位，若状态码不是 MT_SLA_ACK，转出错处理
	TWDR = DATA; TWCR = (1<<TWINT) | (1<<TWEN);	将数据载入 TWDR 寄存器，TWINT 清零，启动数据发送
6	while (!(TWCR & (1<<TWINT)));	等待 TWINT 置位，以确认数据已发送，及收到应答信号 ACK/NACK
7	if ((TWSR & 0xF8) !=MT_DATA_ACK) ERROR();	检验 TWI 状态寄存器，屏蔽预分频器，若状态码不是 MT_DATA_ACK，转出错处理
	TWCR = (1<<TWINT)|(1<<TWEN)|(1<<TWSTO);	发送 STOP 信号

表 9.2 所有的位名在 CVAVR 的 mega8_bits.h 中都已经做了宏定义，如 TWCR 各位的定义如下：

```
#define TWIE 0      // TWI Interrupt Enable
#define TWEN 2      // TWI Enable Bit
#define TWWC 3      // TWI Write Collition Flag
#define TWSTO 4     // TWI Stop Condition Bit
#define TWSTA 5     // TWI Start Condition Bit
#define TWEA 6      // TWI Enable Acknowledge Bit
#define TWINT 7     // TWI Interrupt Flag
```

2. 传输模式

AVR 单片机的 TWI 可以工作于 4 个不同的工作模式：

① 主机发送模式（MT）；

② 主机接收模式（MR）；

③ 从机发送模式（ST）；

④ 从机接收模式（SR）。

同一应用程序中可以使用不同的工作模式，例如，TWI 可用 MT 模式向 TWI EEPROM 写入数据，用 MR 模式从 EEPROM 中读取数据。如果系统中有其他主机存在，它们可能给 TWI 发送数据，此时就可以用 SR 模式。具体要采用哪种工作模式，由应用程序决定。下面对每种模式进行具体说明，每种模式的状态码在数据发送的详细说明图中进行描述。

主机发送模式：

在主机发送模式，主机可以向从机发送数据，如图 9.16 所示。为进入主机模式，必须发送 START 信号，紧接着的地址包格式决定进入 MT 或 MR 模式。如果发送 SLA+W 则进入 MT 模式；如果发送 SLA+R 则进入 MR 模式。

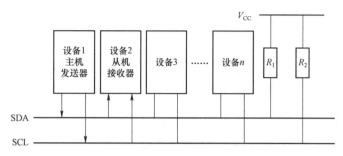

图 9.16　主机发送模式下的数据传输

通过在 TWCR 寄存器中写入下列数值发出 START 信号：

TWCR	TWINT	TWEA	TWSTA	TWSTO	TWWC	TWEN	–	TWIE
值	1	×	1	0	×	1	0	×

TWEN 必须置位以使能 TWI 接口，TWSTA 必须置 "1" 来发出 START 信号，且 TWINT 必须置 "1" 来对 TWINT 标志清零。灰色的位，其数值可不用管。然后，TWI 硬件逻辑电路开始检测 TWI 串行总线，一旦总线空闲就发送 START 信号。START 信号发送完毕，由硬件将中断标志位 TWINT 置位。如果正确地发送了 START 信号，TWSR 的状态码应为 0x08。为进入 MT 模式，接着必须发送 SLA+W。这可通过对 TWDR 写入 SLA+W 来实现。完成此操作后软件清零 TWINT 标志，TWI 传输继续进行。为此，要在 TWCR 寄存器中写入下述值完成：

TWCR	TWINT	TWEA	TWSTA	TWSTO	TWWC	TWEN	–	TWIE
值	1	×	0	0	×	1	0	×

当 SLA+W 发送完毕并接收到应答信号，主机的 TWINT 标志再次置位。此时主机的 TWSR 状态码可能是 0x18、0x20 或 0x38。对各状态码的正确响应见表 9.4。SLA+W 发送成功后可以开始发送数据包，将要发送的数据写入 TWDR。TWDR 只有在 TWINT 为 "1" 时方可写入。否则，访问被忽略，寄存器 TWCR 的写冲突位 TWWC 置位。TWDR 更新后，TWINT 位应被清零，以开始发送数据。为此，要通过在 TWCR 寄存器中写入下述值完成：

TWCR	TWINT	TWEA	TWSTA	TWSTO	TWWC	TWEN	–	TWIE
值	1	×	0	0	×	1	0	×

这过程可一直重复下去，直到最后的字节发送完，且发送器产生 STOP 或 REPEATED START 信号。STOP 信号通过在 TWCR 中写入下述值实现：

TWCR	TWINT	TWEA	TWSTA	TWSTO	TWWC	TWEN	–	TWIE
值	1	×	0	1	×	1	0	×

REPEATED START 信号通过在 TWCR 中写入下述值实现：

TWCR	TWINT	TWEA	TWSTA	TWSTO	TWWC	TWEN	–	TWIE
值	1	×	1	0	×	1	0	×

在 REPEATED START（状态 0x10）后，TWI 接口可以再次访问相同的从机，或不发送 STOP 信号来访问新的从机。REPEATED START 使得主机可以在不丢失总线控制的条件下在从机、主机发送器及主机接收器模式间进行切换。

上述主机发送模式的工作过程在编程时需要用 C 语句来实现，概括起来如表 9.3 所示。主机发送模式的总线状态码如表 9.4 所示。其他工作模式和状态码也一起做了总结，见表 9.5～表 9.10。

表 9.3　主机发送模式 MT 的 C 语句总结

1	禁止应答，禁止中断，使能 TWI，从机模式改为主机模式：	TWCR=(0<<TWIE)|(0<<TWEA)|(1<<TWEN);
2	发送 START 信号，写 TWCR 如下：	TWCR=(1<<TWINT)|(1<<TWSTA)|(1<<TWEN);
3	等待 TWINT 置位： （判断 TWSR=0x08）	While(!(TWCR &(1<<TWINT)));
4	发送 SLA+W，并等待 TWINT 置位： （判断 TWSR=0x18）	TWDR=从机地址； TWCR=(1<<TWINT)|(1<<TWEN); While(!(TWCR &(1<<TWINT)));
5	发送数据，并等待 TWINT 置位： （判断 TWSR=0x28）	TWDR=数据； TWCR=(1<<TWINT)|(1<<TWEN); While(!(TWCR &(1<<TWINT)));
6	接着发数据如上或 STOP 如下：	TWCR=(1<<TWINT)|(1<<TWSTO)|(1<<TWEN);
7	变回从机模式：	TWCR=(1<<TWIE)|(1<<TWEA)|(1<<TWEN);

表 9.4　主机发送模式的状态码

状态码 预分频 位为 0	对应的 TWI 总线 状态	应用软件的响应					TWI 硬件下一步操作
		读/写 TWDR	TWSTA	TWSTO	TWINT	TWEA	
0x08	START 已发送	写入 SLA+W	0	0	1	X	发送 SLA+W，等待 ACK 或 NACK
0x10	REPEATED START 已发送	写入 SLA+W	0	0	1	X	发送 SLA+W，等待 ACK 或 NACK
		或写入 SLA+R	0	0	1	X	发送 SLA+R，切换到主机接收模式
0x18	SLA+W 已发送； 接收到 ACK	写入数据字节	0	0	1	X	发送数据，等待 ACK 或 NACK
		或不操作 TWDR	1	0	1	X	发送重复 START
		或不操作 TWDR	0	1	1	X	发送 STOP，TWSTO 将复位
		或不操作 TWDR	1	1	1	X	发送 STOP，然后发送 START， TWSTO 将复位

续表

状态码预分频位为 0	对应的 TWI 总线状态	应用软件的响应					TWI 硬件下一步操作
		读/写 TWDR	TWSTA	TWSTO	TWINT	TWEA	
0x20	SLA+W 已发送，接收到 NACK	写入数据字节	0	0	1	X	发送数据，等待 ACK 或 NACK
		或不操作 TWDR	1	0	1	X	发送重复 START
		或不操作 TWDR	0	1	1	X	发送 STOP，TWSTO 将复位
		或不操作 TWDR	1	1	1	X	发送 STOP，然后发送 START，TWSTO 将复位
0x28	数据已发送，接收到 ACK	写入数据字节	0	0	1	X	发送数据，等待 ACK 或 NACK
		或不操作 TWDR	1	0	1	X	发送重复 START
		或不操作 TWDR	0	1	1	X	发送 STOP，TWSTO 将复位
			1	1	1	X	发送 STOP，然后发送 START，TWSTO 将复位
0x30	数据已发送，接收到 NACK	写入数据字节	0	0	1	X	发送数据，等待 ACK 或 NACK
		或不操作 TWDR	1	0	1	X	发送重复 START
		或不操作 TWDR	0	1	1	X	发送 STOP，TWSTO 将复位
		或不操作 TWDR	1	1	1	X	发送 STOP，然后发送 START，TWSTO 将复位
0x38	输出 SLA+W 或数据时仲裁失败	不操作 TWDR	0	0	1	X	TWI 总线被释放，并进入未寻址从机模式
		或不操作 TWDR	1	0	1	X	总线空闲后将发送 START

表 9.5 主机接收模式 MR 的 C 语句总结

1	禁止应答，禁止中断，使能 TWI，从机模式改为主机模式：	`TWCR=(0<<TWIE)|(0<<TWEA)|(1<<TWEN);`
2	发送 START 信号，写 TWCR 如下：	`TWCR=(1<<TWINT)|(1<<TWSTA)|(1<<TWEN);`
3	等待 TWINT 置位：（判断 TWSR=0x08）	`While(!(TWCR &(1<<TWINT)));`

4	发送 SLA+R，并等待 TWINT 置位：（判断 TWSR=0x18）	`TWDR=从机地址+1;`
		`TWCR=(1<<TWINT)|(1<<TWEN);`
		`While(!(TWCR &(1<<TWINT)));`

5	清零 TWINT，等待数据接收完毕：	`TWCR=(1<<TWINT)|(1<<TWEN);` `While(!(TWCR &(1<<TWINT)));`
6	取回收到的数据：	`变量=TWDR;`
7	接着收数据如上或 STOP 如下：	`TWCR=(1<<TWINT)|(1<<TWSTO)|(1<<TWEN);`
8	变回从机模式：	`TWCR=(1<<TWIE)|(1<<TWEA)|(1<<TWEN);`

表 9.6 主机接收模式的状态码

状态码 预分频 位为 0	对应的 TWI 总线状态	应用软件的响应					TWI 硬件下一步操作
		读/写 TWDR	TWSTA	TWSTO	TWINT	TWEA	
0x08	START 已发送	写入 SLA+R	0	0	1	X	发送 SLA+R，等待 ACK 或 NACK
0x10	REPEATED START 已发送	写入 SLA+R	0	0	1	X	发送 SLA+R，等待 ACK 或 NACK
		或写入 SLA+W	0	0	1	X	发送 SLA+W 逻辑切换到主机发送模式
0x38	SLA+R 仲裁失败或 NACK	不操作 TWDR	0	0	1	X	TWI 总线将被释放，并进入未寻址从机模式
		或不操作 TWDR	1	0	1	X	总线空闲后将发送 START
0x40	SLA+R 已发送，接收到 ACK	不操作 TWDR	0	0	1	0	接收数据，返回 NACK
		或不操作 TWDR	0	0	1	1	接收数据，返回 ACK
0x48	SLA+R 已发送，接收到 NACK	不操作 TWDR	1	0	1	X	发送 RE START
		或不操作 TWDR	0	1	1	X	发送 STOP，TWSTO 将复位
		或不操作 TWDR	1	1	1	X	发送 STOP，然后发送 START，TWSTO 将复位
0x50	接收到数据，ACK 已返回	读数据	0	0	1	0	接收数据，返回 NACK
		或读数据	0	0	1	1	接收数据，返回 ACK
0x58	接收到数据 NACK 已返回	读数据	1	0	1	X	发送 REPEATED START
		或读数据	0	1	1	X	发送 STOP，TWSTO 将复位
		或读数据	1	1	1	X	发送 STOP，然后发送 START，TWSTO 将复位

表 9.7 从机接收模式 SR 的 C 语句总结

1	地址寄存器赋值，使能 TWI，应答和中断	TWAR=地址； TWCR=(1<<TWEN)|(1<<TWEA)|(1<<TWIE);

2	TWI 开始等待，若被寻址且数据方向位为 "0"（写），TWINT 置位，并进入中断	判断 TWSR=0x60 // 被寻址，已应答
		TWCR=(1<<TWINT)|(1<<TWEA)|(1<<TWEN)|(1<<TWIE);

3	等待再入中断	判断 TWSR =0x80 // 数据已接收，已应答
		变量 =TWDR； // 读取接收到的数据
		TWCR=(1<<TWINT)|(1<<TWEA)|(1<<TWEN)|(1<< TWIE);

4	如再入中断	判断 TWSR=0xA0，收到 STOP 信号 TWCR=(1<<TWINT)|(1<<TWEA)|(1<<TWEN)|(1<< TWIE);

表 9.8　从机接收模式的状态码

状态码 预分频 位为 0	对应的 TWI 总线状态	应用软件的响应					TWI 硬件下一步操作
		读/写 TWDR	TWSTA	TWSTO	TWINT	TWEA	
0x60	SLA+W 已接收，ACK 已返回	不操作 TWDR 或不操作 TWDR	X X	0 0	1 1	0 1	接收数据，返回 NACK 接收数据，返回 ACK
0x68	仲裁失败； SLA+W 已接 收，ACK 已 返回	不操作 TWDR 或不操作 TWDR	X X	0 0	1 1	0 1	接收数据，返回 NACK 接收数据，返回 ACK
0x70	接收到广播 地址，ACK 已返回	不操作 TWDR 或不操作 TWDR	X X	0 0	1 1	0 1	接收数据，返回 NACK 接收数据，返回 ACK
0x78	仲裁失败； 接收到广播 地址，ACK 已返回	不操作 TWDR 或不操作 TWDR	X X	0 0	1 1	0 1	接收数据，返回 NACK 接收数据，返回 ACK
0x80	以 SLA+W 被寻址，数据 已接收，ACK 已返回	不操作 TWDR 或不操作 TWDR	X X	0 0	1 1	0 1	接收数据，返回 NACK 接收数据，返回 ACK
0x88	以 SLA+W 被寻址；数据 已接收， NACK 已返回	读数据 或读数据 或读数据 或读数据	0 0 1 1	0 0 0 0	1 1 1 1	0 1 0 1	从机模式待机，不再识别自 己的 SLA 或 GCA 从机模式待机，能够识别自 己的 SLA 或 GCA 从机模式待机，不被寻址， 总线空闲时发送 START 从机模式待机，可被寻址， 总线空闲时发送 START
0x90	以 GCA 被寻 址；数据已接 收，ACK 已 返回	读数据 或读数据	X X	0 0	1 1	0 1	接收数据，返回 NACK 接收数据，返回 ACK
0x98	以 GCA 被寻 址；数据已接 收，NACK 已 返回	读数据 或读数据 或读数据 或读数据	0 0 1 1	0 0 0 0	1 1 1 1	0 1 0 1	从机模式待机，不再识别自 己的 SLA 或 GCA 从机模式待机，能够识别自 己的 SLA 或 GCA 从机模式待机，不被寻址， 总线空闲时发送 START 从机模式待机，可被寻址， 总线空闲时发送 START

续表

状态码 预分频 位为 0	对应的 TWI 总线状态	应用软件的响应					TWI 硬件下一步操作
		读/写 TWDR	TWSTA	TWSTO	TWINT	TWEA	
0xA0	从机接收到 STOP 或 REPEATED START	无操作	0	0	1	0	从机模式待机，不再识别自 己的 SLA 或 GCA
			0	0	1	1	从机模式待机，能够识别自 己的 SLA 或 GCA
			1	0	1	0	从机模式待机，不被寻址， 总线空闲时发送 START
			1	0	1	1	从机模式待机，可被寻址， 总线空闲时发送 START

表 9.9 从机发送模式 ST 的 C 语句总结

1	地址寄存器赋值，使能 TWI，应答 和中断	TWAR = 地址; TWCR =(1<<TWEN)|(1<<TWEA)|(1<<TWIE);

2	TWI 开始等待，若被寻址，且数据
	方向位为 "0"（写），进入中断:
		判断 TWSR =0x60 // 被寻址，已应答
		TWCR=(1<<TWINT)|(1<<TWEA)|(1<<TWEN)|(1<<TWIE);

3	等待再入中断	判断 TWSR =0x80 // 数据已接收，已应答
		变量 = TWDR; // 读取接收到的数据
		TWCR=(1<<TWINT)|(1<<TWEA)|(1<<TWEN)|(1<< TWIE);

4	如再入中断	判断 TWSR = 0xA0，收到 STOP 信号 TWCR=(1<<TWINT)|(1<<TWEA)|(1<<TWEN)|(1<< TWIE);

表 9.10   从机发送模式的状态码

状态码 预分频 位为 0	对应的 TWI 总线状态	应用软件的响应					TWI 硬件下一步操作
		读/写 TWDR	TWSTA	TWSTO	TWINT	TWEA	
0xA8	SLA+R 已接 收，ACK 已返回	写入数据字节	X	0	1	0	发送一字节的数据，接收 NACK
			X	0	1	1	发送数据，接收 ACK
0xB0	仲裁失败， SLA+R 已接收， ACK 已返回	写入数据字节 或写入数据字节	X	0	1	0	发送一字节的数据，接收 NACK
			X	0	1	1	发送数据，接收 ACK
0xB8	TWDR 数据已 经发送， 接收到 ACK	写入数据字节 或写入数据字节	X	0	1	0	发送一字节的数据，接收 NACK
			X	0	1	1	发送数据，接收 ACK
0xC0	TWDR 里数据 已发送，收到 NACK	不操作 TWDR	0	0	1	0	从机模式待机，不再识别自己的 SLA 或 GCA
		或不操作 TWDR	0	0	1	1	从机模式待机，能够识别自己的 SLA 或 GCA
		或不操作 TWDR	1	0	1	0	从机模式待机，不被寻址，总线 空闲时发送 START
		或不操作 TWDR	1	0	1	1	从机模式待机，可被寻址，总线 空闲时发送 START

状态码预分频位为 0	对应的 TWI 总线状态	应用软件的响应					TWI 硬件下一步操作
		读/写 TWDR	TWSTA	TWSTO	TWINT	TWEA	
0xC8	TWDR 里数据已发送，接收到 ACK	不操作 TWDR	0	0	1	0	从机模式待机，不再识别自己的 SLA 或 GCA
		或不操作 TWDR	0	0	1	1	从机模式待机，能够识别自己的 SLA 或 GCA
		或不操作 TWDR	1	0	1	0	从机模式待机，不被寻址，总线空闲时发送 START
		或不操作 TWDR	1	0	1	1	从机模式待机，可被寻址，总线空闲时发送 START

TWI 的编程练习见第 4 章。

第 10 章
模拟比较器与模/数转换器

10.1　模拟比较器

模拟比较器（Analog Comparator）主要用于比较两个模拟信号电压的大小，比较结果还可以用来生成中断。有些时候，在需要比较准确地监测某一信号电压是否达到某一临界值的时候，模拟比较器还是很有用的。模拟比较器结构如图 10.1 所示，单片机内部有一个运算放大器，工作在饱和模式。运放的正负输入端可以有多个输入来源的选择。若两个外部输入引脚 AIN0 和 AIN1 可以连接到运放，则运放对正极 AIN0 与负极 AIN1 的电压值进行比较。当正极 AIN0 上的电压比负极 AIN1 上的电压高时，模拟比较器的输出 ACO 置位，即输出为"1"；若正极 AIN0 上的电压比负极 AIN1 上的电压低时，模拟比较器的输出 ACO 为"0"。比较器的输出可用来触发定时/计数器 1（T/C1）的输入捕捉功能。此外，比较器还可触发自己专有的、独立的中断。用户可以选择比较器是以上升沿、下降沿还是交替变化的边沿来触发中断。模拟比较器的功能是比较简单的，它的使用主要涉及以下两个寄存器。

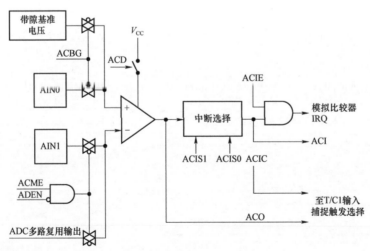

图 10.1　模拟比较器结构

1. 特殊功能 I/O 寄存器—SFIOR

特殊功能 I/O 寄存器—SFIOR，其位定义如图 10.2 所示。

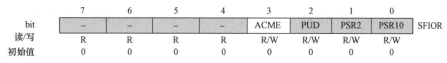

图 10.2　SFIOR 的位定义

bit 3—ACME：模拟比较器多路复用器使能。

当此位为逻辑"1"，且 ADC 处于关闭状态（ADCSRA 寄存器的 ADEN 为"0"）时，ADC 多路复用器的输出连接到模拟比较器的负极输入。当此位为"0"时，AIN1 连接到比较器的负极输入端。

2. 模拟比较器控制和状态寄存器—ACSR

模拟比较器控制和状态寄存器—ACSR，其位定义如图 10.3 所示。

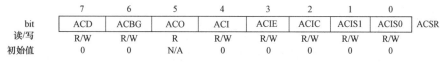

图 10.3　ACSR 的位定义

（1）bit 7—ACD：模拟比较器禁用位。

ACD 置位时，模拟比较器的电源被切断。可以在任何时候设置此位来关掉模拟比较器。这可以减少器件在工作模式和空闲模式下的功耗。改变 ACD 位时，必须清零 ACSR 寄存器的 ACIE 位来禁止模拟比较器中断，否则 ACD 改变时可能会产生中断。

（2）bit 6—ACBG：选择模拟比较器的能隙基准源。

ACBG 置位后，模拟比较器的正极输入由能隙基准源所取代。否则，AIN0 连接到模拟比较器的正极输入。

（3）bit 5—ACO：模拟比较器输出。

模拟比较器的输出经过同步后直接连到 ACO。

（4）bit 4—ACI：模拟比较器中断标志位。

当比较器的输出事件触发了由 ACIS1 及 ACIS0 定义的中断模式时，ACI 置位。如果 ACIE 和 SREG 寄存器的全局中断标志 I 也置位，那么模拟比较器中断服务程序即得以执行，同时 ACI 被硬件清零。ACI 也可以通过写"1"来清除。

（5）bit 3—ACIE：模拟比较器中断使能。

当 ACIE 位被置"1"且状态寄存器中的全局中断标志 I 也被置位时，模拟比较器中断服务程序可以执行，否则中断被禁止。

（6）bit 2—ACIC：模拟比较器输入捕捉使能。

ACIC 置位后允许通过模拟比较器来触发 T/C1 的输入捕捉功能。此时比较器的输出被直接连接到输入捕捉的前端逻辑，从而使得比较器可以利用 T/C1 输入捕捉中断逻辑的噪声抑制器及触发沿选择功能。ACIC 为"0"时模拟比较器及输入捕捉功能之间没有任何联系。为了使比较器可以触发 T/C1 的输入捕捉中断，定时器中断屏蔽寄存器 TIMSK 的 TICIE1 必须置位。

（7）bit 1:0—ACIS1:0：比较器中断模式选择。

这两位确定触发模拟比较器中断的事件，表 10.1 给出了不同的设置。需要改变

ACIS1/ACIS0 时，必须清零 ACSR 寄存器的中断使能位来禁止模拟比较器中断。否则有可能在改变这两位时产生中断。

表 10.1　ACIS1/ACIS0 设置

ACIS1	ACIS0	中断模式
0	0	比较器输出变化即可触发中断
0	1	保留
1	0	比较器输出的下降沿产生中断
1	1	比较器输出的上升沿产生中断

3. 模拟比较器多选输入

可以选择 ADC7:0 之中的任意一个来代替模拟比较器的负极输入端。ADC 复用器可用来选择输入引脚，不过，需先关掉 ADC。如果模拟比较器复用器使能位（SFIOR 中的 ACME）被置位，且 ADC 也已经关掉（ADCSRA 寄存器的 ADEN 为 0），则可以通过 ADMUX 寄存器的 MUX2:0 来选择替代模拟比较器负极输入的引脚，如表 10.2 所示。如果 ACME 清零或ADEN 置位，则模拟比较器的负极输入为 AIN1。

表 10.2　MUX2:0 设置

ACME	ADEN	MUX2:0	模拟比较器负极输入
0	X	XXX	AIN1
1	1	XXX	AIN1
1	0	000	ADC0
1	0	001	ADC1
1	0	010	ADC2
1	0	011	ADC3
1	0	100	ADC4
1	0	101	ADC5
1	0	110	ADC6
1	0	111	ADC7

10.2　模/数转换器

模拟信号是指在数值上和时间上都是连续变化的信号。从自然界宏观上看，绝大部分的物理量都是模拟信号，如声音、温度、湿度、压力、长度、速度、电流以及电压等。在一定范围内，它们在数值上和时间上观察，都是连续变化的。跟模拟信号相对应的数字信号，通常是指在数值上和时间上都是离散变化的信号。数字信号是随着电子计算机和数字信号处理等电子技术的发展，而逐渐受到重视的。数字信号在信号的采集、存储、处理以及抗干扰性等方面，有着模拟信号所无法比拟的一些优点。因此，人们需要把模拟信号变成数字信号，这就需要用到模/数转换电路（Analog－to－Digital Converter）。音乐和手机的语音是先由模拟信号变成数字信号后，经处理、存储或传输，最终应用时仍然要变回模拟信号，这就需要用到数/模转换电路。

一个模拟信号，从时域上看是连续的，但是从频域上看，它可能是不连续的，即只含有有限的频率成分。信号中的最高频率成分减去最低频率成分，是它的频谱范围。通常，在实现模/数转换时，要遵循奈奎斯特定律，即对模拟信号采样的频率要大于或等于信号中最高频率的 2 倍。否则，再重新恢复为模拟信号时，就会出现一定问题。另外，在模/数转换之前，还要进行滤波，将信号中的频谱限定在一定范围之内。例如，人的耳朵通常能听到 20 Hz 到 20 000 Hz 的声音信号，但手机通话时如果直接进行模/数转换，就需要至少 40 000 Hz 的采样频率，这样就增加了电路复杂度和成本。通常手机对语音信号进行模/数转换前要进行带通滤波，使得滤波后的信号频率范围为 200～2 000 Hz，这样，再经数/模转换之后的语言信号也不太影响人们的听觉质量，但降低了电路复杂度和成本。

模/数转换电路的实现是多种多样的，每一种都有自己的优缺点。ATmega8A 单片机中集成了一个逐次逼近式的模/数转换器，它具有如下特点：

① 10 位分辨率；

② 0.5LSB 的非线性度，±2LSB 的绝对精度；

③ 13～260 μs 的转换时间；

④ 最高分辨率时采样率高达 15 kSPS；

⑤ 6 路复用的单端输入通道，2 路附加的单端输入通道（TQFP 与 MLF 封装）；

⑥ 可选的左对齐 ADC 读数；

⑦ 0～V_{CC} 的 ADC 输入电压范围；

⑧ 可选的 2.56 V ADC 参考电压；

⑨ 具有连续转换或单次转换模式；

⑩ 可产生 ADC 转换结束中断；

⑪ 具有基于睡眠模式的噪声抑制器。

ATmega8A 单片机内部集成有一个 10 位的逐次逼近型 ADC，其结构如图 10.4 所示，主要包括控制逻辑电路、10 位 DAC 模块、采样保持及电源比较电路、多路复用开关、参考电压以及控制与数据寄存器等。ADC 的核心与一个 8 通道的模拟多路复用开关连接，能对来自端口 C 的 8 路单端输入电压之一进行采样，单端电压输入以 0 V（GND）为基准。ADC 模块包含一个采样保持电路，以确保在模/数转换过程中输入到 ADC 的电压保持恒定。整个模/数转换电路由 AVCC 引脚单独提供电源。AVCC 与 V_{CC} 之间的电压偏差不能超过 ±0.3 V。来自单片机内部有两个 ADC 参考电压，分别是标称值为 2.56 V 的基准电压，以及 AVCC。也可以从 AREF 引脚施加一个高精度的外部参考电压，但内外参考电压不可同时使用，即如果选择了内部参考电压，外部参考电压必须与 AREF 引脚断开。为了更好地抑制噪声，可以在 AREF 引脚上加一个电容进行去耦。ADC 通过逐次逼近的方法将输入的模拟电压转换成一个 10 位的二进制数字值，其基本原理类似半分法。将 10 位二进制数字的每一位从高到低设置为"1"，然后经过数/模转换变成模拟电压，与输入的模拟电压进行比较。如果大于输入模拟电压，此位转换结果为"0"，否则为"1"。这样，经过 10 次比较，就可完成一次输入电压的模/数转换。数字最小值代表电压 GND，即 0 V，数字最大值代表 AREF 引脚上的电压减去 1LSB。通过写 ADMUX 寄存器的 REFSn 位可以把 AVCC 或内部 2.56 V 的参考电压连接到 AREF 引脚。在 AREF 上外加电容可以对片内参考电压进行去耦以提高噪声抑制性能。

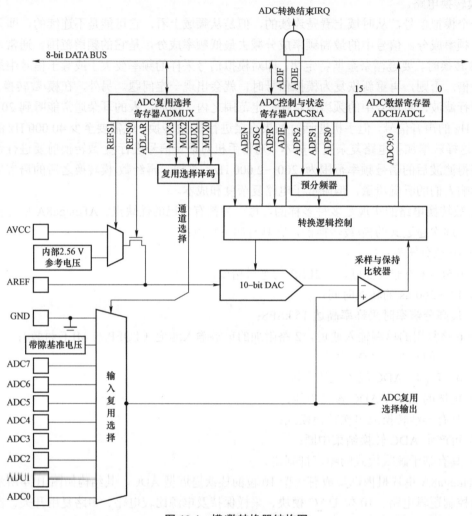

图 10.4　模/数转换器结构图

可以通过写 ADMUX 寄存器的 MUX 位来选择模拟输入通道的哪一路输入到 ADC 中去。任何 ADC 输入引脚，以及 GND、固定能隙参考电压，都可以作为 ADC 的单端输入。通过置位 ADCSRA 寄存器的 ADEN 位即可使能 ADC。只有当 ADEN 置位时，参考电压及输入通道选择才生效。ADEN 清零时，ADC 并不耗电。因此在进入节能睡眠模式之前，最好禁用 ADC。ADC 转换结果为 10 位，存放于 ADC 数据寄存器 ADCH 及 ADCL 中。默认情况下转换结果为右对齐，但可通过设置 ADMUX 寄存器的 ADLAR 位，使结果变为左对齐。如果要求转换结果左对齐，且最高只需 8 位的转换精度，那么只要读取寄存器 ADCH 中的数值就足够了。否则要先读 ADCL，再读 ADCH，以保证数据寄存器中的内容是同一次转换的结果。这是因为，一旦读出 ADCL，ADC 模块对数据寄存器的寻址就被阻止了。也就是说，读取 ADCL 之后，即使在读 ADCH 之前又有一次 ADC 转换结束，数据寄存器的数据也不会更新，从而保证了同一次转换结果不丢失。ADCH 被读出后，ADC 即可再次访问 ADCH 及 ADCL 寄存器。ADC 转换结束可以触发中断，即使由于转换发生在读取 ADCH 与 ADCL 之间而造成 ADC 无法访问数据寄存器，并因此丢失了转换数据，中断仍将触发。

1. 启动一次转换

向 ADC 启动转换位 ADSC 写"1"可以启动单次转换。在转换过程中此位保持为"1"，直到转换结束，然后被硬件清零。如果在转换过程中选择了另一个通道，那么 ADC 会在改变通道前完成这一次转换。在连续转换模式下，ADC 持续地进行采样并对 ADC 数据寄存器进行更新。连续转换模式的设置，可通过向 ADCSRA 寄存器的 ADFR 写"1"来选择。第一次转换通过向 ADCSRA 寄存器的 ADSC 写"1"来启动。在此模式下，ADC 将连续进行，不论 ADC 中断标志 ADIF 是置位还是被清零。

2. 预分频及 ADC 转换时序

在默认条件下，单片机内部的逐次逼近模/数转换器需要一个 50 kHz 到 200 kHz 的输入时钟，以获得最大精度。如图 10.5 所示，ADC 模块包含有一个预分频器，它可以由任何超过 100 kHz 的 CPU 时钟来产生可接收的 ADC 时钟。预分频器通过 ADCSRA 寄存器的 ADPS 位进行设置。置位

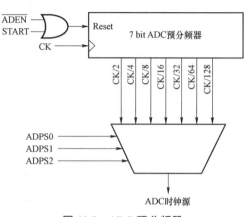

图 10.5 ADC 预分频器

ADCSRA 寄存器的 ADEN 将使能 ADC，预分频器开始计数。只要 ADEN 为"1"，预分频器就持续计数，直到 ADEN 清零。ADCSRA 寄存器的 ADSC 置位后，单次转换将在下一个 ADC 时钟周期的上升沿开始启动，一次正常模/数转换需要 13 个 ADC 时钟周期。为了初始化模拟电路，ADC 使能（ADCSRA 寄存器的 ADEN 置位）后的第一次转换需要 25 个 ADC 时钟周期。转换结束后，ADC 结果被送入 ADC 数据寄存器，且 ADIF 标志置位。单次转换模式下，ADSC 自动清零，之后软件可以再次置位 ADSC 标志，从而在下一个 ADC 时钟的上升沿启动一次新的转换。在连续转换模式下，当 ADSC 为高时，只要转换一结束，下一次转换马上开始。

10.2.1 改变输入通道或基准源

单片机通过一个临时寄存器，对 ADMUX 寄存器中的 MUXn 位及 REFS1:0 位实现单缓冲访问，CPU 可对此临时寄存器进行随机访问。这保证了在转换过程中，输入通道和基准源的切换发生于安全的时刻。在转换启动之前，通道及基准源的选择可随时进行。一旦转换开始，就不允许再选择通道和基准源了，从而保证 ADC 有充足的采样时间。在转换完成（ADCSRA 寄存器的 ADIF 置位）之前的最后一个时钟周期，通道和基准源的选择又可以重新开始。转换的开始时刻为 ADSC 置位后的下一个时钟的上升沿。因此，用户最好在置位 ADSC 之后的一个 ADC 时钟周期里，不要操作 ADMUX 来选择新的通道及基准源。

若 ADFR 及 ADEN 都置位，则中断事件可以在任意时刻发生。如果在此期间改变 ADMUX 寄存器的内容，那么用户就无法判断下一次转换结果是基于旧的设置还是最新的设置。在以下时刻可以安全地对 ADMUX 进行更新：

（1）ADFR 或 ADEN 为"0"；

（2）在转换过程中，但是在触发事件发生后至少一个 ADC 时钟周期；

（3）转换结束之后，但是在作为触发源的中断标志清零之前。

如果在上面任一种情况下更新 ADMUX，那么新设置将在下一次 ADC 时生效。

如果 ADC 工作于单次转换模式，则应该在启动转换之前选定通道。在 ADSC 置位后的一个 ADC 时钟周期，就可以选择新的模拟输入通道了。但是最简单的办法是等待转换结束后，再改变通道。在连续转换模式下，总是在第一次转换开始之前选定通道。在 ADSC 置位后的一个 ADC 时钟周期就可以选择新的模拟输入通道了，但是最简单的办法仍是等待转换结束后再改变通道。然而，此时新一次转换已经自动开始了，下一次的转换结果反映的是以前选定的模拟输入通道，此后的转换才是针对新通道的。

ADC 的参考电压源（V_{REF}）反映了 ADC 的输入电压转换范围。若单端通道输入电压超过了 V_{REF}，其转换结果将接近 0x3FF。V_{REF} 可以是 AVCC、内部 2.56 V 基准或外接于 AREF 引脚的电压。AVCC 通过一个无源开关与 ADC 相连，片内的 2.56 V 参考电压由一个能隙基准电压源（V_{BG}）通过内部放大器产生。无论是哪种情况，AREF 引脚都直接与 ADC 相连，通过在 AREF 与地之间外加电容可以提高参考电压的抗噪性。V_{REF} 可通过高输入内阻的电压表在 AREF 引脚测得。由于 V_{REF} 的阻抗很高，因此只能连接容性负载。如果将一个固定电源接到 AREF 引脚，那么用户就不能选择内部的基准源了，因为这会导致片内基准源与外部参考源的短路。如果 AREF 引脚没有连接任何外部参考源，用户可以选择 AVCC 或 2.56 V 作为参考电压源。参考源改变后的第一次 ADC 转换结果可能不准确，最好不要使用这一次的转换结果。

1. ADC 噪声抑制器

单片机内部集成有一个 ADC 噪声抑制器，它可以使其 ADC 在 CPU 睡眠模式下进行模/数转换，从而降低由于 CPU 及外围 I/O 设备噪声引入的影响。噪声抑制器可在 ADC 降噪模式及空闲模式下使用。为了使用这一特性，应采用如下步骤：

（1）确定 ADC 已经使能，且没有处于转换状态。工作模式应该为单次转换，并且 ADC 转换结束中断使能位置"1"。

（2）进入 ADC 降噪模式（或空闲模式）。一旦 CPU 被挂起，ADC 便开始转换。

（3）如果在 ADC 转换结束之前没有其他中断产生，那么 ADC 中断将唤醒 CPU 并执行 ADC 转换结束中断服务程序。如果在 ADC 转换结束之前有其他的中断源唤醒了 CPU，对应的中断服务程序得到执行。ADC 转换结束后，将产生 ADC 转换结束中断请求，CPU 将工作到新的休眠指令得到执行。

进入除空闲模式及 ADC 降噪模式之外的其他休眠模式时，ADC 不会自动关闭。在进入这些休眠模式时，应该将 ADEN 清零以降低功耗。

2. 模拟输入电路

单端通道的模拟输入电路如图 10.6 所示。不论是否用作 ADC 的输入通道，输入到 ADCn 的模拟信号源都受到引脚电容及输入泄漏的影响。用作 ADC 的输入通道时，模拟信号源必须通过一个串联电阻（输入通道的组合电阻）驱动采样保持（S/H）电容。ADC 针对那些输出阻抗接近 10 kΩ 或更小的模拟信号做了优化。对于这样的信号，采样时间可以忽略不计。若信号具有更高的阻抗，那么采样时间就取决于对 S/H 电容充电的时间，这个时间可能变化很大。建议用户使用输出阻抗低且变化缓慢的模拟信号，因为这可以减少对 S/H 电容的电荷传输。频率高于奈奎斯特频率（$f_{\text{ADC}}/2$）的信号源不能用于任何一个通道，这样可以避免不可预知的信号混叠造成的失真。在把信号输入到 ADC 之前，最好使用一个低通滤波器来滤掉高频信号。

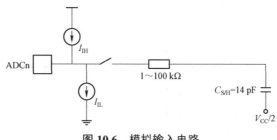

图 10.6　模拟输入电路

10.2.2　ADC 精度定义与 ADC 转换结果

通常，一个 n 位的单端模/数转换器将 GND 与 V_{REF} 之间的电压线性转换成 2^n 个（LSBs）不同的数字量。最小的转换结果为 0，最大的转换结果为 2^n-1。

量化误差：由于连续变化的输入电压被量化成有限多个二进制数值，必然使得某个小范围的输入电压（1LSB）都被转换为相同的数值，此即为量化误差，其大小总是 ± 0.5LSB。

绝对精度：所有实际转换值（未经调整）与理论转换值之间的最大偏差。它由偏移、增益误差、差分误差、非线性及量化误差构成。理想值为 ± 0.5LSB。

每一次模/数转换结束后（ADIF 为高），转换结果被存入 ADC 数据寄存器（ADCL，ADCH）。单次转换的结果表达式为：

$$\text{ADC 转换结果} = \frac{V_{\text{IN}}}{V_{\text{REF}}} \times 1\,024$$

式中，V_{IN} 为被选中引脚的输入电压；V_{REF} 为参考电压。0x000 代表模拟地电压，0x3FF 代表所选参考电压的数值减去 1LSB。

10.2.3　ADC 寄存器

1. ADC 多路选择寄存器—ADMUX

ADC 多路选择寄存器—ADMUX，其位定义如图 10.7 所示。

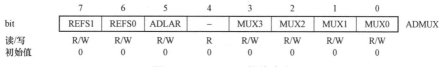

bit	7	6	5	4	3	2	1	0	
	REFS1	REFS0	ADLAR	–	MUX3	MUX2	MUX1	MUX0	ADMUX
读/写	R/W	R/W	R/W	R	R/W	R/W	R/W	R/W	
初始值	0	0	0	0	0	0	0	0	

图 10.7　ADMUX 的位定义

（1）bit 7:6—REFS1:0：参考电压选择。

这两位用于选择 ADC 参考电压，如表 10.3 所示。若在模/数转换过程中更改了设置，则只有等到当前转换结束（ADCSRA 寄存器的 ADIF 置位）后改变才会起作用。如果在 AREF 引脚上施加了外部参考电压，内部参考电压就一定要禁用。

表 10.3　ADC 参考电压选择

REFS1	REFS0	参考电压选择
0	0	AREF，内部 V_{REF} 关闭
0	1	AVCC，AREF 引脚外加滤波电容
1	0	保留
1	1	2.56 V 片内基准电压源，AREF 引脚加滤波电容

（2）bit 5—ADLAR：ADC 转换结果左对齐。

ADLAR 决定 ADC 转换结果在 ADC 数据寄存器中的存放形式。ADLAR 置"1"时为左对齐，置"0"时为右对齐。ADLAR 的改变将立即影响 ADC 数据寄存器的内容，不论是否有转换正在进行。

（3）bit 3:0—MUX3:0：模拟通道选择位。

如表 10.4 所示，这 4 位用于选择针对哪一路输入电压进行模/数转换。如果在转换过程中改变这几位的值，那么只有到转换结束（ADCSRA 寄存器的 ADIF 置位）后，新的设置才有效。

表 10.4　输入通道选择

MUX3:0	单端输入
0000	ADC0
0001	ADC1
0010	ADC2
0011	ADC3
0100	ADC4
0101	ADC5
0110	ADC6
0111	ADC7
1000	—
1001	—
1010	—
1011	—
1100	—
1101	—
1110	1.23 V（V_{BG}）
1111	0 V（GND）

2. ADC 控制和状态寄存器 A—ADCSRA

ADC 控制和状态寄存器 A—ADCSRA，其位定义如图 10.8 所示。

bit	7	6	5	4	3	2	1	0	
	ADEN	ADSC	ADFR	ADIF	ADIE	ADPS2	ADPS1	ADPS0	ADCSRA
读/写	R/W	R/W	R/W	R	R/W	R/W	R/W	R/W	
初始值	0	0	0	0	0	0	0	0	

图 10.8　ADCSRA 的位定义

（1）bit 7—ADEN：ADC 使能位。

ADEN 置位，即启动 ADC，否则 ADC 关闭。关闭 ADC 将立即终止正在进行的转换。

（2）bit 6—ADSC：ADC 开始转换使能位。

在单次转换模式下，ADSC 置位将启动一次 ADC 转换。在连续转换模式下，ADSC 置位将启动首次转换。由于第一次模/数转换要执行 ADC 初始化的工作，因此第一次转换（在 ADC 启用之后置位 ADSC，或者在使能 ADC 的同时置位 ADSC）需要 25 个 ADC 时钟周期，而不是正常情况下的 13 个。在转换进行过程中读取 ADSC 的返回值为"1"，直到转换结束。ADSC 清零不产生任何动作。

（3）bit 5—ADFR：ADC 连续转换使能位。

该位置"1"时，ADC 运行在连续转换模式。该位清零，停止连续转换模式。

（4）bit 4—ADIF：ADC 中断标志位。

在 ADC 转换结束，且数据寄存器被更新后，ADIF 置位。如果 ADIE 及 SREG 中的全局中断使能位 I 也置位，ADC 转换结束中断服务程序即得以执行，同时标志位 ADIF 由硬件清零。此外，还可以通过向此标志位写"1"来清零。要注意的是，如果对 ADCSRA 进行读—修改—写操作，那么待处理的中断会被禁止。

（5）bit 3—ADIE：ADC 中断使能位。

若 ADIE 及 SREG 的位 I 置位，ADC 转换结束后，其中断服务程序即被执行。

（6）bit 2:0—ADPS2:0：ADC 预分频器选择位。

分频值如表 10.5 所示。

表 10.5　ADC 预分频器选择位

ADPS2	ADPS1	ADPS0	分频因子
0	0	0	2
0	0	1	2
0	1	0	4
0	1	1	8
1	0	0	16
1	0	1	32
1	1	0	64
1	1	1	128

3. ADC 数据寄存器—ADCL 及 ADCH

ADC 数据寄存器—ADCL 及 ADCH，其位定义如图 10.9 所示。

ADLAR=0：

bit	15	14	13	12	11	10	9	8	
	–	–	–	–	–	–	ADC9	ADC8	ADCH
	ADC7	ADC6	ADC5	ADC4	ADC3	ADC2	ADC1	ADC0	ADCL
	7	6	5	4	3	2	1	0	
读/写	R	R	R	R	R	R	R	R	
	R	R	R	R	R	R	R	R	
初始值	0	0	0	0	0	0	0	0	
	0	0	0	0	0	0	0	0	

ADLAR=1：

bit	15	14	13	12	11	10	9	8	
	ADC9	ADC8	ADC7	ADC6	ADC5	ADC4	ADC3	ADC2	ADCH
	ADC1	ADC0	–	–	–	–	–	–	ADCL
	7	6	5	4	3	2	1	0	
读/写	R	R	R	R	R	R	R	R	
	R	R	R	R	R	R	R	R	
初始值	0	0	0	0	0	0	0	0	
	0	0	0	0	0	0	0	0	

图 10.9　ADCL 与 ADCH 的位定义

ADC9:0：ADC 转换结果。

ADC 转换结束后，转换结果存于这两个寄存器之中。由于两个寄存器共有 16 个二进制位，而 ADC 结果只有 10 个二进制位，因此这 10 个二进制数据位在这两个寄存器中就有左对齐和右对齐两种存储方式。其中，右对齐是常见的存储方式，而左对齐主要用于只取用 8 位 ADC 结果，即只取用高字节的情况。读取 ADCL 之后，ADC 数据寄存器一直要等到 ADCH 也被读出才可以进行数据更新。因此，如果转换结果为左对齐，且要求的精度不高于 8 位，那么仅需读取 ADCH 就足够了。否则必须先读出 ADCL 再读 ADCH。

ADMUX 寄存器的 ADLAR 位会影响转换结果从数据寄存器中的读取方式。如果 ADLAR 为 "1"，那么结果为左对齐；反之（系统缺省设置），结果为右对齐。

ADC 的编程练习见第 4 章。

第11章
传感器的简单应用

11.1　ADXL345 加速度传感器

在实际应用中，经常需要测量物体或系统的加速度，而实际应用的加速度传感器通常具有不同的大小与形式。近年来，由于微机械加工技术的进步，很多半导体公司生产出了不同种类的嵌入到微芯片当中的加速度传感器。这些微芯片不仅可以测量线性加速度，还可以测量角速度、振动、冲击以及倾斜角度等。有的可以输出加速度模拟信号，有的还能以 SPI 或 I^2C 协议输出加速度数字信号，应用起来十分方便。

加速度传感器的基本原理如图 11.1 所示，整个系统由两个弹簧及一个质量为 m 的物体构成。当系统静止时，两个弹簧未被压缩与拉伸，物体位于中间位置。而当系统向左加速运动时，由于惯性，物体将拉伸左面弹簧并压缩右面弹簧。系统加速度越大，弹簧被拉伸和压缩的长度也越大。通常，这个测量系统在应用过程中涉及两个物理定律：一是胡克定律，即弹簧在弹性限度内受到外力压缩或拉伸时，将产生一个与其伸长量成正比的回复力：$F=kx$。二是牛顿第二定律，即物体受到的力等于其质量乘以加速度：$F=ma$。综合这两个定律可得：$a=kx/m$，即如果系统加速度为 a，则质量为 m 的物体对弹性系数为 k 的弹簧拉伸距离为 x。

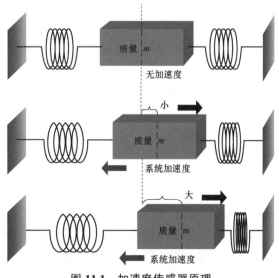

图 11.1　加速度传感器原理

ADXL345 是一款常用的超低功耗三轴加速度传感器芯片，其微机械结构如图 11.2 所示。整个传感器是在一硅片上面加工的多晶硅表面微机械结构，中间是质量为 m 的长方体硅块，两边的多晶硅支撑梁将该硅块悬挂并固定在硅片之上。当硅块感受到加速度时，多晶硅梁像弹簧一样被拉伸，并提供回复力以平衡外部加速度产生的惯性力，使得对加速度的测量转换为对位移的测量。该结构的偏转用差分电容测量，差分电容由一个固定在硅块上的活动极板和两个独立的固定极板构成。外部加速度使硅块偏转及差分电容失衡，并由测量和放大电路产生幅值与加速度成正比的传感器输出，芯片内部设有专门的相敏解调电路，可确定加速度的幅度和方向。

ADXL345 加速度传感器为数字信号输出，其内部包含一个最高 13 位的模/数转换器，测量范围最高为 $\pm16g$。加速度的数据输出为两个字节二进制补码格式，可通过 SPI 或 I²C 数字接口访问。它可以测量静态重力加速度，也可以测量动态加速度。内部采用一个 32 级的先入先出（FIFO）加速度数据缓冲内存区，从而降低主机负荷。可应用于移动设备的加速度测量和硬盘保护等。

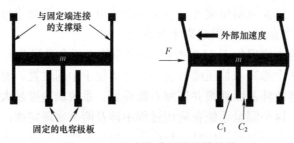

图 11.2　加速度传感器微机械结构

11.1.1　ADXL345 的主要特性

（1）超低功耗：V_S=2.5 V，工作电流 23 μA，待机 0.1 μA；

（2）功耗随带宽按比例变化；

（3）测量范围及分辨率可选：$\pm2g$，$\pm4g$，$\pm8g$，$\pm16g$，10 位/13 位；

（4）嵌入式 FIFO 存储器技术；

（5）单振、双振及自由落体检测，运动与静止检测；

（6）电源电压范围：2.0～3.6 V；

（7）I²C 和 SPI 数字接口；

（8）中断灵活，可映射到任一中断引脚；

（9）测量范围、带宽可选；

（10）抗冲击：10 000g；

（11）纤薄体积：3 mm×5 mm×1 mm，LGA 封装。

ADXL345 的内部结构如图 11.3 所示，包括三轴加速度传感器模块、传感与信号调理电路、ADC 电路、数字滤波电路、32 级 FIFO 存储器、串行 I/O 口模块、控制与中断逻辑模块、电源管理模块等。引脚顶视图如图 11.4 所示，引脚配置如表 11.1 所示。

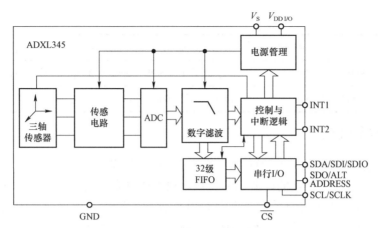

图 11.3　ADXL345 内部结构

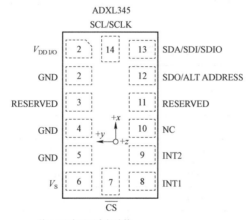

注：NC表示无内部连接。

图 11.4　引脚顶视图

表 11.1　引脚配置与功能

1	$V_{\mathrm{DD\ I/O}}$	数字 I/O 接口电源电压
2	GND	该引脚必须接地
3	RESERVED	保留。接到 V_{S} 或断开
4	GND	该引脚必须接地
5	GND	该引脚必须接地
6	V_{S}	电源电压
7	$\overline{\mathrm{CS}}$	片选
8	INT1	中断 1 输出
9	INT2	中断 2 输出
10	NC	内部不连接
11	RESERVED	保留。接地或保持断开

12	SDO/ALT ADDRESS	串行数据输出（SPI 4 线）/备用 I^2C 地址选择
13	SDA/SDI/SDIO	I^2C 数据/4 线 SPI 数据输入/3 线 SPI 数据输入和输出
14	SCL/SCLK	SCL 为 I^2C 串行通信时钟/SCLK 为 SPI 串行通信时钟

11.1.2　电源模式

ADXL345 有 4 种涉及电源功耗的工作方式：正常模式、省电模式、自动休眠模式和待机模式。在正常模式下，消耗的电源功率与数据输出速率成正比，如表 11.2 所示。表中数据输出速率为每秒钟对加速度的采样及模/数转换的次数，带宽是指加速度的频率变化的最大值。根据奈奎斯特定律，采样频率通常要大于或等于信号频率成分最大值的 2 倍。如果想要降低电源功率消耗，可以通过内部相应寄存器的设置，让传感器芯片进入省电模式，或自动休眠模式和待机模式。

表 11.2　典型功耗与数据速率

数据输出速率/Hz	带宽/Hz	速率代码	I_{DD}/μA
3 200	1 600	1111	140
1 600	800	1110	90
800	400	1101	140
400	200	1100	140
200	100	1011	140
100	50	1010	140
50	25	1001	90
25	12.5	1000	60
12.5	6.25	0111	50
6.25	3.13	0110	45
3.13	1.56	0101	40
1.56	0.78	0100	34
0.78	0.39	0011	23
0.39	0.20	0010	23
0.20	0.10	0001	23
0.10	0.05	0000	23

11.1.3　串行数据接口

ADXL345 可采用 I^2C 或 SPI 接口作为从机与单片机进行数据交换。如果 $\overline{CS}$ 引脚接 $V_{DD\,I/O}$，则启用 I^2C 通信模式，而在 SPI 模式下，$\overline{CS}$ 引脚由主机控制。下面主要介绍 I^2C 模式与主机的通信。I²C 模式与主机的连接如图 11.5 所示，它支持 I²C 协议的标准（100 kHz）和快速（400 kHz）数据传输模式，支持单字节和多字节的读写操作。作为 I²C 总线上的从机，它有两个从机地址。ALT ADDRESS 引脚接高电平时，从机地址为 0x1D。由于 I²C 协议地址包的高 7 位才是从机地址，所以主机寻址从机时 SLA+W 为 0x3A，而 SLA+R 为 0x3B；当 ALT ADDRESS 引脚接低电平时，从机地址为 0x53，则主机寻址从机时对应的 SLA+W 为 0xA6，而 SLA+R

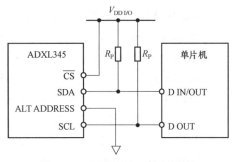

图 11.5　I²C 模式与主机的连接

为 0XA7。由于通信速度限制，使用 400 kHz I²C 时，输出数据速率最好不要超过 800 Hz，即每秒钟加速度采样值不超过 800 次；而使用 100 kHz I²C 时，则输出数据速率最好不要超过 200 Hz。

通过 I²C 总线对 ADXL345 的读写：

ADXL345 可以通过 I²C 总线进行单字节和多字节的数据读写，其寻址和读写过程如图 11.6 所示。在进行读操作时，先写入芯片内部要读取的寄存器地址，再插入 RESTART 信号进行读操作。

单字节写

MASTER	START	从机地址+写		寄存器地址		数据		STOP
SLAVE			ACK		ACK		ACK	

多字节写

MASTER	START	从机地址+写		寄存器地址		数据		数据		STOP
SLAVE			ACK		ACK		ACK		ACK	

单字节读

MASTER	START	从机地址+写		寄存器地址		START¹	从机地址+读			NACK	STOP
SLAVE			ACK		ACK			ACK	数据		

多字节读

MASTER	START	从机地址+写		寄存器地址		START¹	从机地址+读			ACK		NACK	STOP
SLAVE			ACK		ACK			ACK	数据		数据		

图 11.6　ADXL345 的 I²C 寻址及读写过程

11.1.4　中断

ADXL345 的主要工作是源源不断地输出 X、Y、Z 轴的加速度值，除此以外，它还能利用测得的加速度值做各种事件检测，并据此生成中断申请。芯片提供两个输出引脚用以产生中断信号：INT1、INT2。默认为高电平有效，也可以通过设置 DATA_FORMAT 寄存器，改为低电平有效。内部共有 8 个事件可以产生中断，也就是有 8 个中断源，通过 INT_ENABLE 寄存器，可以决定各个中断启用与否。这些中断可以同时使用，但需要共享两个中断输出引脚。设置 INT_MAP 寄存器，可以决定每个中断映射到 INT1 或 INT2 引脚。中断发生后，单片机需要查询传感器内的 INT_SOURCE 寄存器，才能知道确切的中断源。8 个中断事件分别为：数据就绪，单次敲击，两次敲击，活动，静止，自由落体，水印，溢出。每个中断触发条件描述如下：

Data_Ready：有新的数据时，Data_Ready 中断置位，否则清零；

Single_Tap：加速度值大于 THRESH_TAP 寄存器中数值，持续时间小于 DUR 寄存器数值；

Double_Tap：两次加速度值大于 THRESH_TAP，持续时间小于 DUR；

Activity：加速度值大于 THRESH_ACT，由 ACT_INACT_CTL 寄存器设定活动轴；

Inactivity：加速度值小于 THRESH_ACT，时间大于 TIME_INACT；

Free_Fall：加速度值小于 THRESH_FF，持续时间大于 TIME_FF；自由落体与静止中断检测的区别为：所有轴都参与，并且为逻辑"与"关系，阈值时间小得多（最大 1.28 s），总是 dc 方式检测；

Watermark：FIFO 存储器中的采样数等于设定值；

Overrun：新数据覆盖 FIFO 存储器中的未读数据。

11.1.5　FIFO 嵌入式存储器

ADXL345 每一次对加速度的测量值包括 X、Y、Z 三个轴，每轴 2 个字节，共计 6 个字节的数据。这些数据如果立即进行输出，而主机却来不及响应，则很容易造成数据丢失。所以，ADXL345 内部建有 32 级先入先出（FIFO）数据存储器，一共可以缓存 32 次加速度的测量值。另外，它还设有 DATAX、DATAY、DATAZ 三个数据寄存器，主机只能通过访问这三个数据寄存器而得到加速度数值。如果这三个寄存器中的加速度数据被取走，FIFO 存储器中最先测得的加速度值将被自动转移到 DATAX、DATAY、DATAZ 三个数据寄存器中。所以，加上这三个寄存器，可看作有 33 级数据缓存。

ADXL345 的 FIFO 数据存储器有 4 种工作模式：旁路模式、FIFO 模式、流模式和触发模式。旁路模式：FIFO 存储器不可用；FIFO 模式：X、Y、Z 轴测量数据存储在 FIFO 存储器中，采样数等于设定值时，Watermark 中断置位，缓存满（32 个，X、Y、Z 轴）时则停止测量；流模式：采样数等于设定值时 Watermark 中断置位，如果缓存满，则新数据覆盖旧数据，缓存中一直保留 X、Y、Z 轴最新的 32 个测量值；触发模式：先流模式工作，触发事件发生后改为 FIFO 模式。

从 FIFO 中读取数据：

主机只能通过访问 DATAX、DATAY、DATAZ 三个数据寄存器（地址为 0x32～0x37）而得到加速度数值。如果执行单字节读取操作，当前测量值的剩余数据字节将会丢失。因此，所有目标轴应以突发（或多字节）读取操作来读取数据。为确保 FIFO 完全弹出（即新数据完全转移到 DATAX、DATAY、DATAZ 寄存器），读取数据寄存器结束后至再读取 FIFO 或读取 FIFO_STATUS 寄存器（地址 0x39）之前，至少必须有 5 μs 延迟。以突发（或多字节）方式读取 DATAX、DATAY、DATAZ 三个寄存器中数据时，只需给出 DataX0 地址，然后连续读取 6 个字节。每读一个字节，传感器内部会自动将读取地址加 1。如果读取数据寄存器出现从寄存器 0x37 到寄存器 0x38 的转变，或 $\overline{CS}$ 引脚变为高电平（SPI），传感器将认为数据读取结束。

11.1.6　ADXL345 内部寄存器列表

ADXL345 内部共有 58 个寄存器地址，如表 11.3 所示，其中 0x01～0x1C 共 28 个为系统保留，所以真正有意义的寄存器共 30 个。

表 11.3　ADXL345 内部寄存器

地址 （十六进制）	地址 （十进制）	名称	类型	复位值	说明
0x00	0	DEVID	R	11100101	器件 ID
0x01～0x1C	1～28	保留			保留，不要操作
0x1D	29	THRESH_TAP	R/W	00000000	敲击阈值
0x1E	30	OFSX	R/W	00000000	X 轴偏移
0x1F	31	OFSY	R/W	00000000	Y 轴偏移
0x20	32	OFSZ	R/W	00000000	Z 轴偏移
0x21	33	DUR	R/W	00000000	敲击持续时间
0x22	34	Latent	R/W	00000000	敲击延迟
0x23	35	Window	R/W	00000000	敲击窗口
0x24	36	THRESH_ACT	R/W	00000000	活动阈值
0x25	37	THRESH_INACT	R/W	00000000	静止阈值
0x26	38	TIME_INACT	R/W	00000000	静止时间
0x27	39	ACT_INACT_CTL	R/W	00000000	轴活动和静止检测——使能控制
0x28	40	THRESH_FF	R/W	00000000	自由落体阈值
0x29	41	TIME_FF	R/W	00000000	自由落体时间
0x2A	42	TAP_AXES	R/W	00000000	单击/双击轴控制
0x2B	43	ACT_TAP_STATUS	R	00000000	单击/双击源
0x2C	44	BW_RATE	R/W	00001010	数据速率及功率模式控制
0x2D	45	POWER_CTL	R/W	00000000	省电特性控制
0x2E	46	INT_ENABLE	R/W	00000000	中断使能控制
0x2F	47	INT_MAP	R/W	00000000	中断映射控制
0x30	48	INT_SOURCE	R	00000010	中断源
0x31	49	DATA_FORMAT	R/W	00000000	数据格式控制
0x32	50	DATAX0	R	00000000	X 轴数据 0
0x33	51	DATAX1	R	00000000	X 轴数据 1
0x34	52	DATAY0	R	00000000	Y 轴数据 0
0x35	53	DATAY1	R	00000000	Y 轴数据 1
0x36	54	DATAZ0	R	00000000	Z 轴数据 0
0x37	55	DATAZ1	R	00000000	Z 轴数据 1
0x38	56	FIFO_CTL	R/W	00000000	FIFO 控制
0x39	57	FIFO_STATUS	R	00000000	FIFO 状态

寄存器说明：（所有寄存器均为 8 位）

0x00—此寄存器中数值为厂家写入的 ADXL345 器件 ID（只读）：0xE5，用八进制表示为 345。

0x1D—**THRESH_TAP**（读/写）：此寄存器用于设定敲击事件中断的加速度阈值，为无符号数。ADXL345 将检测到的加速度数值与 THRESH_TAP 寄存器中事先设定好的数值进行比较，以实现单次敲击中断。比例因子为 62.5 mg/LSB（即 0xFF=16g，按最大量程算）。

0x1E、0x1F、0x20—**OFSX、OFSY、OFSZ**（读/写）：以二进制补码格式设置三个轴的初始偏移量，为有符号数，比例因子为 15.6 mg/LSB（即 0x7F=2g，按最小量程算）。在测量时，此寄存器中数值自动加到加速度数据上，并存储在输出数据寄存器中，相当于系统误差调整。

0x21—**DUR**（读/写）：用于设置敲击事件持续时间的上限，为无符号数；当测量到的加速度数值大于 THRESH_TAP 寄存器中阈值，且持续时间小于 DUR 寄存器中数值，为单次敲击事件发生。比例因子为 625 µs/LSB。值为"0"时，禁用单振/双振检测功能。

0x22—**Latent**（读/写）：无符号时间值，表示从检测到一次敲击事件到窗口时间（由 Window 寄存器定义，期间用于检测可能的二次敲击事件。）开始之间的延迟时间。比例因子为 1.25 ms/LSB。值为 0 时，禁用双击检测功能。

0x23—**Window**（读/写）：无符号时间值，表示在延迟时间之后，第二次有效敲击可以开始的窗口时间。也就是说，在进行两次敲击事件检测过程中，当检测到第一次敲击事件后，要有一段延迟时间，在此期间，不进行二次敲击检测。延迟时间之后，要定义一段窗口时间，只有在这期间再发生的敲击事件才能认定为二次敲击事件。比例因子为 1.25 ms/LSB，值为"0"时，禁用双击功能。

0x24—**THRESH_ACT**（读/写）：无符号数，用于设定检测运动事件的加速度阈值。传感器将检测到的加速度数值与此值进行比较，以产生运动事件中断。比例因子为 62.5 mg/LSB。如果运动中断启用，值为"0"时，可能导致工作异常。

0x25—**THRESH_INACT**（读/写）：无符号数，用于设定检测静止事件的加速度阈值。传感器将检测到的加速度数值与此值进行比较，以产生静止事件中断。比例因子为 62.5 mg/LSB。如果静止中断启用，值为"0"时，可能导致工作异常。

0x26—**TIME_INACT**（读/写）：无符号时间值，用于设定静止事件检测的阈值时间。当检测到的加速度值小于 THRESH_INACT 寄存器设定值，并且持续时间大于此阈值时间时，才能认定为静止事件发生。比例因子为 1 s/LSB。

0x27—**ACT_INACT_CTL**（读/写）：无符号数，三个轴参与静止/活动检测的使能控制，各个位等于"1"表示使能，"0"表示禁止。D7 和 D3 为交直流检测控制位。**dc 检测：**加速度值直接与 THRESH_ACT 和 THRESH_INACT 进行比较，以确定检测到的是活动还是静止。**ac 检测：**以检测开始时的加速度值为参考值，然后将新的加速度值与该参考值进行比较，判断差值大小是否超过 THRESH_ACT 和 THRESH_INACT 中数值，相当于增量比较。其位定义如下：

D7 ACT ac/dc	D6 ACT_X enable	D5 ACT_Y enable	D4 ACT_Z enable
D3 INACT ac/dc	D2 INACT_X enable	D1 INACT_Y enable	D0 INACT_Z enable

0x28— THRESH_FF（读/写）：无符号数，用于设定自由落体检测的阈值。三个轴检测到的加速度值都与 THRESH_FF 中的值相比较，以确定是否有自由落体事件发生。比例因子为 62.5 mg/LSB，建议采用 300 mg 到 600 mg 之间的值（0x05 至 0x09）。

0x29— TIME_FF（读/写）：无符号数，用于设定自由落体检测的阈值时间。当三个轴的加速度值都小于 THRESH_FF 值，并且持续时间超过 **TIME_FF** 的值时，认定为自由落体事件发生。比例因子为 5 ms/LSB，建议采用 100 ms 到 350 ms 之间的值（0x14 至 0x46）。

0x2A— TAP_AXES（读/写）：无符号数，三个轴参与敲击事件检测的使能控制，"1"表示使能，"0"表示禁止。Supress 位：如果两次敲击之间出现大于 THRESH_TAP 值的加速度，设置抑制位会抑制双击检测。其位定义如下：

D7	D6	D5	D4	D3	D2	D1	D0
0	0	0	0	Suppress	TAP_X enable	TAP_Y enable	TAP_Z enable

0x2B— ACT_TAP_STATUS（只读）：无符号数，活动、敲击事件来源标志位。这些位表示最先涉及敲击或运动事件的轴，值为"1"时，表示有事件发生，值为"0"时，表示对应轴无事件。有新数据时，这些位不会清零，但新数据会覆盖这些位。中断清零前，应读取 ACT_TAP_STATUS 寄存器。禁用某一轴，当下一活动或单/双击事件发生时，相应来源位清零。休眠位为"1"时，表示器件为休眠状态，为"0"时表示为非休眠状态。只有器件配置为自动休眠时，此位状态才会变化。其位定义如下：

D7	D6	D5	D4	D3	D2	D1	D0
0	ACT_X source	ACT_Y source	ACT_Z source	Asleep	TAP_X source	TAP_Y source	TAP_Z source

0x2C— BW_RATE（读/写）：功耗与速率控制寄存器。速率控制位用于选择器件带宽和输出数据速率（列表见电源模式部分）。默认值为 0x0A，表示 100 Hz 的数据输出速率。LOW_POWER 位为"0"时，表示为正常模式；为"1"时，表示为省电模式。其位定义如下：

D7	D6	D5	D4	D3	D2	D1	D0
0	0	0	LOW_POWER	Rate			

0x2D— POWER_CTL（读/写）：功率与电源模式控制寄存器。Link 位：设定静止和活动检测接续进行。AUTO_SLEEP 位：Link 位置"1"时，检测到静止时则自动休眠，检测到活动时则唤醒；Measure 位：为"1"时，表示芯片工作在测量模式；为"0"时，表示工作在待机模式。Sleep 位为"1"时，表示休眠模式；为"0"时，表示工作模式。

Wakeup 位：用于设置休眠模式下数据读取速率。其位定义如下：

D7	D6	D5	D4	D3	D2	D1	D0
0	0	Link	AUTO_SLEEP	Measure	Sleep	Wakeup	

0x2E—INT_ENABLE（读/写）：中断使能寄存器。某位设置为"1"时，使能相应中断；设置为"0"时，禁止相应中断。其位定义如下：

D7	D6	D5	D4
DATA_READY	SINGLE_TAP	DOUBLE_TAP	Activity
D3	D2	D1	D0
Inactivity	FREE_FALL	Watermark	Overrun

0x2F—INT_MAP（读/写）：中断映射寄存器。某位设置为"0"时，映射其中断到 INT1 引脚；设置为"1"时，映射其中断到 INT2 引脚。其位定义如下：

D7	D6	D5	D4
DATA_READY	SINGLE_TAP	DOUBLE_TAP	Activity
D3	D2	D1	D0
Inactivity	FREE_FALL	Watermark	Overrun

0x30—INT_SOURCE（只读）：中断源查询寄存器。某中断标志位为"1"时，表示该中断发生。其位定义如下：

D7	D6	D5	D4
DATA_READY	SINGLE_TAP	DOUBLE_TAP	Activity
D3	D2	D1	D0
Inactivity	FREE_FALL	Watermark	Overrun

0x31—DATA_FORMAT（读/写）：SELF_TEST 位为"1"时，启用自测，SPI 位，为"1"时，3 线 SPI 模式；为"0"时，4 线 SPI 模式。INT_INVERT 位：为"1"时，中断低电平有效；为"0"时，高电平有效。FULL_RES 位：为"1"时，全分辨率模式，ADC 输出分辨率随着量程位所设置的 g 量程而改变，以始终保持 4 mg/LSB 的比例因子；为"0"时，10 位模式，由量程位决定最大 g 测量范围和比例因子。Justify 位：为"1"时，左对齐（MSB）模式；为"0"时，右对齐模式。Range 位：可设定测量范围为 ±2g、±4g、±8g、±16g。其位定义如下：

D7	D6	D5	D4	D3	D2	D1	D0
SELF_TEST	SPI	INT_INVERT	0	FULL_RES	Justify	Range	

0x32~0x37—DATAX0、DATAX1、DATAY0、DATAY1、DATAZ0 和 DATAZ1（只读）：这 6 个字节保存 X、Y、Z 轴的加速度输出数据，0x32 和 0x33 为 X 轴数据；0x34 和 0x35 为 Y 轴数据；0x36 和 0x37 为 Z 轴数据。输出数据为二进制补码，DATAX0 为低字节，

DATAX1 为高字节，Y 轴和 Z 轴同理。

0x38—FIFO_CTL（读/写）：先入先出存储器工作方式控制寄存器。FIFO_MODE 位：为 0、1、2、3 时分别表示旁路、FIFO、流和触发模式；Trigger 位：触发模式下选择触发事件链接到 INT1、INT2；Samples 位：设置触发 Watermark 中断置位的采样数。其位定义如下：

D7	D6	D5	D4	D3	D2	D1	D0
FIFO_MODE		Trigger	Samples				

0x39—FIFO_STATUS（只读）：先入先出存储器状态寄存器。FIFO_TRIG 位：表示有无 FIFO 触发事件发生；Entries 位：表示 FIFO 存储器中加速度的采样数。其位定义如下：

D7	D6	D5	D4	D3	D2	D1	D0
FIFO_TRIG	0	Entries					

11.1.7　ADXL345 中加速度数据的读取

尽管 ADXL345 内部建有 32 级数据缓冲器，但我们读取加速度数据时，并不直接从缓冲器中读取，而是从 DATAX0、DATAX1、DATAY0、DATAY1、DATAZ0 和 DATAZ1 这 6 个寄存器中读取。每读取完一次，ADXL345 再将新的数据转移到这 6 个数据寄存器中。两次数据读取要间隔 5 μs，以等待数据从缓冲器加载完成。也可以利用 DATA_READY 中断信号来判断数据寄存器中的三轴加速度数据是否已被更新，当新数据就绪时它会被置为高电平（也可以设置为低电平），利用电平的低—高跃迁来触发中断服务例程。为了确保数据的一致性，推荐使用多字节读取方式从 ADXL345 中获取数据。

ADXL345 输出为 16 位数据格式。从数据寄存器中得到加速度数据后，在应用程序中必须对数据进行重建。DATAX0 是 X 轴加速度值的低字节数据，DATAX1 是 X 轴高字节数据。在 13 位模式下，高 4 位是符号位，如图 11.7 所示，也可通过 DATA_FORMAT 寄存器设置其他数据格式。

D15	D14	D13	D12	D11	D10	D9	D8	D7	D6	D5	D4	D3	D2	D1	D0
SIGN	SIGN	SIGN	SIGN	D11	D10	D9	D8	D7	D6	D5	D4	D3	D2	D1	D0

DATAX1　　　　　　　　　　DATAX0
DATAY1　　　　　　　　　　DATAY0
DATAZ1　　　　　　　　　　DATAZ0

图 11.7　数据结构

ADXL345 使用二进制补码来表示加速度的测量结果，这对我们编程时的计算是非常方便的。如果在 13 位模式下，测量范围为 ±16g，ADXL345 的输出数据格式如表 11.4 所示。一个 LSB 代表的加速度数值为

$$16\ 000\ \text{mg}/4\ 096 = 3.906\ 25\ \text{mg}$$

通常可约等于 3.9 mg。

表 11.4 ADXL345 输出数据格式

16 位补码	十进制数值	加速度/mg
0FFF	4 095	+15 996
...	...	...
0002	+2	+7.8
0001	+1	+3.906 25
0000	0	0
FFFF	−1	−3.906 25
FFFE	−2	−7.8
...	...	...
F000	−4 096	−16 000

11.1.8 ADXL345 加速度传感器的使用

ADXL345 加速度传感器的物理原理如图 11.1 和图 11.2 所示，当支撑梁弯曲，差分电容失衡，加速度传感器就会有输出。从传感器本身的非惯性参考系来看，引起支撑梁弯曲的力，可以是由加速运动导致的惯性力，也可以是重力。所以，ADXL345 的两个应用方向，一个是基于惯性力的加速运动检测，另一个是基于重力的倾角测量。ADXL345 技术手册中定义的传感坐标轴方向如图 11.8 所示，芯片一角上的白点作为方向标记。当检测沿坐标轴正向的加速运动时，传感器输出为正。而当检测与坐标轴正向相反的重力加速度时，输出为正。

倾角是指图 11.9 中所示的与芯片随动的三个坐标轴各自与水平面的夹角。这三个夹角测量的基本原理，就是通过测得与夹角密切相关的重力加速度矢量在相应坐标轴上的分量来进行计算的。夹角为零时，重力加速度矢量在该轴上分量也为零。夹角为 90° 时，重力加速度矢量与该轴平行，传感器输出为 1g 的数值量。当传感器在水平面内绕某一竖直轴旋转时，三个轴上的重力加速度分量都保持不变。所以，通常 ADXL345 不能测量水平面内的旋转角度。

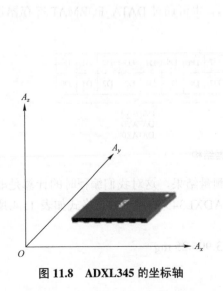

图 11.8 ADXL345 的坐标轴

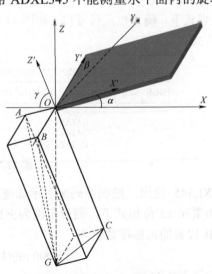

图 11.9 倾角与 g 矢量及分量

如图 11.9 所示，XYZ 为静止坐标系，$X'Y'Z'$ 为与芯片随动的坐标系。α、β 和 γ 分别为 X'、Y'、Z' 轴与水平面的夹角。$\overline{OG}$ 为重力加速度矢量，$\overline{OA}$、$\overline{OB}$ 和 $\overline{OC}$ 分别为芯片在一定倾角下，重力加速度矢量在 X'、Y'、Z' 轴上的分量。倾角 α、β 和 γ 的测量可以采用单轴参与、双轴参与以及三轴参与这 3 种不同的方法。

在倾角测量范围有限，并且分辨率要求不高时，可采用单轴检测的方法。设 X 轴检测到的加速度值输出为 A_x，重力加速度为 $1g$，如图 11.9 所示，根据简单的三角函数关系有：

$$A_x = OA = OG \cdot \sin \alpha = 1g \cdot \sin \alpha$$

只要测得了 A_x，就可算出 α 角。单轴检测对芯片坐标系的转动有严格的要求。以 α 角检测为例，X'、Z' 轴绕 Y 轴转动，Y' 轴要和 Y 轴重合。若 Y' 轴也转动了，将减小 X' 轴的加速度值输出，从而给倾角测量带来误差。单轴参与测量时输出灵敏度是非线性的，同时还须知道 $1g$ 在 X 轴准确的输出值。另外，单轴测量不能在 $360°$ 范围进行，因为在 α 角和 $\pi-\alpha$ 角产生的加速度输出值相同。

当两个坐标轴参与检测时（如 X、Z 轴绕 Y 轴旋转），有如下关系：

$$A_x = OA = OG \cdot \sin \alpha = 1g \cdot \sin a$$
$$A_z = OC = OG \cdot \sin \gamma = 1g \cdot \sin \gamma = 1g \cdot \cos \alpha$$

$$\frac{A_x}{A_z} = \frac{1g \cdot \sin \alpha}{1g \cdot \cos \alpha} = \tan \alpha$$

测出 A_x 和 A_z 的比值，即可算出 α 角。两轴参与测量相对于单轴测量，有 3 个优点：一是输出灵敏度恒定；二是第三轴倾斜与否，不影响测量结果；三是可在 $360°$ 范围内进行测量。

在实际应用中，用得最多的还是三轴都参与的倾角检测，其原理与单轴、双轴检测稍有不同。在图 11.9 中，重力加速度矢量 $\overline{OG}$ 及其在 X'、Y'、Z' 轴上分量之间的几何关系如图中下方长方体所示。即：

$$A_x = OA, A_y = OB, A_z = OC, OG = 1g$$
$$OG^2 = OA^2 + OB^2 + OC^2 = A_x^2 + A_y^2 + A_z^2$$
$$GA^2 = OG^2 - OA^2 = A_y^2 + A_z^2$$
$$GB^2 = OG^2 - OB^2 = A_z^2 + A_x^2$$
$$GC^2 = OG^2 - OC^2 = A_x^2 + A_y^2$$

因此，对倾角 α、β 和 γ（应理解为 X'、Y'、Z' 轴与水平面的夹角）有：

$$\alpha = \arctan \frac{OA}{GA} = \arctan \left(\frac{A_x}{\sqrt{A_y^2 + A_z^2}} \right)$$

$$\beta = \arctan \frac{OB}{GB} = \arctan \left(\frac{A_y}{\sqrt{A_z^2 + A_x^2}} \right)$$

$$\gamma = \arctan \frac{OC}{GC} = \arctan \left(\frac{A_z}{\sqrt{A_x^2 + A_y^2}} \right)$$

三轴参与倾角的测量，由于采用了反正切函数及加速度之比，所以具有双轴检测中所述的各个优点，即有效的增量灵敏度恒定，单位球上所有点的角度都可以较准确地进行测量。

ADXL345 的编程练习见第 4 章。

11.2　AD9833 直接数字频率合成

在电子技术的实际应用中，从简单的电路到复杂的仪器仪表及通信领域，常常需要产生不同频率的正弦波信号。根据需要，人们可以使用不同的电路来产生正弦波，如文氏桥、ICL8038 芯片、锁相环以及直接数字合成（DDS）等方法。这些方法都有各自的优缺点及适合的应用场合。其中，信号的直接数字合成技术是一种比较新颖的波形产生方法，它从相位的概念出发进行信号频率的合成。随着电子技术的发展，很多厂家都生产出了多种集成的直接数字频率合成（DDS）芯片。利用这些 DDS 芯片，与单片机相结合，就可以非常简单地产生不同频率的正弦波。它具有频率切换速度快、频率分辨率高、相位可连续线性变化等特点，并且频率稳定，性价比高，可以很容易地调频和调相，还可以生成三角波和方波等。

本节主要学习用 DDS 芯片 AD9833，并结合单片机，来制作一个信号源，以产生不同频率和相位的正弦波信号、三角波信号和方波信号等。AD9833 是一个高度集成的直接数字频率合成（DDS）芯片。该芯片只需要一个参考时钟、一个精密低电阻和多个去耦电容，就可用数字方式产生高达 12.5 MHz 的正弦波，此外，还可实现繁简不同的调制方案。

11.2.1　AD9833 直接数字频率合成的基本原理

在一般的电子技术中，时间是均匀流逝的，如果某一个物理量随着时间线性的变化，那么我们处理起来将会非常方便。但对于正弦波信号 $a(t) = \sin(\omega t)$，如图 11.10 所示，其瞬时值随时间非线性变化，而相位则随时间线性变化，瞬时值和相位随时间变化的周期相同。直接

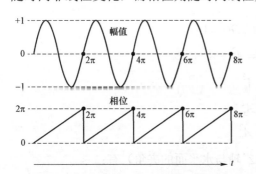

图 11.10　正弦波瞬时值与相位随时间的变化

数字频率合成的基本原理是：利用一个稳定的高频参考时钟信号，在 $0 \sim 2\pi$ 范围内，不断重复地产生线性、等间隔变化的一系列相位值，然后通过查表的方式将一个周期内各相位值变换成对应的正弦瞬时值，再经过低通滤波，输出模拟正弦波信号。假设 DDS 的稳定高频时钟信号为 f_{clk}，其周期为 Δt。要产生的正弦波信号频率为 f，其圆频率为 $\omega = 2\pi f$，其相位在高频时钟周期 Δt 时间内的变化量为

$$\Delta \phi = \omega \Delta t = 2\pi f \Delta t$$

所以有

$$f = \Delta \phi / (2\pi \Delta t) = \frac{\Delta \phi}{2\pi} f_{clk} \quad (f_{clk} = 1 / \Delta t)$$

这是 AD9833 合成并输出不同频率信号的基本关系式，$\Delta \phi$ 是信号 f 在 f_{clk} 一个周期内相位的变化量，$0 < \Delta \phi < 2\pi$，$\Delta \phi$ 还是生成信号 f 过程中 f 相位的等间隔变化值。$\Delta \phi$ 与生成信号频率相关，$\Delta \phi$ 越小，输出频率越低，$\Delta \phi$ 越大，输出频率越高。在确定输出信号频率时，

只要按照上式给出对应的 $\Delta\phi$ 即可。$\Delta\phi$ 和 2π 在 AD9833 中都是非常细化的数字量。

如图 11.11 所示，AD9833（DDS）实现上述关系式需要 3 个主要子电路系统：

（1）数控振荡器（NCO）与相位调制器；

（2）正弦表（SIN ROM）；

（3）数/模转换器（DAC）。

数控振荡器（NCO）与相位调制器主要包括：两个频率寄存器（28 位），一个相位累加器（28 位），两个相位偏移寄存器（12 位），一个相位偏移加法器。频率寄存器用于输入数字化的相位等间隔变化值 $\Delta\phi$，$0 < \Delta\phi < 2^{28}-1$，用以确定输出频率。编程时用命令位 FSELECT 选择两个频率寄存器之一。NCO 的主要部件是相位累加器，其主要作用是在时钟脉冲的同步下，对频率寄存器中的数值进行累加。累加器最大值 2^{28} 对应 2π，超过最大值后溢出，又从零开始累加。因此，相位累加器循环输出的是 0 到 $2^{28}-1$ 之间，以频率寄存器中的数值 $\Delta\phi$ 为间隔的二进制数字，它对应的是 0 到 2π 随时间线性变化的等间隔的相位值。由于参考时钟不变，累加器宽度固定，则累加器循环输出的频率由 $\Delta\phi$ 决定。所以，$f = f_{clk} / (2^{28} / \Delta\phi) = f_{clk} \times \Delta\phi / 2^{28}$。NCO 之后，通过两个相位寄存器可以加入相位偏移值，以产生相位调整。相移加入相位累加器高 12 位，分辨率为 $2\pi/4\,096$。

正弦表（SIN ROM）由于相位信息与正弦波瞬时值非线性对应，所以，DDS 用查表（SIN ROM）的方式完成相位到瞬时值的转换。将累加器输出的相位值所对应的正弦波瞬时值事先算好，并保存在 SIN ROM 表中。相位累加器输出的相位值，作为查表地址，直接与 SIN ROM 表中的正弦波瞬时值一一对应。虽然相位累加器有 28 位，但是 NCO 的输出被截取为 12 位。这是因为相位累加器可以有 2^{28} 个输出值，在 0 到 2π 之间，用这么高的相位分辨率来查表不太可行，也没有必要。实际上，只要能保证截取带来的误差小于 10 位 DAC 的分辨率，就可以了。这要求 SIN ROM 表的相位分辨率要比 10 位 DAC 多 2 位。

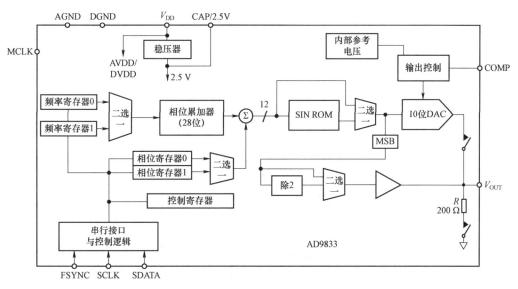

图 11.11 AD9833 内部功能模块

数/模转换器（DAC）：AD9833 内含一个高阻抗、电流型的 10 位 DAC，它把查表得到的正弦波瞬时值转换成对应的 0.6 Vp−p 的模拟电压值，再经过低通滤波（LPF），即可得到所需要的正弦波。

图 11.12 展示了 AD9833 以上 3 个子电路系统的工作原理和输出信号。在每一个时钟脉冲的同步作用下，相位累加器对时钟频率寄存器中的数字 $\Delta\phi$ 值逐次累加，并输出 0 到 2π 间等间隔的数字相位值。用每一个数字相位值作为 SIN ROM 的查表地址，得到对应相位的、代表正弦波信号瞬时值大小的数值，此数值需经过数/模转换输出阶梯状的近似正弦波信号，最后经过低通滤波（LPF），得到并输出了较好的正弦波形。由于时钟信号频率和累加器宽度固定，所以 $\Delta\phi$ 值越大，输出信号频率就越高；$\Delta\phi$ 值越小，输出信号频率越低。图 11.12 中示意性地取了 $\Delta\phi=2\pi/8$ 和 $\Delta\phi=2\pi/16$，二者的输出频率相差一倍。在应用中，设置好了 AD9833 的工作状态后，只要通过编程更改频率寄存器和相位寄存器中的数值，就能控制芯片输出信号的频率和相位。

11.2.2 AD9833 的串行接口

如图 11.13 所示，AD9833 包含一个与 AVR 单片机 SPI 兼容的标准 3 线串行接口，AVR 单片机作为 SPI 主机。AD9833 使用外部时钟来控制和写入数据，串行时钟频率最高可达 40 MHz。数据在串行输入时钟 SCLK 的同步控制下，每次都以 **16 位字**载入芯片。FSYNC 引脚是电平触发的输入信号，用于数据帧同步和芯片使能。只有在 FSYNC 引脚变为低电平时，数据才能载入芯片。当其变低后，串行数据在 16 个 SCLK 时钟脉冲的下降沿被移入芯片内部的输入移位寄存器，每个字节都必须是 MSB 先发。FSYNC 变低前，SCLK 应为高电平。

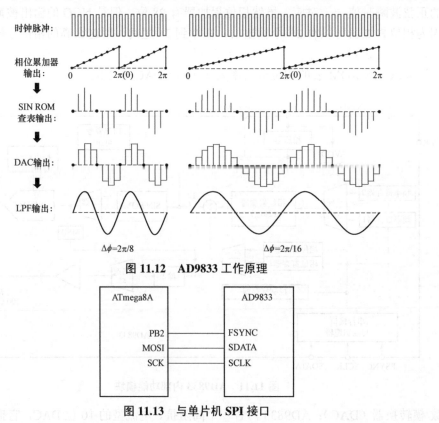

图 11.12　AD9833 工作原理

图 11.13　与单片机 SPI 接口

11.2.3　AD9833 控制寄存器

AD9833 内部包含一个 16 位的控制寄存器，可以通过编程来控制 AD9833 的工作方式。这个 16 位的控制寄存器的位定义如表 11.5 所示，位描述如表 11.6 所示。

表 11.5　控制寄存器的位定义

DB15	DB14	DB13	DB12	DB11	DB10	DB9	DB8	DB7	DB6	DB5	DB4	DB3	DB2	DB1	DB0
0	0	B28	HLB	FSELECT	PSELECT	0	RESET	SELEEP1	SELEEP12	OPBITEN	0	DIV2	0	MODE	0

表 11.6　控制寄存器位描述

位	名称	功能
D15 D14		控制位，D15D14 决定收到的数据写入芯片内哪个寄存器
D13	B28	频率寄存器工作方式控制位。频率寄存器可以作为一个单独的 28 位寄存器工作，也可以分为两个独立的 14 位寄存器工作。B28=1：频率寄存器工作于 28 位，数据需分两个 16 位连续写入频率寄存器，第一次是低 14 位（14LSBs），第二次是高 14 位（14MSBs），14 位数据的前两位是寄存器地址；B28=0：28 位频率寄存器分为两个独立的 14 位寄存器使用，14LSBs 和 14MSBs 可分别改写，D12/HLB 位为改写地址，决定 14LSBs 和 14MSBs 谁将被改写
D12	HLB	HLB=1：改写 14MSBs；HLB=0：改写 14LSBs。用于粗调、细调频率
D11	FSELECT	0—FREQ0，1—FREQ1，决定哪一个连接到相位累加器
D10	PSELECT	0—PHASE0，1—PHASE1，决定哪个加到相位累加器输出
D9	Reserved	应置 "0"
D8	RESET	RESET=1，内部寄存器复位为 "0"，输出适中；RESET=0，输出正确频率
D7	SLEEP1	SLEEP1=1：内部 MCLK 不工作，DAC 输出保持不变；SLEEP1=0，工作
D6	SLEEP12	SLEEP12=1：DAC 不工作，用于输出 DAC 最高位；SLEEP12=0，DAC 工作
D5	OPBITEN	控制输出波形：OPBITEN=1，输出 MSB（DIV2=1）或 MSB/2（DIV/2=0）；OPBITEN=0，DAC 输出，由 D1 决定输出正弦波还是三角波信号
D4	Reserved	应置 "0"
D3	DIV2	输出 MSB（DIV2=1）或 MSB/2（DIV2=0）
D2	Reserved	应置 "0"
D1	MODE	OPBITEN=1 时，MODE 必须为 "0"；OPBITEN=0 时，若 MODE=1，查表禁用，输出三角波信号；若 MODE=0，查表启用，输出正弦波信号
D0	Reserved	应置 "0"

11.2.4　控制寄存器和频率、相位寄存器的写入

AD9833 内部寄存器包括：一个 16 位的控制寄存器，2 个 28 位的频率寄存器，2 个 12 位的相位寄存器。AD9833 在正常工作时，需要向这些寄存器中写入合适的控制数据、频率和

相位数据，以输出想要的波形、频率和相位值。单片机向 AD9833 传输的每一次数据都应是 16 位字，并通过 SPI 接口，在串行时钟的同步下移入芯片内的 16 位移位寄存器。**16 位数据的最高两位决定写入哪个寄存器。**

（1）最高两位是 00 时：写入控制寄存器；

（2）最高两位是 01 时：写入频率寄存器 0，即 FREQ0。如果 FREQ0 工作在 28 位方式，为改变完整的 FREQ0 内容，要连续两次写入 16 位数据，并保持数据最高两位为 01。先写入的是 14LSBs，第二次写入的是 14MSBs，写入之前要让控制位 B28（D13）=1；另外，在仅仅进行频率粗调或细调情况下，可能只需要改变 14MSBs 或 14LSBs。此时，在写入之前，要先设置好控制寄存器的控制位 B28（D13）和 HLB（D12）。B28（D13）=0 表示 FREQ0 工作在两个 14 位方式，14MSBs 或 14LSBs 可单独改写。HLB（D12）=0 时，写入 14LSBs；HLB（D12）=1 时，写入 14MSBs。

（3）最高两位是 10 时：写入频率寄存器 1，即 FREQ1。如果 FREQ1 工作在 28 位方式，为改变完整的 FREQ1 内容，要连续两次写入 16 位数据，并保持数据最高两位为 10。先写入的是 14LSBs，第二次写入的是 14MSBs，写入之前要让控制位 B28（D13）=1；另外，在仅仅进行频率粗调或细调情况下，可能只需要改变 14MSBs 或 14LSBs。此时，在写入之前，要先设置好控制寄存器的控制位 B28（D13）和 HLB（D12）。B28（D13）=0 时表示 FREQ1 工作在两个 14 位方式，14MSBs 或 14LSBs 可单独改写。HLB（D12）=0 时，写入 14LSBs；HLB（D12）=1 时，写入 14MSBs。

（4）最高两位是 11 时：写入相位偏移寄存器，数据 D13 位决定数据要写入哪个相位寄存器。D13=0 时，写入相位寄存器 0，即 PHASE0；D13=1 时，写入相位寄存器 1，即 PHASE1。

各寄存器写入过程总结见表 11.7。

表 11.7　各寄存器写入过程总结（X=0 或 1）

写入的寄存器	操作
控制寄存器	16 位控制数据：D15:14（=00）+其他位 X；
FREQ0－28 位	（1）写控制寄存器：D15:14（=00）+D13（B28）=1+其他位 X； （2）写 14LSBs：D15:14（=01）+14LSBs； （3）写 14MSBs：D15:14（=01）+14MSBs；
FREQ0－14MSBs	（1）写控制寄存器：D15:14（=00）+D13（B28）=0+D12（HLB）=1+其他位 X； （2）写 14MSBs：D15:14（=01）+14MSBs；
FREQ0－14LSBs	（1）写控制寄存器：D15:14（=00）+D13（B28）=0+D12（HLB）=0+其他位 X； （2）写 14LSBs：D15:14（=01）+14LSBs；
FREQ1－28 位	（1）写控制寄存器：D15:14（=00）+D13（B28）=1+其他位 X； （2）写 14LSBs：D15:14（=10）+14LSBs； （3）写 14MSBs：D15:14（=10）+14MSBs；
FREQ1－14MSBs	（1）写控制寄存器：D15:14（=00）+D13（B28）=0+D12（HLB）=1+其他位 X； （2）写 14MSBs：D15:14（=10）+14MSBs；
FREQ1－14LSBs	（1）写控制寄存器：D15:14（=00）+D13（B28）=0+D12（HLB）=0+其他位 X； （2）写 14LSBs：D15:14（=10）+14LSBs；
PHASE0	D15:14（=11）+D13=0+D12=X+12 bits；
PHASE1	D15:14（=11）+D13=1+D12=X+12 bits；

注意，在向频率寄存器写入数据前，应先写控制寄存器，以设置好频率寄存器是工作在 28 位还是两个 14 位，以及写入的是 LSBs 还是 MSBs。

11.2.5　其他问题

AD9833 初始上电工作时，应先复位。通过编程将控制寄存器 RESET 位置"1"，器件复位；RESET 位置"0"，退出复位状态。复位将使得芯片内部某些寄存器置"0"，以产生适中频率的模拟信号输出。复位过程不会改变频率、相位和控制寄存器的内容。

AD9833 内部时钟和 DAC 模块在不使用时，可通过休眠功能，关闭其电源以减小功耗。两个休眠控制位 SLEEP1 和 SLEEP12 各自置"1"时，分别用于禁用内部时钟和关闭 DAC。当仅需要输出 DAC 最高位时，可关闭 DAC。

AD9833 可以通过 V_{OUT} 引脚输出三种波形：DAC 数据最高位（方波）、正弦波和三角波。控制寄存器中 OPBITEN（D5）位和 MODE（D1）位的值决定了输出哪种信号。

OPBITEN（D5）=1，输出 DAC 数据最高位，即方波。若 DIV2（D3）=1，方波频率减半。

OPBITEN（D5）=0，MODE（D1）=0，输出正弦波。

OPBITEN（D5）=0，MODE（D1）=1，输出三角波，SIN ROM 查表被旁路。

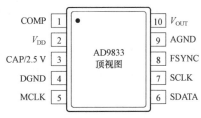

图 11.14　引脚配置

AD9833 引脚配置如图 11.14 所示，输出频率范围为 0～12.5 MHz。由于频率寄存器为 28 位，所以在时钟频率 25 MHz 时，可以实现 0.1 Hz 的分辨率，而在时钟频率为 1 MHz 时，则可以实现 0.004 Hz 的分辨率。工作电源电压范围为 2.3～5.5 V。由于芯片内有一个 200 Ω 电阻，因此无须连接外部负载电阻，输出电压典型值为 0.6 Vp−p。

AD9833 各引脚的功能描述见表 11.8。

表 11.8　AD9833 引脚功能描述

1	COMP	DAC 偏置引脚。此引脚用于对 DAC 偏置电压进行去耦
2	V_{DD}	正电源，片内 2.5 V 稳压器也由 V_{DD} 供电，V_{DD} 范围为 2.3～5.5 V。V_{DD} 和 AGND 之间应并接一个 0.1 µF 和一个 10 µF 去耦电容
3	CAP/2.5 V	数字电路电源电压 2.5 V。当 V_{DD} 超过 2.7 V 时，此 2.5 V 由片内稳压器从 V_{DD} 产生，在 CAP/2.5 V 至 DGND 之间连接一个典型值为 100 nF 的去耦电容。如果 V_{DD} 小于或等于 2.7 V，则 CAP/2.5 V 应与 V_{DD} 直接相连
4	DGND	数字地
5	MCLK	数字时钟输入。DDS 输出频率是 MCLK 频率的一个二进制分数。输出频率准确度和相位噪声均由此时钟决定
6	SDATA	串行数据输入
7	SCLK	串行时钟输入，数据在 SCLK 的下降沿逐个输入 AD9833
8	FSYNC	低电平有效输入控制。FSYNC 是输入数据的帧同步信号，当 FSYNC 变为低电平时，通知芯片，正在写入新数据

9	AGND	模拟地
10	V_{OUT}	电压输出。AD9833 的模拟和数字输出均通过此引脚。片内有一个 200 Ω 电阻，因此无须连接外部负载电阻

AD9833 的一些具体细节问题，可以参考其技术资料。

AD9833 的编程练习见第 4 章。

11.3　TCS3200 颜色传感器

11.3.1　视觉颜色

颜色是不同频率或波长的可见光通过人的眼睛、大脑并结合日常生活经验所产生的一种对光的视觉感知。电磁波谱中，波长在 400～760 nm 范围内的电磁波可以被人眼所见，也就是可见光。不同波长和强度混合的可见光通过眼睛，让我们感受到了一个色彩斑斓的世界。人眼的视网膜上分布有大量的视觉感光细胞，它们可以将入射的光信号转变成沿视神经传导的电信号，然后在大脑中合成颜色的感觉。根据形状和功能，视网膜上的感光细胞分为两类：

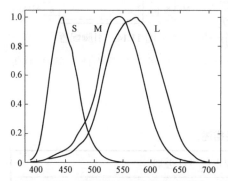

图 11.15　视锥细胞的光谱响应曲线

视杆细胞和视锥细胞。视杆细胞遍布在视网膜上，每个眼球的视网膜上约有 1 亿个视杆细胞，它们对弱光更为敏感，而对颜色识别贡献不大。视锥细胞主要集中在视网膜中央，每个视网膜上约有 700 万个视锥细胞，在明亮的环境里，它们的主要作用是识别颜色，感知视觉图像的细节。如图 11.15 所示，根据对可见光敏感波长由小到大的不同，视锥细胞又分为 S、M、L 三种。每种视锥细胞各含有一类感光色素，第一种视锥细胞主要感知蓝紫光，最敏感光波长在 420 nm 左右；第二种主要感知绿光，最敏感光波长在 535 nm 左右；第三种主要

感知黄绿光，最敏感光波长在 565 nm 左右。图 11.15 所示的每种视锥细胞对不同波长光的敏感曲线类似正态分布曲线，也就是每种视锥细胞对可见光的响应波长都有一定的范围。因此某种颜色的光进入人眼后，由三种视锥细胞和视杆细胞同时产生 4 个不同类型和强度的信号，在大脑中合成视觉颜色和图像。有意思的是，人眼单独观察黄色光产生的视觉信号，和观察混合的红、绿色光产生的视觉信号，在大脑中都能产生黄色的视觉信息。实际上，用不同比例混合红、绿、蓝三种颜色的光来激励视细胞，就可以模拟出人眼能感知的近千万种颜色，这也是颜色数字化的基本原理。

RGB 色彩模式是电视机和显示器等领域广为使用的一种数字化颜色标准，其采用红（R）、绿（G）、蓝（B）三个基色光源，通过它们相互之间不同强度值的叠加来得到各种各样的颜色。在计算机中，RGB 值的大小代表亮度，并由一个字节整数来表示，也就是说，RGB 各有 256 级亮度，用数字 0、1、2、…、255 表示。256 级的 RGB 三种颜色组合，总共可以产生约 1 600 万种色彩。反过来，在分析和测量某种颜色的时候，也可以将其分解为对应的 RGB

值，TCS3200 颜色传感器就是按照这个原理来测量颜色的。

11.3.2　光电检测基础

TCS3200 颜色传感器中完成光/电转换的器件是光电二极管，光电二极管的核心是 PN 结，并且要让 PN 结暴露在入射光照中。光电二极管在检测光信号时通常工作在光电导模式，即要给光电二极管施加一个反向电压，此时 PN 结耗尽层加宽。当没有入射光照时，反向偏置的 PN 结中只有微弱的反向漏电流（暗电流）通过。当有光子能量大于 PN 结禁带宽度的光入射时，PN 结耗尽层中价带电子可能会吸收光子能量，进入导带而成为自由电子，同时产生一个空穴，由光照产生的这些自由电子和空穴对称为光生载流子。在光电导模式下，耗尽层中产生的电子和空穴在很强的内部电场作用下，被快速地分别扫向 P 区和 N 区，形成光电流。光电流通常在微安量级，并且和入射光强有很好的线性关系。光电流的大小还和入射光的波长有关，从可见光的超紫色区域到近红外光，典型的硅光电二极管都能做出响应，并且在波长 800 nm 到 950 nm 的红外光有峰值响应。

11.3.3　TCS3200 颜色传感器的结构与原理

TCS3200 是 TAOS 公司推出的将入射彩色光转换为频率信号输出的可编程颜色传感器。由于单一的光电二极管输出电流较小，所以 TCS3200 芯片表面集成了 64 个光电二极管并形成规则阵列。同时，为了检测入射光中红（R）、绿（G）、蓝（B）三个基色光的光强比例，TCS3200 将 64 个光电二极管分成 4 组，每组 16 个并联输出。第一组光电二极管负责检测红光，每个光电二极管表面均覆盖红色滤光片，将入射光中其他波长的光滤掉，只让红色光通过。第二组光电二极管表面覆盖绿色滤光片，负责检测绿光，第三组表面覆盖蓝色滤光片，负责检测蓝光，而第四组光电二极管表面不加任何滤光片，可用来检测总入射光强。64 个光电二极管按 4 种类型在芯片表面交叉排列，均匀分布，以最大限度地减少入射光辐射的不均匀性，继而增加颜色识别的准确性。如图 11.16 所示为 TCS3200 外观，如果近距离或用放大镜观察芯片表面，可以看到不同颜色以及规则交叉排列的滤光片。

TCS3200 内部集成有电流—频率转换电路，用于将每组 16 个光电二极管并联输出的光电流转换成占空比为百分之五十的方波信号，并且输出方波的频率与入射光强成正比。TCS3200 引脚配置如图 11.17 所示，4 组光电二极管共用一个频率输出引脚 6。在工作过程中，4 组光电二极管同时工作，用 S2 和 S3 引脚上的电平来控制并切换哪一组信号输出，具体如

图 11.16　TCS3200 外观

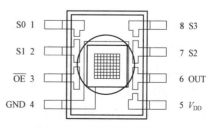

图 11.17　TCS3200 引脚配置

表 11.9 所示。此外，TCS3200 颜色传感器输出方波信号的频率可以按 2%、20%或 100%三种比例输出，以适应不同检测速度的应用场合，输出比例选择由 S0 和 S1 引脚上的电平控制，具体设置如表 11.10 所示。

表 11.9 输出信号选择

光电二极管类型	S2	S3
红	L	L
蓝	L	H
无滤光片	H	L
绿	H	H

表 11.10 输出比例选择

输出比例 f_o	S0	S1
掉电	L	L
2%	L	H
20%	H	L
100%	H	H

TCS3200 芯片工作电压 V_{DD} 为 2.7～5.5 V，3 脚 $\overline{OE}$ 为输出使能，如果为高电平将使输出引脚变为高阻态。

11.3.4 TCS3200 的 RGB 值测量与白平衡调整

由于 TCS3200 采用了输出方波频率与输入光强成正比的工作方式，使得单片机获取传感器输出的 RGB 值相对比较简单。我们只要设置好 TCS3200 输出频率的比例选择，然后循环选择红、绿、蓝三种颜色的输出通道，在单片机上对接收到的方波进行周期测量、频率测量或者对脉冲积分，再经过换算就可以得到输入色光的 RGB 值。理论上说，当我们在传感器前面放置一个白色物体并用白光源照射的时候，检测到的白色物体反射光的 RGB 值应该相等，但实际上由于不同白光源的色温与亮度不同，以及光电二极管的光谱响应非均匀性，使得测量到的 RGB 值并不一定相等。不过此时人眼直接看物体时仍感觉是白色的，为了保证测量的一致性，在每次改变照射光源及检测距离时，都需要对 TCS3200 颜色传感器重新进行标定或校准，即白平衡调整。

白平衡调整的方法，是在一确定光源照射下，在传感器前面放置一个白色物体，由于默认白色物体会反射全部颜色的入射光，所以可令此时 TCS3200 颜色传感器检测到的红、绿、蓝三种颜色的频率值 f_R、f_G、f_B 等价于计算机中 RGB 的最大值 255，并用系数 k_R、k_G、k_B 代表 RGB 最大值 255 与 f_R、f_G、f_B 的比值。白平衡调整结束后，在进行实际颜色检测的时候，照射光源、物体与 TCS3200 颜色传感器的距离都不应变化。任意放置一种颜色的物体，用此时传感器检测到的红、绿、蓝三种颜色的频率值乘以对应的比例系数 k_R、k_G、k_B，即得到代表物体颜色的 RGB 值。由于不同颜色的物体对白光的颜色成分总有吸收，所以测得的 RGB

值一定小于或等于白色物体的 RGB 值，即（255，255，255）。测得代表物体颜色的 RGB 值后，可以在计算机的画板上调出相同的 RGB 值，并查看合成的颜色与被测物体颜色是否相同或相近。

11.4　DS18B20 温度传感器

温度是宏观上衡量物体冷热程度、微观上反应物质分子热运动剧烈程度的物理量，在实际生产生活中，对于温度测量的需求是非常频繁和普遍的。经过多年的发展与积累，已经产生了多种多样的温度测量方法，温度传感器更是种类繁多、各具特色，这一节选择并介绍的 DS18B20 温度传感器有许多独特的优点，特别适合与单片机相结合来形成温度测量系统。

（1）DS18B20 不需要外部器件，输出是数字信号，与单片机的接口非常简单、方便。

（2）每个 DS18B20 芯片都经过 100% 校准和测试，且为终身保证，无须重新校准。

（3）引入了单线（+GND）数据传输协议，为测量系统的构建引入新颖概念。

（4）传感器的测量范围为 $-55\sim125$ ℃、准确度为 ±0.5 ℃，能够满足一般的需要。

（5）每个传感器内部 ROM 中都存储有唯一的 64 位编码，可作为器件地址进行访问，具有多点测量功能，可简化分布式温度传感应用。

（6）可由数据线供电（寄生电源），也可单独供电，电源电压范围为 $3\sim5.5$ V。

此外，DS18B20 温度传感器能够提供可选的 $9\sim12$ 位不同分辨率输出，还具有可编程和可掉电保存的温度上下限报警功能。传感器平时处于闲置模式，接收到命令进行一次温度采集后，又返回闲置模式，完成 12 位数字输出的温度转换最慢需要 750 ms。当单片机与 DS18B20 温度传感器硬件系统搭建完成后，由于无须做模/数转换以及传感器标定等琐碎工作，所以测温时要做的就是用软件通过单线通信口循环地向 DS18B20 温度传感器发出启动温度转换命令，待转换结束后取回温度值并进行显示。因为只使用一根数据线（+GND）来完成与单片机的通信，DS18B20 温度传感器定义了严格的单总线（1－Wire Bus）通信协议。所以，DS18B20 温度传感器的应用，重点就是学习和了解这个单总线通信协议。

11.4.1　DS18B20 温度传感器的结构

在学习单总线通信协议之前，需要先了解一下 DS18B20 的内部结构，如图 11.18 所示。

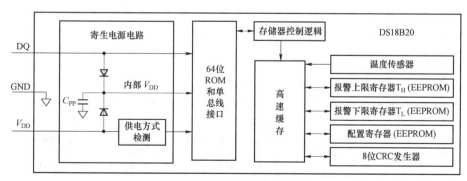

图 11.18　DS18B20 结构框图

（1）芯片内部电路可以由数据线 DQ 高电平时（寄生）供电，也可以由电源引脚 V_{DD} 单独供电。在接收到电源查询命令时，供电检测电路可以向单片机告知传感器的供电方式。

（2）DS18B20 内部设有只读存储器 ROM，用于存储每一个传感器芯片唯一的 64 位序列码。单总线上可以并联任意多个 DS18B20 温度传感器以组成测温网络，单片机在访问某个 DS18B20 时，要首先在单总线上发出这 64 位序列码进行寻址，只有序列码匹配的 DS18B20 才会响应接下来的命令和操作。

（3）DS18B20 内部设置有 9 个字节高速缓存（scratchpad）RAM 以及 3 个字节 EEPROM。

（4）DS18B20 的核心是温度传感器模块。

（5）内部还有一个 RAM 中数据的循环冗余码（CRC）生成器。

11.4.2　温度测量与数据格式

DS18B20 的核心功能是将温度直接转换为数字量的传感器模块，用户可编程设置其输出分辨率为 9、10、11 或 12 位二进制数值，分别对应于 0.5 ℃、0.25 ℃、0.125 ℃和 0.062 5 ℃的温度最小变化量。初始上电时，传感器默认分辨率为 12 位，工作在低功耗的闲置状态。如果想要开始一次温度测量和模/数转换，单片机必须要通过单总线向 DS18B20 发送 "Convert T"［44H］指令。转换结束之后，生成的温度值被存储在高速缓存中两个字节的温度寄存器里，接着 DS18B20 返回闲置状态。若 DS18B20 由外部电源供电，单片机在发送 "Convert T" 指令之后，可以发送 "读时序链" 查询结果，DS18B20 返回 "0" 表示正在转换，返回 "1" 表示转换结束。若 DS18B20 由寄生电源供电，则在整个温度转换期间，总线必须被强上拉为高电平，此时这种查询技术不能使用。

DS18B20 输出的温度数据以摄氏度为单位进行了标定，并以 16 位符号扩展二进制补码的形式存储在两个温度寄存器中，其格式如下：

	bit 7	bit 6	bit 5	bit 4	bit 3	bit 2	bit 1	bit 0
LS Byte	2^3	2^2	2^1	2^0	2^{-1}	2^{-2}	2^{-3}	2^{-4}
	bit 15	bit 14	bit 13	bit 12	bit 11	bit 10	bit 9	bit 8
MS Byte	S	S	S	S	S	2^6	2^5	2^4

符号位 S 代表温度的正负，S=0，温度值为正；S=1，温度值为负。如果 DS18B20 被设置为 12 位分辨率，温度寄存器中的所有位均为有效数字；分辨率为 11 位时，第 0 位无用；分辨率为 10 位时，第 1、0 位无用；分辨率为 9 位时，第 2、1、0 位无用。表 11.11 中给出了 12 位分辨率时，数字量输出数据与温度之间关系的示例。

表 11.11　输出数据与温度的关系

温度/℃	数字输出（二进制）	数字输出（十六进制）
+125	0000 0111 1101 0000	07D0H
+85*	0000 0101 0101 0000	0550H
+25.062 5	0000 0001 1001 0001	0191H
+10.125	0000 0000 1010 0010	00A2H

温度/℃	数字输出（二进制）	数字输出（十六进制）
+0.5	0000 0000 0000 1000	0008H
0	0000 0000 0000 0000	0000H
−0.5	1111 1111 1111 1000	FFF8H
−10.125	1111 1111 0101 1110	FF5EH
−25.062 5	1111 1110 0110 1111	FE6FH
−55	1111 1100 1001 0000	FC90H
*上电复位时温度寄存器缺省值为+85 ℃。		

11.4.3　温度报警与供电方式

DS18B20 内部设计有自动检查所测温度值是否超出一定范围并报警的功能，报警上下限温度值由用户定义并以二进制补码形式存储在单字节寄存器 T_H 和 T_L 中。DS18B20 完成一次温度转换后，将温度值与 T_H 和 T_L 中的报警触发值进行比较。寄存器中符号位 S 代表温度值的正负：温度值为正时 S=0，温度值为负时 S=1。T_H 和 T_L 寄存器为 EEPROM，掉电时数据不丢失，其格式如下：

bit 7	bit 6	bit 5	bit 4	bit 3	bit 2	bit 1	bit 0
S	2^6	2^5	2^4	2^3	2^2	2^1	2^0

由于 T_H 和 T_L 为 8 位寄存器，所以 16 位温度寄存器中只有位 11～位 4 参与比较。如果测得的温度值小于等于 T_L，或大于等于 T_H，报警条件成立，DS18B20 内部的一个报警标志位就会置位。每进行一次测量，此标志位便会更新一次，因此，如果报警条件消失了，则下一次温度转换后报警标志位将被清零。单片机可以通过发送"Alarm Search"[ECH] 命令，查询总线上所有 DS18B20 的报警标志位状态，报警标志位置位的 DS18B20 都将响应这条命令，这样单片机就能确定哪些 DS18B20 出现了报警条件。此外，如果报警条件成立，而 T_H 或 T_L 的设置值已经人为改变，则需要再启动一次温度转换以使报警条件失效。

DS18B20 有两种供电方式，一是通过电源引脚 V_{DD} 正常供电，二是通过数据线 DQ 寄生供电。在没有本地电源时，寄生供电允许 DS18B20 正常工作，这对于远距离测温或空间有限时非常有用。图 11.18 中展示了寄生电源控制电路，当总线为高电平时，该电路会从单总线上汲取能量，汲取的电荷除用于对 DS18B20 供电外，还有部分电荷存储在储能电容（C_{pp}）上，以在总线为低电平时提供能量。当 DS18B20 处于寄生供电模式时，V_{DD} 引脚必须接地。

DS18B20 消耗的功率很小，在寄生电源模式下，只要符合规定的时序和电压要求，单总线和 C_{pp} 可以给大部分的工作提供足够的电流。但是，当 DS18B20 正在进行温度转换或从高速缓存向 EPPROM 复制数据时，工作电流可能高达 1.5 mA。如图 11.19 所示，此电流可能会在单总线弱上拉电阻上产生不可接受的压降，而且 C_{pp} 也不足以提供这么大的电流。在这种

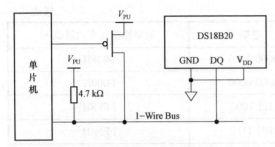

图 11.19 DS18B20 强上拉寄生供电

情况下，为了保证 DS18B20 有足够电流，必须在单片机端给单总线提供一个强上拉，如图 11.19 所示，用一个场效应管将总线直接上拉到电源电压即可满足此要求。此时，在发出温度转换指令[44H]或拷贝缓存指令[48H]之后，必须在最多 10 μs 内把单总线转换到强上拉，并且在温度转换（t_{CONV}）或数据传输（t_{WR}=10 ms）期间必须始终保持总线为强上拉高电平。当使能了强上拉时，总线上不能有任何操作。

有些情况下，为了确定温度转换期间是否要使用强上拉，单片机需要知道总线上的 DS18B20 使用的是寄生供电还是单独供电。为此，单片机可以发送一个 "Skip ROM"[CCH]指令，紧跟着一个 "Read Power Supply"[B4H] 指令，然后发出 "读时序链"。在 "读时序链" 期间，寄生供电的 DS18B20 将总线拉低，而外部供电的 DS18B20 将保持总线为高电平。如果总线被拉低，单片机将知道要在温度转换期间，必须给单总线提供强上拉。

11.4.4　内部存储器

DS18B20 内部包含三种不同用途的存储器：ROM、SRAM 和 EEPROM。ROM 中数据不可更改，每个 DS18B20 的 ROM 中都存储有唯一的 64 位编码，其结构如下：

8－bit CRC	48－bit SERIAL NUMBER	8－bit FAMILY CODE（28 H）
MSB	LSB MSB　　　　　　　　　　　　　　LSB MSB	LSB

最低 8 位是单总线器件类别编码，28 H。接着的 48 位是每个 DS18B20 唯一的序列号，最高 8 位是由以上 56 位计算得到的循环冗余校验（CRC）码。ROM 中的这 64 位编码，辅以相应的 ROM 功能控制逻辑，使得 DS18B20 可以在单总线协议下工作。

DS18B20 的 SRAM 和 EEPROM 存储器结构如图 11.20 所示，二者是协同工作的。非易失性 EEPROM 包含报警温度上下限触发寄存器（T_H 与 T_L）和配置寄存器，可电改写和掉电保存数据。如果不使用报警功能时，T_H 和 T_L 寄存器可以作为普通寄存器使用。图中左侧 SRAM 共有 9 个字节，用作数据缓存器。其中 Byte 0 和 Byte 1 分别为温度寄存器的低 8 位（LSB）和高 8 位（MSB），用于存储传感器输出的温度数值，对用户为只读。Byte 2 和 Byte 3 中的数据与 T_H 和 T_L 寄存器中的数据相同，Byte 4 对应于配置寄存器中的数据。Byte 5、Byte 6 和 Byte 7 保留，用于器件内部，用户不可更改。Byte 8 含有 Byte 0:7 的循环冗余校验（CRC）码，也是只读。

单片机通过向 DS18B20 发送 "Write Scratchpad"[4EH]指令将数据写入缓冲器的 Byte 2、Byte 3 和 Byte 4，数据传输时必须要从 Byte 2 的最低位开始。为了检验数据传输是否正确，缓存中数据写入后还可以被读出（"Read Scratchpad"[BEH]指令）。读缓存时，数据从 Byte 0 最低位开始在单总线上传输。如果要将 T_H、T_L 和配置数据从缓存中拷贝到 EEPROM，单片机应发送 "Copy Scratchpad"[48 H] 指令。

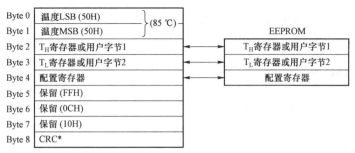

图 11.20 DS18B20 存储器结构

器件掉电时，EEPROM 寄存器中的数据仍能保持。系统上电时，EEPROM 中的数据被自动加载到缓存中对应的字节位置，如图 11.20 所示。上电后，任何时候都可以通过"Recall E^2"［B8H］指令将 EEPROM 中数据重新载入缓存。

缓存中 Byte 4 为配置寄存器数据，用于设置数据分辨率，其格式如下：

bit 7	bit 6	bit 5	bit 4	bit 3	bit 2	bit 1	bit 0
0	R1	R0	1	1	1	1	1

通过寄存器中 R1 和 R0 两位，用户可设置 DS18B20 输出温度数据的分辨率，如表 11.12 所示。初始上电时的缺省值为：R0=1，R1=1（12 位分辨率）。注意分辨率和转换时间直接相关。寄存器中其他位保留，为硬件电路使用，用户不可更改。

表 11.12 DS18B20 温度传感器分辨率

R1	R0	分辨率/位	最长转换时间	
0	0	9	93.75 ms	$(t_{CONV}/8)$
0	1	10	187.5 ms	$(t_{CONV}/4)$
1	0	11	375 ms	$(t_{CONV}/2)$
1	1	12	750 ms	(t_{CONV})

11.4.5 单总线系统（1－Wire Bus System）

单总线系统通常用一个总线主机（单片机）来控制一个或多个从机设备，DS18B20 总是从机。如果总线上只有一个从机，称为"单点"系统；如果总线上有多个从机，称为"多点"系统。所有的数据和指令在单总线上传输时，总是从最低有效位开始。

关于单总线系统分 3 个方面讨论：硬件结构、执行序列和单总线信号（信号类型和时序）。

单总线规定只有一根数据线，每个设备（主机或从机）都必须通过漏极开路或三态端口与总线相连接。这使得设备在不传输数据时，可以"释放"数据线，以让总线可被其他设备所用。DS18B20 的单总线端口（DQ 引脚）内部为漏极开路。

单总线需要一个约 5 kΩ 的外部上拉电阻，单总线上的空闲状态是高电平。任何时候，如果某一传输过程需要暂停，并且还想恢复，总线必须置于空闲状态。在等待恢复期间，只要单总线处于闲置状态（高电平），位与位间恢复时间可以无限延长。如果总线置于低电平超过 480 μs，总线上的所有器件都将被复位。

11.4.6　DS18B20 访问协议与指令

单片机通过单总线访问 DS18B20 要遵循以下协议和步骤：

① 初始化；

② ROM 指令；

③ DS18B20 功能指令。

以上 3 个指令都是单片机访问 DS18B20 时在单总线上要发出的，并且每次访问必须要按照上述先后顺序进行，不能缺少任一环节，否则 DS18B20 不会准确响应。有两个指令稍有特殊，即 "Search ROM"［F0H］和 "Alarm Search"［ECH］指令，单片机在发出这两个指令后没有第 3 步，而是直接返回第 1 步。

1. 初始化

单总线协议定义了一个表示开始传输数据的总线初始化时序，相当于总线操作的起始信号，所有在单总线上的数据传输都必须以这个初始化时序开始。初始化时序信号包括：

主机（单片机）发送的复位脉冲+从机（DS18B20）发送的应答脉冲

应答脉冲让主机知道从机的存在和准备就绪，复位脉冲和应答脉冲的时长有严格规定，后面有详细描述。

2. ROM 指令

主机收到从机的应答脉冲之后，为了和某一特定从机通信，必须要在总线上发出 ROM 指令。DS18B20 的 ROM 中存有器件唯一的 64 位编码，所以 ROM 指令就是涉及这 64 位编码的指令，可以理解为寻址某一器件，因此 ROM 指令后面通常要跟着器件的 64 位编码。DS18B20 共有 5 个 ROM 指令，每个指令都是 8 位，主机依次将这 8 位二进制数在总线上发出，即为 ROM 指令。和某一从机建立了联系后，才能再发送 DS18B20 的功能指令。

➤ **"Search ROM" 指令·［F0H］**

当系统初始上电的时候，主机必须要识别总线上所有从机设备的 ROM 编码，从而确定总线上从机的数目和类别。主机通过排除法得到 ROM 编码，这一过程需要主机进行尽可能多次地循环执行 "Search ROM" 指令，进而识别所有从机设备。如果总线上只有一个从机，则可以用较简单的 "Read ROM" 指令代替 "Search ROM" 指令。

➤ **"Read ROM" 指令：［33H］**

当总线上只有一个从机的时候，这条指令才能使用，这条指令可以让主机在不使用 "Search ROM" 过程的情况下读取从机的 64 位编码。如果总线上不止一个从机，则所有从机将同时响应此命令，会发生数据冲突。

➤ **"Match ROM" 指令：［55H］**

主机发出这条匹配 ROM 编码的指令后，要紧跟着发出 64 位 ROM 编码，从而在多点或单点总线上寻址某一特定的从机设备。只有和这 64 位 ROM 编码完全匹配的从机才能响应主机随后发送的功能指令，而总线上的其他从机都将等待复位脉冲。

➤ **"Skip ROM" 指令：[CCH]**

主机可以用这条指令同时寻址总线上所有从机设备，并且不用发送 64 位 ROM 编码。例如，主机先发送 "Skip ROM" 指令，接着发送 "Convert T"［44 H］指令，可以让总线上所有的 DS18B20 同时开始温度转换。注意，当总线上只有一个从机时，"Read Scratchpad"［BEH］指令可以跟着 "Skip ROM" 指令发出，在这种情况下，可以让主机无须发送设备的 64 位 ROM 编码，便可读取从机数据，从而节省了时间。但是，如果总线上不止一个从机，这样做会导致总线上数据冲突。

➤ **"Alarm Search" 指令：[ECH]**

这条指令的工作过程和 "Search ROM" 指令基本相同，唯一区别是，只有报警标志置位的从机才响应该指令。主机通过这条指令可以查询最近一次测温后，是否有 DS18B20 产生报警。这条指令后面没有功能指令，执行完之后，主机应返回第一步。

3. DS18B20 功能指令

当主机使用 ROM 指令寻址了想要通信的 DS18B20 之后，就可以发送功能指令了。DS18B20 一共有 6 条功能指令，主机通过这些指令可以对 DS18B20 缓存写或读数据、启动温度转换、确认供电方式等。

➤ **"Convert T" 指令：[44H]**

这条命令用于启动一次传感器温度转换。转换结束后，生成的温度数值被存储在缓存中的 2 个字节温度寄存器中，然后 DS18B20 返回闲置状态。如果 DS18B20 为寄生供电，主机在发出这条指令之后，必须在最多 10 μs 内把单总线转换到强上拉。

➤ **"Write Scratchpad" 指令：[4EH]**

主机可以使用这条命令向 DS18B20 的缓存中写入 3 个字节数据，第一个字节数据被写入缓存中 Byte 2（T_H 寄存器），第二个字节被写入缓存中 Byte 3（T_L 寄存器），第三个字节数据被写入缓存中 Byte 4（配置寄存器）。数据传输时必须低位先发。

➤ **"Read Scratchpad" 指令：[BEH]**

主机可以使用这条命令读取缓存中的数据。数据传输从 Byte 0 最低位开始，直到缓存中第 9 个字节（Byte 8—CRC）被读出。如果只需要缓存中部分数据，主机可以在任何时候发出复位信号来终止读取。

➤ **"Copy Scratchpad" 指令：[48H]**

主机使用这条命令将缓存中 Byte 2、Byte 3、Byte 4 拷贝到 EEPROM 中的 T_H、T_L 和配置寄存器。如果 DS18B20 为寄生供电，主机在发出这条指令之后，必须在最多 10 μs 内把单总线转换到强上拉。

➤ **"Recall E^2" 指令：[B8H]**

主机使用这条命令将 EEPROM 中的 T_H、T_L 和配置寄存器数据拷贝到缓存中 Byte 2、Byte 3、Byte 4，这个拷贝过程在器件上电时也会自动进行。

➤ **"Read Power Supply" 指令：[B4H]**

主机可发送这条命令与 "读时序链" 来确认 DS18B20 供电方式。在 "读时序链" 期间，若是寄生供电，DS18B20 将拉低总线，若是外部供电，DS18B20 将保持总线为高电平。

11.4.7 DS18B20 信号

DS18B20 仅使用一根数据线（+GND）来完成主机和从机之间的数据交换，为了保证数据传输的准确性，单线（1–Wire）通信协议在高低电平顺序及持续时间方面通过严格定义，制定了 6 种信号类型，分别是：**复位脉冲、应答脉冲、写"0"、写"1"、读"0"和读"1"**信号。除了应答脉冲由从机发出之外，其他 5 个信号均由总线上的主机发出。

➤ **复位脉冲与应答脉冲—初始化过程**

如图 11.21 所示，所有在单总线上的数据传输都必须以初始化时序开始，即主机首先向总线上发出复位脉冲，然后释放总线，接着从机（DS18B20）发出应答脉冲。单总线空闲的时候，主机和所有从机端口都应该是高阻态，总线由上拉电阻上拉为高电平。

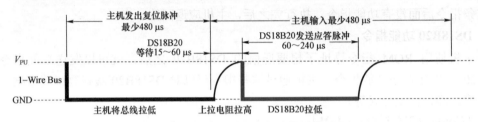

图 11.21 DS18B20 初始化时序

复位脉冲：主机端口从输入高阻态变为输出低电平，将单总线拉低并至少持续 480 μs，然后变回输入高阻态，单总线由上拉电阻上拉回高电平。

应答脉冲：从机检测到复位脉冲上升沿后，等待 15～60 μs，从高阻态变为输出低电平，将单总线拉低 60～240 μs，再变回高阻态，单总线由上拉电阻上拉回高电平。

➤ **"写时序链"**

主机通过"写时序链"将数据写入 DS18B20，每个"写时序链"传输一位数据。总线上有两种"写时序链"，即写"1"时序链和写"0"时序链，分别用于向 DS18B20 写入逻辑"1"和逻辑"0"。所有"写时序链"的持续时长至少为 60 μs，"写时序链"之间的恢复与间隔时间至少 1 μs。

两种"写时序链"均以主机拉低总线作为开始，如图 11.22 所示。为了产生写"1"时序链，总线拉低后，主机必须在 15 μs 内释放总线，之后，总线被上拉电阻拉高；而为了产生写"0"时序链，总线拉低后，主机必须在整个时序链期间（至少 60 μs）保持总线为低电平。在主机"写时序链"起始之后的 15～60 μs 窗口期间，DS18B20 对单总线上的电平进行采样。如果在采样窗口期间总线为高电平，一位"1"被写入 DS18B20；而如果总线为低电平，一位"0"被写入 DS18B20。

➤ **"读时序链"**

只有在主机发送"读时序链"的时候，DS18B20 才能向主机传输数据。因此，主机在发送"Read Scratchpad"［BEH］和"Read Power Supply"［B4H］指令之后，必须立即在总线上生成"读时序链"，这样 DS18B20 才能向主机提供所需要的数据。此外，主机也可以在发送"Convert T"［44H］和"Recall E²"［B8H］命令之后，在总线上生成"读时序链"，以查询指令执行的结果。如图 11.23 所示，所有"读时序链"的持续时长同样至少为 60 μs，"读时序链"间的恢复与间隔时间也至少为 1 μs。

参 考 文 献

Microchip. AVR ATmega8A Data Sheet [EB/OL]. https://www.microchip.com.

P Info Tech S.R.L. CodeVision AVR User Manual [EB/OL]. http://www.hpinfotech.ro.

nalog Devices. ADXL345 Data Sheet [EB/OL]. https://www.analog.com.

AOS. TCS3200 Data Sheet [EB/OL]. https://ams.com.

Maxim Integrated. DS18B20 Data Sheet [EB/OL]. https://www.maximintegrated.com.

ichard Barnett. 嵌入式 C 编程与 Atmel AVR [M]. 北京：清华大学出版社，2003.

潮. ATmega8 原理及应用手册 [M]. 北京：清华大学出版社，2003.

润景. 基于 Proteus 的 AVR 单片机设计与仿真 [M]. 北京：北京航空航天大学出版社，007.

伟. 单片机 C 语言程序设计实训 100 例——基于 AVR+Proteus 仿真 [M]. 北京：北京航空航天大学出版社，2010.

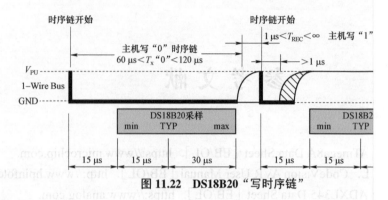

图 11.22　DS18B20 "写时序链"

[1] M
[2] H
[3] A
[4] T
[5] M
[6] I
[7]
[8] 月
　　2
[9] 亘
　　页

　　主机设备将单总线拉低至少 1 μs，然后释放，以开始一个 "读时
测到主机开始了一个 "读时序链" 后，如果要发送 "1" 就置留总线
送 "0" 就将总线拉低，并在 "读时序链" 结束时释放总线，让总线
到高电平的闲置状态。从 "读时序链" 起始下降沿开始，DS18B20 转
持续有效 15 μs，因此主机必须在 "读时序链" 起始下降沿后释放总
对总线状态进行采样。

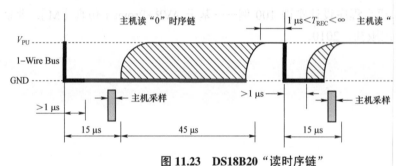

图 11.23　DS18B20 "读时序链"

DS18B20 的编程练习见第 4 章。